微服务实战

[英]摩根·布鲁斯
（Morgan Bruce）

[英]保罗·A.佩雷拉
（Paulo A. Pereira）

著

李哲 译

人民邮电出版社

北京

图书在版编目（CIP）数据

微服务实战 / （英）摩根·布鲁斯（Morgan Bruce），
（英）保罗·A.佩雷拉（Paulo A. Pereira）著；李哲译
. -- 北京：人民邮电出版社，2020.5（2024.7重印）
ISBN 978-7-115-52987-9

Ⅰ. ①微… Ⅱ. ①摩… ②保… ③李… Ⅲ. ①互联网
络—网络服务器 Ⅳ. ①TP368.5

中国版本图书馆CIP数据核字（2019）第280785号

版 权 声 明

◆ 著　　　［英］摩根·布鲁斯（Morgan Bruce）
　　　　　［英］保罗·A.佩雷拉（Paulo A. Pereira）
　译　　　李　哲
　责任编辑　吴晋瑜
　责任印制　王　郁　焦志炜
◆ 人民邮电出版社出版发行　北京市丰台区成寿寺路 11 号
　邮编 100164　电子邮件 315@ptpress.com.cn
　网址 https://www.ptpress.com.cn
　三河市君旺印务有限公司印刷
◆ 开本：800×1000　1/16
　印张：21　　　　　　　　2020 年 5 月第 1 版
　字数：465 千字　　　　　2024 年 7 月河北第 2 次印刷
　著作权合同登记号　图字：01-2018-8712 号

定价：89.00 元
读者服务热线：(010)81055410　印装质量热线：(010)81055316
反盗版热线：(010)81055315
广告经营许可证：京东市监广登字 20170147 号

内容提要

本书主要介绍与微服务应用开发和部署相关的内容，并辅以实际示例来引导读者体验从设计到部署微服务的全过程。

全书共 13 章，分为 4 部分。第一部分介绍微服务的设计和运行，并把微服务方案运用到一个示例（SimpleBank）中；第二部分先介绍微服务应用的架构，然后通过为 SimpleBank 设计新功能来讲述如何决定微服务的职责范围，还介绍了微服务的事务与查询、高可靠服务的设计以及可复用微服务框架的构建等内容；第三部分展示了微服务部署的一些最佳实践，包括基于容器和调度器的部署、构建微服务交付流水线等；第四部分着重探讨微服务的可观测性以及微服务开发中"人"的因素。

通过学习本书的内容，读者将了解如何进行微服务应用的开发和部署、如何通过微服务来实现有效的持续交付，以及如何用 Kubernetes、Docker 和 Google Container Engine 开发实例。

本书适合了解企业级应用架构和云平台（如 AWS 和 GCP）的中级开发人员和架构师阅读，也适合对微服务感兴趣的读者参考。

作者简介

摩根・布鲁斯（Morgan Bruce）有着丰富的复杂应用开发经验，具备金融、身份验证（非常重视精度、可恢复性和安全性的行业）等行业的专业知识和技术。作为一名工程师主管，他负责过大规模的代码和架构重构工作。他还亲身经历和推动了从单体应用到健壮的微服务架构的演进过程。

保罗・A. 佩雷拉（Paulo A. Pereira）正带领团队实施从单体应用到微服务的迁移。单体应用系统对安全和精确性的要求非常高，这已经成为影响其发展的拦路虎。保罗所带领的团队正在处理这方面的问题。他热衷于为工作选择合适的工具以及将不同的语言与范式进行组合。他现在正主要通过 Elixir 研究函数式编程。保罗编写了 *Elixir Cookbook* 这本书，还是 *Learning Elixir* 一书的技术审校人。

译者序

自马丁·福勒（Martin Fowler）在 2014 年发表了以"微服务"为主题的文章后，微服务随之变得炙手可热。短短数年间，"微服务"已经成为一个大家所熟知的技术名词，受到无数人的追捧。在各大技术会议上，各大互联网企业也都纷纷分享自己在微服务实践方面的经验和总结，甚至于出现了跟风和言必称"微服务""微服务嫉妒"（Microservice envy）的情况，仿佛设计架构上不是"微服务"风格的话，就在技术上有不足似的。人们的认识也不断变化，"Monolith First""Microservice First"以及"Micro Frontends"都是人们认识不断深入的体现，乃至于偶尔媒体上出现哪家公司放弃了"微服务"的新闻报道或者"微服务之死"的讨论，都会成为热点。

最近看到这样的一个段子。

Q：大师，大师，微服务拆多了怎么办？

A：那就再合起来啊。

Q：那太没面子了啊。

A：你就说你已经跨域了微服务初级阶段，在做中台了。

其实"微服务"从来就不是"银弹"，也不可能成为"银弹"。通过将现有的单体应用或者业务领域进行拆分，分而治之来降低系统的复杂性和维护难度，这是一种很普遍的理念。随着单体应用越来越臃肿，业务和需求越来越复杂，微服务的出现也是行业发展到一定阶段的必然产物，每个微服务负责一块业务或技术能力，独立部署，独立维护和扩展，甚至于在某些情况下随着业务的变化，将某些微服务再进行合并，也并不是不可以的。

回到"微服务"和"中台"这两个概念，上面的段子漏洞百出，不值得讨论。微服务体现去中心化、天然分布式，与阿里的中台战略思想类似，是战略的具体实现方式之一，是连接业务架构和中台的一座桥梁；中台目前还更多停留在初级阶段，但微服务架构已经有了较为成熟的理论和方法论，能极大推动和提高中台战略的落地成功率。由此可见，现实并非上面段子那样简单粗暴的解释。

面对快速发展变化的 IT 行业，各种和微服务相关的技术和框架不断涌现，架构师和开发人员需要具备透过这些表象看清事物本源的能力。微服务架构不仅涉及架构设计和开发阶段，还包含了测试、部署以及运维阶段，是一个完整的生命周期。以往的许多图书要么过于理论化，要么过于偏向技术应用层面的实践，要么仅侧重于某一个微服务的某一个阶段。本书理论与实践相结合，不仅有理论介绍，也介绍了很多微服务架构生命周期中各个阶段的优秀设计模式和最佳实践，是非常难得的学习用书。

在我看来，微服务不会消亡，随着各种技术、框架和工具的丰富和强大，尤其是 service mesh 之类的技术的演进，未来也许微服务架构的许多内容会像空气那样无处不在但大家又不会感知到它的存在。到了那时，大家开发过程中可能不会意识到微服务的存在，但是微服务已经是架构血液的一部分。作为有追求的开发人员和架构师，很有必要了解微服务的点点滴滴。

早在本书英文版出版之前，我就联系杨海玲编辑询问翻译事宜，期望能参与到中文版的翻译工作中。非常感谢杨海玲编辑的认可，最终承担了该书的翻译工作。本来计划能在短期内完成翻译稿件，但由于翻译期间个人家庭和工作原因，导致交稿时间一直拖延，影响了中文版图书的出版进度，非常感谢吴晋瑜编辑在整个过程中的理解和支持，希望以后能有更好的合作。另外，还要感谢公司的其他编辑们，他们为保证本书的质量做出了大量的编辑和校正工作，在此深表谢意。

读者在阅读过程中，发现有任何问题、错误或不妥之处，请随时联系我（lizhe2004@163.com）或出版社，我们将及时改正。也非常欢迎大家对本书提出宝贵的意见和建议。

李 哲

前言

在过去 5 年中，微服务架构风格（通过一系列细粒度的、松耦合的、可以独立部署的服务来组织应用）变得越来越流行。且不论公司规模多大，单就工程团队来说，微服务也变得越来越可行。

对我们来说，在 Onfido 公司使用微服务进行项目开发的经历让我们大开眼界。我们也把自己这一路上学到的很多东西记录到了本书中。通过拆分产品，我们让产品的交付速度变得更快、冲突更少，不再被臃肿的单个代码库里其他人的代码所影响。微服务方案可以让工程师构建的应用能够随着时间持续演进——即使产品复杂度和团队规模都在不断增长，应用也可以持续演化。

最初，我们打算写一本关于我们在项目中运行微服务应用的工作经验的书，但在确定这本书的具体内容时，我们的目标发生了变化。我们决定把微服务的整个应用生命周期（微服务设计、部署和运维）的工作经验提炼成一份内容更广泛且具有实用性的总结。我们还选择了一些工具来对这些技术（如 Kubernetes 和 Docker）进行解释说明——它们都是非常流行的技术，并且和微服务的最佳实践有着非常紧密的联系。但是，我们希望不管读者最后使用哪种语言和工具来构建应用，都可以借鉴本书中介绍的这些经验。

我们真诚地希望这本书能成为读者重要的参考资料和指南，也希望书中的知识、建议和示例能有助于读者构建良好的微服务产品和应用。

关于本书

这是一本关于微服务应用的开发和部署主题的书，非常有实用性。本书解决了将微服务部署到生产环境的难题，是写给那些对面向服务开发技术掌握得比较扎实的开发人员和架构师的。基于读者对传统系统的理解，本书会先对微服务设计原则进行比较深入的概述，然后会指导读者如何将服务可靠地发布到生产环境。在学习搭建集群和维护这些已部署的系统时，本书中的例子会用到 Kubernetes、Docker 和 Google Container Engine 这样的工具和技术。

本书所使用的技术适用于以大部分流行的编程语言开发的微服务。在本书中，我们决定以 Python 作为主要语言，因为它的风格比较自由，语法比较简洁。这样可以使书中的代码示例可以更加清晰和明确。如果读者不熟悉 Python，也不用担心——在运行这些代码时，我们会专门进行说明。

路线图

本书第一部分简单介绍了微服务，研究了微服务系统的特性和益处，以及开发过程中可能面临的挑战。

- 第 1 章介绍微服务架构，分析微服务方案的优缺点，并解释微服务开发的关键原则，最后介绍微服务的设计和部署所面临的挑战（这也是全书都会涉及的内容）。
- 第 2 章将把微服务方案运用到一个例子（SimpleBank）中。我们用微服务来设计一个新功能，并研究如何让这个功能达到可投入生产的状态。

第二部分研究微服务应用的架构和设计。

- 第 3 章介绍微服务应用的四层架构：平台层、服务层、服务边界和客户端，旨在为读者提供一套通用的宏观模型，一个在理解任何一个具体的微服务系统的架构时都可以使用的模型。
- 第 4 章介绍微服务设计中最困难的部分：如何决定服务的职责范围。本章将列出 4 种建模方式（分别按业务功能、用例、技术能力和易变性进行范围划分）。通过 SimpleBank 公司的例子，我们研究如何在边界都不清晰的情况下做出正确的设计决定。
- 第 5 章探究如何在事务保证不再适用的分布式系统中编写业务逻辑。我们为读者介绍了几种不同的事务模式（如 Saga）和查询模式（如 API 组合和 CQRS）。
- 第 6 章介绍可靠性。分布式系统要比单体应用更加脆弱。我们需要更加仔细地考虑微服务之间的通信，以避免出现可用性问题、停机和连锁故障。我们会通过一些 Python 代码示例探讨一些能够提升应用可恢复性的常见技术，如限流、断路器、健康检查和重试。
- 第 7 章介绍如何设计一个可复用的微服务框架，以及在多个微服务间采用一致的方式来提升整个应用的质量和可靠性并减少新服务的开发时间。我们用 Python 代码给出了一些例子。

第三部分给出微服务部署的一些最佳实践。

- 第 8 章强调微服务应用中自动化持续交付的重要性。在本章中，我们会把一个服务发布到生产环境——Google Compute Engine 上。通过这个例子，读者可以了解不可变工件的重要性以及几种不同的微服务部署模式的优缺点。
- 第 9 章介绍了 Kubernetes。它是一个容器调度平台。"容器+像 Kubernetes 这样的调度器"是大规模运行微服务的很自然的搭配。通过使用 Minikube，读者会学到如何将微服务打包并无缝地部署到 Kubernetes 上。

- 第 10 章基于前面章节的示例用 Jenkins 来搭建一套端到端的交付流水线。读者可以用 Jenkins 和 Groovy 编写流水线脚本，然后可以通过这个脚本将新提交的代码快速可靠地发布到生产环境。本章还介绍将这些一贯的部署实践应用到微服务集群中的方法。

在本书最后一部分（第四部分），我们会研究微服务的可观测性以及微服务开发中"人"的因素。

- 第 11 章用 StatsD、Prometheus 和 Grafana 收集和聚合数据，以此来生成仪表盘和告警信息，最终为微服务开发出一套监控系统。我们还会讨论关于告警管理和避免告警疲劳的好做法。
- 第 12 章基于前面章节的工作增加日志和记录跟踪的内容。从微服务中获取的这些丰富、实时、可查询的数据可以让我们更好地了解这些服务的状态，更好地进行问题诊断，并在未来对其进行改进。本章中的例子用到了 Elasticsearch、Kibana 和 Jaeger 这些工具。
- 最后，第 13 章会稍微调整一下方向，来研究微服务开发过程中"人"的因素。是"人"开发了这些软件：开发好的软件也就意味着有效的协作以及对开发方式的正确选择。我们会调查微服务团队高效工作的原理，还会探究微服务架构方案对良好的工程实践的心理影响和实际影响。

代码

本书包含许多源代码示例。这些代码既有按编号列出的，也有内嵌在普通文本中的。在这两种情况中，我们会用等宽字体来表示源代码，以便于和普通文本进行区分。有时候代码是粗体的，这些代码有的是对某些特定的代码行进行突出显示，有的是用来区分输入的命令与输出的结果。

在许多例子中，我们用黑体字体来表示最初的源代码；我们增加了一些换行，并通过修改缩进来适应本书的页面尺寸。除此之外，如果我们已经通过文字对代码进行了描述，通常会将源代码中的注释去掉。

你在本书中可以看到运行实例代码的说明。我们通常使用 Docker 和 docker-compose 来简化运行步骤。附录给出了第 10 章中所使用的 Jenkins 的配置，以便让本地部署的 Kubernetes 能够顺利运行。

资源与支持

本书由异步社区出品，社区（https://www.epubit.com/）为读者提供相关资源和后续服务。

要获得本书配套的源代码，请在异步社区本书页面中单击 配套资源 ，然后在下载界面按提示进行操作即可。注意：为保证购书读者的权益，该操作会给出相关提示，要求输入提取码进行验证。

提交勘误

作者和编辑尽最大努力来确保书中内容的准确性，但难免会存在疏漏。欢迎读者将发现的问题反馈给我们，帮助我们提升图书的质量。

若读者发现错误，请登录异步社区，按书名搜索，进入本书页面，单击"提交勘误"，输入勘误信息，单击"提交"按钮即可。本书的作者和编辑会对读者提交的勘误进行审核，确认并接受后，将赠予读者异步社区的 100 积分（积分可用于在异步社区兑换优惠券、样书或奖品）。

扫码关注本书

扫描下方二维码，读者将在异步社区微信服务号中看到本书信息及相关的服务提示。

与我们联系

我们的联系邮箱是 contact@epubit.com.cn。

如果读者对本书有任何疑问或建议，请发邮件给我们，并请在邮件标题中注明本书书名，以便我们更高效地做出反馈。

如果读者有兴趣出版图书、录制教学视频，或者参与图书翻译、技术审校等工作，可以发邮件给我们；有意出版图书的作者也可以到异步社区在线提交投稿（直接访问 www.epubit.com/selfpublish/submission 即可）。

如果读者来自学校、培训机构或企业，想批量购买本书或异步社区出版的其他图书，也可以发邮件给我们。

如果读者在网上发现有针对异步社区出品图书的各种形式的盗版行为，包括对图书全部或部分内容的非授权传播，请将怀疑有侵权行为的链接发邮件给我们。这一举动是对作者权益的保护，也是我们持续为广大读者提供有价值的内容的动力之源。

关于异步社区和异步图书

"**异步社区**"是人民邮电出版社旗下 IT 专业图书社区，致力于出版精品 IT 技术图书和相关学习产品，为作译者提供优质出版服务。异步社区创办于 2015 年 8 月，提供大量精品 IT 技术图书和电子书，以及高品质技术文章和视频课程。更多详情请访问异步社区官网 https://www.epubit.com。

"**异步图书**"是由异步社区编辑团队策划出版的精品 IT 专业图书的品牌，依托于人民邮电出版社近 30 年的计算机图书出版积累和专业编辑团队，相关图书在封面上印有异步图书的 LOGO。异步图书的出版领域包括软件开发、大数据、AI、测试、前端、网络技术等。

异步社区

微信服务号

目录

第一部分　概述

第1章　微服务的设计与运行·············3

1.1　什么是微服务应用·····················4

　　1.1.1　通过分解来实现扩展·········6

　　1.1.2　核心原则·····················7

　　1.1.3　谁在使用微服务···········9

　　1.1.4　为什么微服务是一个明智的

　　　　　选择·························10

1.2　微服务的挑战·······················12

　　1.2.1　设计挑战···················13

　　1.2.2　运维挑战···················15

1.3　微服务开发生命周期···············16

　　1.3.1　微服务设计·················17

　　1.3.2　微服务部署·················18

　　1.3.3　服务监控···················21

1.4　有责任感和运维意识的工程师文化·····22

1.5　小结·································23

第2章　SimpleBank 公司的微服务·····24

2.1　SimpleBank 公司的业务范围·······24

2.2　微服务是否是正确的选择···········25

　　2.2.1　金融软件的风险和惰性·····26

　　2.2.2　减少阻力和持续交付价值·····27

2.3　开发新功能·························27

　　2.3.1　通过领域建模识别微服务·····28

　　2.3.2　服务协作···················30

　　2.3.3　服务编排···················32

2.4　向外界开放服务·····················34

2.5　将功能发布到生产环境中···········35

　　2.5.1　高质量的自动化部署·······37

　　2.5.2　可恢复性···················37

　　2.5.3　透明性·····················38

2.6　大规模微服务开发···················39

　　2.6.1　技术分歧···················40

　　2.6.2　孤立·······················40

2.7　接下来的内容·······················41

2.8　小结·································41

第二部分　设计

第3章　微服务应用的架构·············45

3.1　整体架构···························45

　　3.1.1　从单体应用到微服务·······46

　　3.1.2　架构师的角色···············47

　　3.1.3　架构准则···················47

　　3.1.4　微服务应用的 4 层架构·····48

3.2　微服务平台·························49

3.3　服务层·····························51

　　3.3.1　功能·······················51

　　3.3.2　聚合与多元服务·············52

　　3.3.3　关键路径和非关键路径·····53

3.4　通信·······························54

3.4.1 何时使用同步消息 ·········54
3.4.2 何时使用异步消息 ·········55
3.4.3 异步通信模式 ···········55
3.4.4 服务定位 ·············57
3.5 服务边界 ················58
3.5.1 API 网关 ············60
3.5.2 服务于前端的后端 ·······61
3.5.3 消费者驱动网关 ········62
3.6 客户端 ·················63
3.6.1 前端单体 ············63
3.6.2 微前端 ·············64
3.7 小结 ··················65

第4章 新功能设计 ·············66
4.1 SimpleBank 的新功能 ·······67
4.2 按业务能力划分 ···········68
4.2.1 能力和领域建模 ········69
4.2.2 创建投资策略 ·········70
4.2.3 内嵌型上下文和服务 ·····75
4.2.4 挑战和不足 ··········76
4.3 按用例划分 ·············77
4.3.1 按投资策略下单 ·······77
4.3.2 动作和存储 ··········82
4.3.3 编配与编排 ··········83
4.4 按易变性划分 ············84
4.5 按技术能力划分 ···········85
4.5.1 发送通知 ············85
4.5.2 何时使用技术能力 ······86
4.6 处理不确定性 ············87
4.6.1 从粗粒度服务开始 ······88
4.6.2 准备进一步分解 ·······88
4.6.3 下线和迁移 ··········89
4.7 组织中的服务所有权 ········91
4.8 小结 ··················92

第5章 微服务的事务与查询 ······93
5.1 分布式应用的事务一致性 ·····94
5.2 基于事件的通信 ···········96
5.3 Saga ··················98
5.3.1 编排型 Saga ·········100

5.3.2 编配型 Saga ·········102
5.3.3 交织型 Saga ·········104
5.3.4 一致性模式 ··········105
5.3.5 事件溯源 ············106
5.4 分布式世界中的查询操作 ·····107
5.4.1 保存数据副本 ·········108
5.4.2 查询和命令分离 ·······110
5.4.3 CQRS 挑战 ··········112
5.4.4 分析和报表 ··········114
5.5 延伸阅读 ···············114
5.6 小结 ··················114

第6章 设计高可靠服务 ·········116
6.1 可靠性定义 ·············117
6.2 哪些会出错 ·············119
6.2.1 故障源 ·············119
6.2.2 连锁故障 ············122
6.3 设计可靠的通信方案 ········125
6.3.1 重试 ··············126
6.3.2 后备方案 ············128
6.3.3 超时 ··············130
6.3.4 断路器 ·············132
6.3.5 异步通信 ············134
6.4 最大限度地提高服务可靠性 ···135
6.4.1 负载均衡与服务健康 ·····135
6.4.2 限流 ··············136
6.4.3 验证可靠性和容错性 ·····137
6.5 默认安全 ···············140
6.5.1 框架 ··············140
6.5.2 服务网格 ············141
6.6 小结 ··················142

第7章 构建可复用的微服务框架 ···143
7.1 微服务底座 ·············144
7.2 微服务底座的目的 ·········146
7.2.1 降低风险 ············147
7.2.2 快速启动 ············147
7.3 设计服务底座 ············148
7.3.1 服务发现 ············149
7.3.2 可观测性 ············153

7.3.3 平衡和限流·············159

7.4 探索使用底座实现的特性·······161

7.5 差异性是否是微服务的承诺·····163

7.6 小结·····················164

第三部分 部署

第8章 微服务部署·············167

8.1 部署的重要性·············167

8.2 微服务生产环境···········169

  8.2.1 微服务生产环境的特点···169

  8.2.2 自动化和速度·········170

8.3 部署服务的快捷方式·······171

  8.3.1 服务启动·············171

  8.3.2 配置虚拟机···········172

  8.3.3 运行多个服务实例·····173

  8.3.4 添加负载均衡器·······175

  8.3.5 开发者学到了什么·····177

8.4 构建服务工件···········178

  8.4.1 工件的组成·········179

  8.4.2 不可变性···········179

  8.4.3 服务工件的类型·····180

  8.4.4 配置···············184

8.5 服务与主机关系模型·······185

  8.5.1 单服务主机·········185

  8.5.2 单主机多静态服务···185

  8.5.3 单主机多调度化服务···186

8.6 不停机部署服务···········187

8.7 小结·····················190

第9章 基于容器和调度器的部署·····191

9.1 服务容器化·············192

  9.1.1 镜像使用···········192

  9.1.2 构建镜像···········194

  9.1.3 运行容器···········197

  9.1.4 镜像存储···········199

9.2 集群部署···············200

  9.2.1 pod 的设计与运行·····201

  9.2.2 负载均衡···········204

  9.2.3 快速揭秘···········205

  9.2.4 健康检查···········208

  9.2.5 部署新版本服务·····210

  9.2.6 回滚···············215

  9.2.7 连接多个服务·······215

9.3 小结·····················216

第10章 构建微服务交付流水线·····217

10.1 让部署变得平淡·········217

10.2 使用 Jenkins 构建流水线···219

  10.2.1 构建流水线配置·····220

  10.2.2 构建镜像···········223

  10.2.3 运行测试···········224

  10.2.4 发布工件···········226

  10.2.5 部署至预发布环境···227

  10.2.6 预发布环境·········230

  10.2.7 部署生产环境·······230

10.3 构建可复用的流水线步骤···233

10.4 降低部署影响以及实现功能发布的
技术·················235

  10.4.1 暗发布·············235

  10.4.2 功能标记···········236

10.5 小结·····················237

第四部分 可观测性和所有权

第11章 构建监控系统·········241

11.1 稳固的监控技术栈·······241

  11.1.1 良好的分层监控·····243

  11.1.2 黄金标志···········244

  11.1.3 度量指标的类型·····244

  11.1.4 实践建议···········245

11.2 利用 Prometheus 和 Grafana 监控
SimpleBank··········246

  11.2.1 配置度量指标收集基础
设施···············247

  11.2.2 收集基础设施度量
指标——RabbitMQ···253

  11.2.3 监控下单功能·······255

目录

　　11.2.4　告警设置 ················257

11.3　生成合理的可执行的告警 ·····261

　　11.3.1　系统出错时哪些人需要
　　　　　　知悉 ················261

　　11.3.2　症状，而非原因 ·······262

11.4　监测整个应用 ··············262

11.5　小结 ······················264

**第12章　使用日志和链路追踪了解系统
　　　　　行为** ················265

12.1　了解服务间的行为 ··········265

12.2　生成一致的、结构化的、人类可读的
　　　日志 ······················268

　　12.2.1　日志中的有用信息 ·······268

　　12.2.2　结构化和可读性 ·······269

12.3　为 SimpleBank 配置日志基础设施 ·····271

　　12.3.1　基于 ELK 和 Fluentd 的解决
　　　　　　方案 ················272

　　12.3.2　配置日志解决方案 ·······274

　　12.3.3　配置应收集哪些日志 ·····276

　　12.3.4　大海捞针 ············279

　　12.3.5　记录合适的信息 ·······281

12.4　服务间的跟踪交互 ··········281

　　12.4.1　请求关联：trace 和 span ·····282

　　12.4.2　在服务内配置链路追踪 ·····283

12.5　链路追踪可视化 ············287

12.6　小结 ······················291

第13章　微服务团队建设 ·········292

13.1　建设高效团队 ··············292

　　13.1.1　康威定律 ············294

　　13.1.2　高效团队原则 ·······294

13.2　团队模型 ··················296

　　13.2.1　按职能分组 ··········296

　　13.2.2　跨职能分组 ··········298

　　13.2.3　设置团队边界 ·······299

　　13.2.4　基础设施、平台和产品 ·····300

　　13.2.5　谁负责值班 ··········302

　　13.2.6　知识共享 ············303

13.3　微服务团队的实践建议 ·······304

　　13.3.1　微服务变更的驱动力 ·····305

　　13.3.2　架构的角色 ··········305

　　13.3.3　同质性与技术灵活性 ·····307

　　13.3.4　开源模型 ············307

　　13.3.5　设计评审 ············308

　　13.3.6　动态文档 ············309

　　13.3.7　回答应用的问题 ·······310

13.4　延伸阅读 ··················311

13.5　小结 ······················311

附录 A　在 Minikube 上安装 Jenkins ···312

第一部分

概述

在这一部分，我们将介绍微服务架构、探讨微服务应用的特性及优点并展示微服务应用开发过程中所要面临的某些挑战。我们还将介绍一家虚拟的 SimpleBank 公司，这家公司正在尝试构建微服务应用，也将是本书中许多示例的故事主线。

第1章 微服务的设计与运行

本章主要内容

■ 微服务应用的定义

■ 微服务方案的挑战

■ 微服务应用的设计方法

■ 微服务运行的成功之道

为了解决各种各样的复杂问题，软件开发者一直致力于努力提供各种有效而及时的解决方案。通常大家所要解决的第一个问题就是：客户到底想要什么？如果开发者比较擅长挖掘用户的需求或者运气好的话，还是有机会把这个问题搞清楚的。但是我们的工作不大可能就此终结。应用会继续发展壮大：开发者要对应用出现的问题进行调试，要开发新的功能，还要保证应用的可用和平稳运行。

面对日渐壮大的应用，即便团队成员受过最专业的训练，他们可能也只是挣扎着来尽量维持之前的节奏和灵活性。最坏的情况下，曾经简洁、稳定的产品变得越来越难以处理、越来越脆弱。开发者们疲于处理服务故障，焦虑于发布新的版本，迟迟都不能交付新的功能或者补丁，无法再为顾客持续地交付更多价值。不管是客户还是开发成员，都会因此而感到失落。

微服务为我们提供了一种更好地持续交付业务影响的方式。相较于单体应用，使用微服务构建出来的应用是由一系列松耦合的、自治的服务组成的。通过开发这些只做一件事的服务，开发者可以避免大型应用中所存在的缺乏活力和混乱的状态。即便是对于已有的应用系统，开发者也可以一步步地将其中的功能抽取为独立的服务，这样可以使整个系统的可维护性更强。

在采用微服务以后，我们很快就意识到，开发更小的、更独立的服务只是保证关键业务型应用稳定运行的一部分工作而已。毕竟，所有成功的应用在生产环境里所度过的时间要远远长于在代码编辑器里的时间。如果想要通过微服务来交付价值，团队就不能只关注开发这一步，还需要在部署、监控和诊断这些运维领域具备专业能力。

1.1　什么是微服务应用

微服务应用是一系列自治服务的集合，每个服务只负责完成一块功能，这些服务共同合作来就可以完成某些更加复杂的操作。与单体的复杂系统不同，开发者需要开发和管理一系列相对简单的服务，而这些服务可能以一些复杂的方式交互。这些服务之间的相互协作是通过一系列与具体技术无关的消息协议来完成的，这些协议可能是点到点形式的，也可能是异步形式的。

这种想法听起来很简单，但是它确实能够显著降低复杂系统开发过程中的摩擦和冲突。传统的软件工程实践倡导设计良好的系统都应该具备高内聚、低耦合的特点。具备这些特性的系统更加易于维护，并且在面对变更时，也更加容易适应和扩展。

内聚度是用来衡量某个模块中的各个元素属于一个整体的紧密程度的指标，耦合度则是衡量一个元素对另一个元素的内部运行逻辑的了解程度的指标。在讨论内聚度时，罗伯特·C.马丁（Robert C. Martin）的单一职责原则是一种非常有用的方式：

将那些因相同原因而修改的内容聚合到一起，将那些因不同原因而修改的内容进行拆分。

在单体应用中，开发者会在类、模块、类库的层面来设计功能属性；而在微服务应用中，开发者的目标则变成了可独立部署的功能单元——要为这些功能单元设计功能属性。单个微服务应该是高内聚的：它应该只负责应用的某一个功能。同样，每个服务对其他服务的内部运行逻辑知道得越少，就越容易对自己的服务或者功能进行修改，而不需要强迫其他服务一起进行修改。

为了更全面地了解如何搭建微服务应用，我们会通过一个在线投资工具展开介绍。接下来，我们考虑这一工具的一些功能：开户、存取款、下单购买或出售金融产品（如股票）以及风险建模和金融预测。

我们再研究一下出售股票的过程：

（1）用户创建一个订单，用来出售其账户里某只股票的股份；

（2）账户中的这部分持仓就会被预留下来，这样它就不可以被多次出售了；

（3）提交订单到市场上是要花钱的——账户要缴纳一些费用；

（4）系统需要将这个订单发送给对应的股票交易市场。

图 1.1 展示了提交出售订单的流程，这可以看作整个微服务应用的一部分。可以看到，微服务有三大关键特性。

（1）每个微服务只负责一个功能。**这个功能可能是业务相关的功能，也可能是共用的技术功能，比如与第三方系统（如证券交易所）的集成。**

（2）每个微服务都**拥有自己的数据存储**，如果有的话。这能够降低服务之间的耦合度，因为其他服务只能通过这个服务提供的接口来访问它们自己所不拥有的数据。

（3）微服务自己**负责编排和协作**（控制消息和操作的执行顺序来完成某些有用的功能），既不是由连接微服务的消息机制来完成的，也不是通过另外的软件功能来完成的。

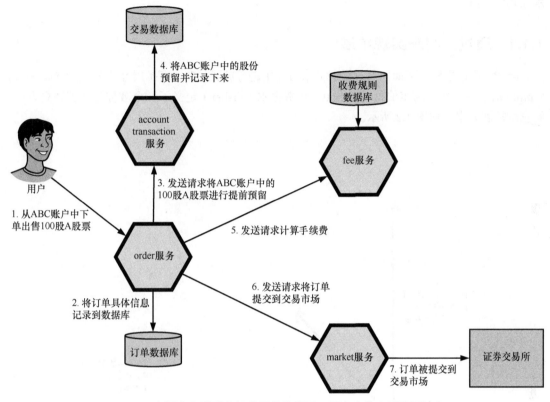

图 1.1　应用中各微服务间的通信流程图：用户出售金融股票持仓

除了这三大特性，微服务还有两个基本特性。

（1）每个微服务都是可以**独立部署的**。如果做不到这一点，那么到了部署阶段，微服务应用还是一个庞大的单体应用。

（2）每个微服务都是**可代替的**。每个微服务只具备一项功能，所以这很自然地限制了服务的大小。同样，这也使得每个服务的职责或者角色更加易于理解。

微服务与传统的面向服务架构（SOA）在思想上的一个关键区别就是微服务负责协调系统中的各个操作，而 SOA 类型的服务通常使用企业服务总线（ESB）或者更复杂的编排标准来将应用本身与消息和流程编排拆分开。在 SOA 模型下，服务通常缺乏内聚性，因为业务逻辑会不断地被添加到服务总线上，而非服务本身。

思考一下，这个"在线投资系统"功能解耦的方式是很有意思的。它能够帮助开发者在未来面对需求变更时更加灵活。想象一下，当需要修改收费的计算方式时，开发者可以在不修改上下游服务的情况下，直接修改和发布 **fee** 服务。再考虑一个全新的需求：用户下单以后，如果订单不符合正常的交易方式，系统需要向风控团队发送告警。这也是容易实现的，只要基于 order 服务发出的事件通知开发一个新的微服务，让这个新的服务来执行这个操作即可，同样不需要修改系统其他模块。

1.1.1　通过分解来实现扩展

同样，可以思考一下如何通过微服务来对应用进行扩展。在《可扩展性的艺术》(*The Art of Scalability*) 一书中，阿尔伯特 (Abbott) 和费舍尔 (Fisher) 定义了一个被称为"扩展立方体"的三维扩展方案，如图 1.2 所示。

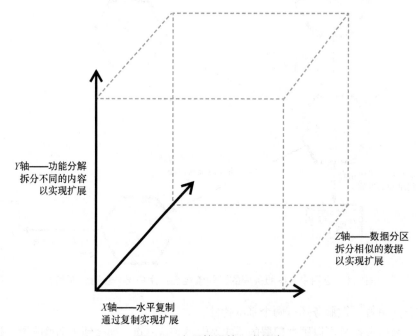

Y轴——功能分解
拆分不同的内容
以实现扩展

Z 轴——数据分区
拆分相似的数据
以实现扩展

X轴——水平复制
通过复制实现扩展

图 1.2　应用扩展的三个维度

单体应用一般都是通过水平复制进行扩展的：部署多个完全相同的应用实例。这种方式也称作饼干模具 (cookie-cutter) 扩展或 X 轴扩展。相反，微服务应用是一个 Y 轴扩展的例子，我们将整个系统分解为不同的功能模块，然后针对每个模块自己特有的需求来进行扩展。

 注意　　　Z 轴是指对数据进行水平分区：sharding。不管是微服务应用还是单体应用，开发者都可以采用数据分区分片的方法。但是本书不再针对这一主题进行展开。

我们回过头来再看一下这个"在线投资系统"案例的几个特点：金融预测是计算量特别繁重的功能，但是极少会被使用；复杂的监管和业务规则控制着投资账户；市场交易的规模是海量的，而且还要求极低的延迟。

如果采用微服务的方式开发，为了满足这些功能要求，我们可以针对每个问题选择最合适的技术工具，而不是像将方钉楔进圆洞那样死板地采用固有的技术和工具。同样，自治和可独立部署意味着工程师可以分别管理这些微服务所对应的资源需求。有意思的是，这也包含了一种与生俱来的减少故障的方式：如果金融预测服务出现了故障，它不会导致市场交易服务或者投资账户服务也产生连锁故障。

微服务应用具备一些很有意思的技术特性：按照单一功能来开发服务可以让架构师能够在规模和职责上很自然地划定界限；自治性使得开发者可以独立地对这些服务进行开发、部署和扩容。

1.1.2　核心原则

支撑微服务开发的五大文化和架构原则为：自治性、可恢复性、透明性、自动化和一致性。

工程师在开发和运行微服务应用时，应该运用这些原则来推动自己做出技术和组织决策。下面我们逐一研究。

1. 自治性

我们已经明确了微服务是自治的服务，每个服务的操作和修改都是独立于其他服务的。为了保证自治性，开发者需要将服务设计得松耦合、可独立部署。

（1）**松耦合**——每个服务通过明确定义的接口或者发布的事件消息来与其他服务进行交互，这些交互独立于协作方的内部实现。比如我们在前面介绍过的 order 服务并不需要知道 account transaction 服务的具体实现方式，如图 1.3 所示。

（2）**可独立部署**——不同的服务通常是由多个不同的团队并行开发的。强迫所有团队按照同样的步调或者按照专门设计的步骤进行部署，都会导致部署阶段有风险更大、更加使人焦虑。理想情况下，大家想要这些服务都能够快速、频繁地发布小的改动。

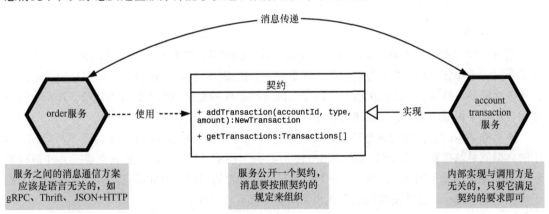

图 1.3　服务按照定义好的契约来通信以实现松耦合，契约隐藏了实现的细节

自治性也是一种团队文化。将各个服务的责任和所有权委派给有责任交付商业价值的团队，这是至关重要的。正如我们所确定的，组织设计会对系统设计产生影响。清晰的服务所有权有助于团队基于他们本身所处的环境和目标来迭代开发和做出决策。同样，当团队同时负责一个服务的开发和生产时，这种模式也能够促进提升团队端到端的主人翁意识，是非常合适的。

注意　　在第 13 章中，我们将讨论有责任感和自治性的工程团队的培养及其在微服务中的重要性。

2．可恢复性

微服务与生俱来地具备故障隔离的机制：如果开发者独立地部署这些微服务，那么当应用或者基础设施出现故障后，故障将只会影响到整个系统的一部分功能。同样，部署的功能粒度越小，开发者越能更平缓地对系统进行变更，这样才不会在发布新功能的时候发布的是一个有风险隐患的大炸弹。

再次考虑一下那个"投资工具"，如果 market 服务不可用，系统将不能把订单发布到市场上。但是用户仍然可以创建订单，当下游的功能恢复以后，market 服务能够把这些订单筛选出来继续发到市场上。

尽管将应用拆分成多个服务能够隔离故障，但它还是会存在多点故障的问题。同样，当故障发生的时候，开发者需要能够解释**到底**发生了什么问题以避免连锁反应。这包括设计层面的（在可能的情况下支持异步交互以及适当地使用熔断器和超时），还包括运维层面的（比如，使用可验证的持续交付技术和对系统活动进行稳定可靠地监控）。

3．透明性

最重要的一点，当故障发生时，开发者需要记得微服务应用是依赖于多个服务（而非单个系统）之间的交互及其表现的，而这些服务可能是由不同的团队开发的。不管在什么时候，系统都应该是透明的、可观测的，这样既可以发现问题，也可以对问题进行诊断。

应用中的每个服务都会产生来自于业务、运营和基础设施的数据、应用日志以及请求记录。因此，开发者需要搞清楚这些大量数据的含义。

4．自动化

通过开发大批的服务来缓解应用不断变大所带来的痛苦，这看似是有悖常理的。事实上，相对于开发一个单体应用，微服务确实是一种更加复杂的架构。通过采用自动化和在基础设施内保持服务**之间**的一致性，开发者可以极大地降低因这些额外的复杂性引入的管理代价。开发者需要使用自动化来保证部署和系统运维过程中的正确性。

微服务架构的流行与两种趋势是同时发生的——一种趋势是 DevOps 技术得到主流接纳，其中的典型就是**基础设施即代码**（infrastructure-as-code）技术；另一种趋势是完全通过 API 进行编程的基础设施环境（如 AWS 和 Azure）的兴起。这三者的同时发生并不是巧合。后两种趋势做了大量的基础工作，这才使得微服务在小型团队里具有可行性。

5．一致性

最后，以恰当的方式调整开发工作是至关重要的。开发者的目标应该是围绕业务概念来组织服务和团队，只有这样安排，服务和团队的内聚性才能更高。

为了理解一致性的重要性，我们考虑一下另外一种方式。许多传统的 SOA 系统都是分别部署它们的技术层的——UI 层、业务逻辑层、集成层和数据层。

SOA 和微服务架构的对比如图 1.4 所示。

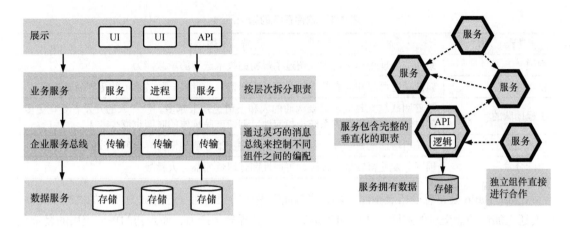

图 1.4　SOA 和微服务架构的对比

一方面，在 SOA 中使用**横向拆分**是有问题的，因为这样会导致内聚的功能被分散到多个系统中。新的功能可能需要协调发布到多个服务中，并且可能与其他在同一技术抽象层次的其他功能产生耦合，而这种耦合是不可接受的。另一方面，微服务架构应该偏向于纵向拆分。每个服务应该与一个独立的业务功能相匹配，并且将所有相关的技术层的内容封装在一起。

　注意　　极少数情况下，构建一个实现了某个特定技术功能的服务也是合理的，比如多个服务都需要与某个第三方服务进行集成，那就可以将这一集成工作封装成一个服务。

开发者应该时刻牢记是谁在消费这些服务。为了保证系统的稳定性，开发者需要在开发过程中有足够的耐心来保持所开发服务的向后兼容性（不论是显式地兼容，还是同时运行多个版本的服务），这样就可以确保不需要强迫其他团队升级或者破坏服务之间已有的复杂交互。

牢记这五大原则有助于开发者更好地开发微服务，进而使系统更易于修改、扩展性和稳定性也更强。

1.1.3　谁在使用微服务

许多组织已经成功地构建和部署了微服务，业务领域也跨越很大，涉及媒体（*The Guardian*）、内容分发（SoundCloud、Netflix）、交通物流（Hailo、Uber）、电子商务（Amazon、Gilt、Zalando）、银行（Monzo）和社交媒体（Twitter）。

上述领域的大部分公司都是采用了单体先行的方案[①]。他们从开发单个大型应用开始，然后

---

① 马丁·福勒（Martin Fowler）在他写于 2015 年 6 月 3 日的博文 *MonolithFirst* 中解释了"单体先行"这一模式。

逐渐迁移到微服务中，以解决他们所面临的发展压力，见表 1.1。

表 1.1　软件系统的增长压力

压　　力	描　　述
规模	系统的处理规模可能大大超过了最初的技术选型的承载能力
新功能	新的功能可能和现有的功能关系并不紧密，或者换一种技术可能更容易解决问题
工程团队的壮大	随着团队越来越大，需要沟通的人和渠道也越来越多。新加入的开发者要花更多的时间来理解现有的系统，相应地，创造产品价值的时间也变少
技术债务	系统所增加的复杂度（包括之前的开发决策导致的债务）导致修改的难度提高
国际分发	国际分发使得数据一致性、可用性和延迟性面临巨大挑战

比如，Hailo 公司想要拓展国际市场，这对他们最初的架构而言已经成为巨大的挑战，此外，他们还想加快功能交付的速度[1]。SoundCloud 公司想要提升生产力，而当初的单体应用的复杂度阻碍了公司的发展[2]。有时候，这种转变和业务优先级的改变是一致的：Netflix 从实体 DVD 分发转移到流媒体内容领域。有些公司已经完全将它们最初的单体应用下线了。但对于很多其他公司而言，这还是一个进行中的过程，一个单体应用的周围有一系列更小的服务。

现在，微服务架构已经十分普及。很多早期采用者通过开源、写博客和做演讲的方式介绍了他们所采用的实践方案，因此越来越多的团队开始直接用微服务来开发他们的新项目，而非先开发一个单体应用，比如，Monzo 已经开始将微服务作为其构建更良好的、更具可扩展性的银行系统的使命之一。[3]

1.1.4　为什么微服务是一个明智的选择

有大量成功的业务是基于单体应用软件来开发的，我们能立刻想到的有 Basecamp、StackOverflow 和 Etsy。在单体应用的世界里，我们有很多可以借鉴的东西，这其中包括传统传承下来的思想和看法、长期建立起来的软件开发实践和知识。那么，我们为什么还要选择微服务呢？

1. 技术差异性为微服务开路

有一些公司同时采用了多种不同的技术，这使得微服务成为很自然的选择。在 Onfido 公司，我们引入一个由机器学习驱动的产品时，发现它和我们当时使用的 Ruby 技术栈并不完全匹配，于是开始开发微服务。即便开发者还没有完全决定使用微服务方案，运用微服务的一些原则也会让开发者在解决业务问题的时候有更大的技术选择范围。不过，技术的差异性并不总是这么明显。

---

[1] 迈特·汗思（Matt Heath）于 2015 年 5 月 30 日在 *Medium* 上发表的 *A long Journey into a Microservice World*。

[2] *How we ended up with microservices*，菲尔·卡尔卡多（Phil Calçado），发表于 2015 年 9 月 8 日。

[3] 见迈特·汗思（Matt Heath）于 2015 年 5 月 18 日发表的 *Building microservice architectures in Go*。

2. 开发冲突随着系统发展而增加

归根到底，这就是复杂系统的特点。在本章开头，我们提到，为了解决复杂的问题，软件开发者努力在设计提供高效、及时的解决方案。但是我们开发的软件系统天生就具有复杂性，没有哪种方法论或者架构能够消除系统核心的这种本质复杂性（essential complexity）[①]。

但是，这并不是沮丧的理由。开发者还是可以有所作为的，可以通过采用恰当的开发方案来确保开发出的是一套**良好**的复杂系统，而从那种**偶然**的复杂性（accidental complexity）[②]中解脱出来。

花时间考虑一下，作为一名企业软件开发者，开发者想要获得的是什么。丹·诺斯（Dan North）讲得很好：

软件开发的目标是持续地缩短交付周期来产生积极的商业价值。

在复杂的软件系统中，我们的困难是：面对变化却还要持续地交付价值，即便系统越来越庞大越来越复杂，也要在保持敏捷、节奏和安全的情况下持续交付。因此，我们相信一个良好的复杂系统应该能在整个生命周期内将冲突和风险这两个因素的影响最小化。

冲突和风险会限制开发速度和敏捷性，进而会影响交付商业价值的能力。随着单体应用越来越大，下面这些几个因素会导致冲突。

（1）变更周期耦合在一起，导致协作障碍并增大回滚的风险。

（2）在没有严格规范的团队中，软件模块和上下文边界含混不清，导致组件之间产生意料之外的紧耦合。

（3）应用的大小成为痛点：持续集成作业、系统发布（甚至是本地应用启动）都会变得越来越慢。

并不是所有单体应用都存在这几个问题，但是很遗憾，我们见过的大部分系统都有这三个问题。同样，在前面提到的那些公司中，这些问题也是他们共同的故事主线。

3. 微服务降低冲突和风险

微服务通过三种方式来降低冲突和风险：在开发阶段将依赖进行隔离和最小化；开发者可以对单个的内聚组件进行思考，而非整个系统；能够持续交付轻量的、独立的变更。

在开发阶段将依赖进行隔离和最小化——不论是多个团队之间的依赖，还是已有代码层面的依赖，这种方法都可以让开发者的行动更加迅速。开发可以并行执行，还减少了单体应用中存在的对历史决策的长期依赖。技术债务很自然地被限制在服务的边界内。

和单体应用相比，微服务更易于独立构建和理解。这非常有益于提升成长中的组织的开发生

---

① 单词 essential complexity 和 accidental complexity 源自于弗雷德·布鲁克（Fred Brook）的《没有银弹》（*No Silver Bullet*）。本质复杂性（essential complexity）是由待解决的问题所引起的，是问题固有的复杂性。它是与问题相关的复杂性，是无法避免和消除的。比如，某个业务功能要包含 A、B、C 三个步骤，那么这三步是必不可少的，程序必须完成这三个工作。

② 偶然复杂性（accidental complexity）是由工程师制造出来的并能够处理的与问题相关的复杂度。这种复杂性是偶然的，可能是由某些工程师没有进行足够的思考就把某些组件不必要地联系在一起所导致的。

产力。同时，微服务还提供了一种灵活且令人信服的模式，让大家可以积极应对不断增长的规模或顺利地引入新技术。

小的服务也是持续交付的重要推动者。在大型应用中，部署的风险是很高的，而且涉及漫长的回归和验收周期。通过部署更小的功能元素，开发者可以降低每次独立部署的潜在风险，更好地隔离对线上系统的改动。

现在，我们达成两个结论：其一，开发小的、自治的服务能够降低在开发长期运行的复杂系统时出现的冲突；其二，通过交付内聚的独立功能，开发者可以开发出一个面对变化时灵活、易扩展且具备可恢复性的系统，这有助于开发者在降低风险的同时交付商业价值。

这并不意味着每个人都应该构建微服务。当有人问"我需要微服务吗"时，如果真的有一个客观的标准答案，那是最好不过的，但是实际上开发者只能说"要视情况而定"。这个"情况"包括开发者的团队、开发者的公司以及开发者要开发的系统的特点。如果系统的领域范围并不重要，那么开发和运行这种细粒度的系统所增加的复杂度会超过开发者所获得的好处。但是如果开发者已经面临着本章前面提到的那些挑战，那么有充分的理由来采用微服务的解决方案。

一个发人警醒的故事

我们听过一个因实施微服务而出现问题的故事。这家出现问题的初创公司当时已经开始扩大规模，他们的 CTO 认为唯一的解决方案就是将应用按照微服务架构重新开发。如果开发者听到这句话还无动于衷，那么现在可以开始祈祷了，因为这将是噩梦的开始。

技术团队开始改造他们的应用。这花费了他们 5 个月的时间，在这段时间里，他们既没有发布任何新功能，也没有将任何微服务的功能发布到生产环境。在业务最繁忙的那段时间里，这个团队上线了他们这套新的微服务应用，上线后完全是一团乱麻，最终他们被迫将系统回滚到当初的单体应用上。

这种迁移给微服务带来了很坏的名声。很少有业务允许有好几个月的时间完全停滞新功能开发，也很少有业务会纵容一个新的架构方案突然地直接发布上线。好在这样的例子很少，大部分我们关注过的成功的微服务迁移都是一点一点推进的，会在架构愿景、业务需求、优先级和资源约束之间进行平衡。尽管这需要耗费更长的时间并需要做更多的技术工作，但是开发者永远不会希望成为上述故事里的主人公。

1.2　微服务的挑战

我们进一步深究和分析一下设计和运行微服务系统的代价和复杂度。微服务并不是唯一通过分解和分布式实现"涅槃"（解决一切麻烦）的架构模式，但是过去的一些尝试（如 SOA）已经被大家认为是不成功的。没有哪一种技术是"银弹"，比如，我们提到的微服务架构，就极大地增加了系统中运行的模块的数量。在将功能和数据所有权分发到多个自治的服务上的同时，开发者也将整个应用的稳定性和安全操作的责任分配到了这些服务上。

在设计和运行微服务应用时，开发者会遇到很多挑战，如下所示。

（1）**识别和划定微服务范围**需要大量专业的业务领域知识。

（2）正确识别服务间的**边界和契约**是很困难的，而且一旦确定，是很难对它们进行改动的。

（3）微服务是**分布式系统**，所以需要对状态、一致性和网络可靠性这些内容做出不同的假设。

（4）跨网络分发系统组件以及不断增长的技术差异性，会导致微服务出现**新的故障形式**。

（5）越来越难以了解和验证在正常运行过程中会发生什么事情。

1.2.1 设计挑战

这些挑战是如何影响微服务开发的设计和运行阶段的呢？我们前面介绍了微服务开发的五大核心原则。首当其冲的就是**自治性**。为了让服务实现自治，开发者需要将它们设计为：从整体看，它们是松耦合的；而单独看每一个服务的话，它们内部封装了高度内聚的功能单元。这是一个不断演进的过程。服务的功能范围可能会随着时间而发生变化，开发者未来也可能会经常从现有的甚至可能将要下线的服务中剥离出新的功能来。

做出这些选择是很困难的——尤其是在应用开发的初期！服务解耦的主要驱动力就是开发者所确定的服务边界，如果这一步出错的话，服务将难以修改，整体而言，也就会导致应用不够灵活、不易于扩展。

1. 划定微服务范围需要业务领域知识

每个微服务都只负责一个功能。识别这些功能需要丰富的业务领域知识。在应用生命周期的初期，开发者的领域知识充其量是不够完整的，而最糟糕的情况下，开发者了解的这些知识可能是错误的。

对问题领域理解不充分可能会导致错误的设计决定。和单体应用中的模块相比，微服务应用的服务边界更加僵化。这也就意味着，如果范围划定出错，可能给下游造成更高的代价（图1.5）：开发者可能需要在多个不同的代码库上进行重构；可能需要将数据从一个服务的数据库迁移到另一个服务中；可能没有发现服务间的隐式依赖，导致在部署阶段出现错误或者不兼容的问题。

但是，基于并不充分的业务领域知识做出设计决策的事情并不是微服务所独有的问题。区别只在于这些决策所造成的影响。

 注意 在第2章和第4章中，我们将通过一个示例来讨论服务识别和范围划定的最佳实践。

2. 服务契约的维护

每个微服务都应该独立于其他服务的实现方式。这样才能实现技术多样性和自治性。为了做到这一点，每个微服务应该对外暴露一个**契约**（类比于面向对象设计中的接口）——用于定义它所期望接受和返回的消息。一个良好的契约应该具有以下特点。

（1）**完整**：定义了交互所需的全部内容。

（2）**简洁**：除了必需的信息，没有多余的内容，这样消费者就能在合理的范围内组装消息。

（3）**可预测**：准确反映了所有实现的真实表现。

任何设计过 API 的人可能都知道实现这些要求是多么困难。契约会成为服务之间的黏合剂。随着时间的推移，开发者会对契约逐渐做出调整，但是还需要保持对现有协作方的向后兼容性。稳定性和变化这两个矛盾体之间的紧张关系是很难把握分寸的。

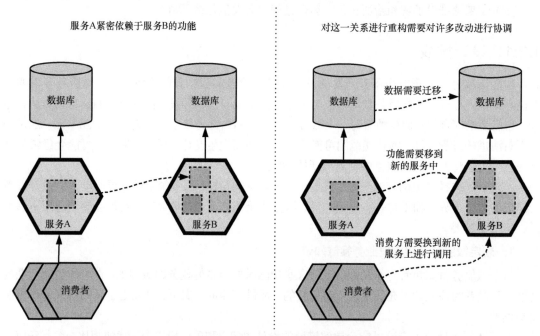

图 1.5　错误地划分服务范围可能导致跨多个服务边界进行复杂且代价巨大的重构

3. 微服务应用是多个团队设计的

在规模大一些的组织中，通常是由多个团队来开发和运行微服务应用的。每个团队负责不同的微服务，他们有自己的目标、工作方式和交付周期。如果开发者还需要和其他的独立团队协调时间表和优先级，就很难设计出一个内聚的系统。因此，要协调任何庞大的微服务应用的开发，都需要跨多个团队在优先级和实践层面达成一致。

4. 微服务应用是分布式系统

设计微服务应用也就意味着设计分布式系统。关于分布式系统的设计，有许多谬论，其中包括网络是可靠的、网络延迟为 0、带宽是无限的以及数据传输成本为 0。

显然，开发者在非分布式系统中可以做出的那些假设（如方法调用的速度和可靠性）都不再合适，基于这些假设实现的系统会非常糟糕和不稳定。开发者必须考虑到延迟性、可靠性以及应用中的状态一致性。

一旦应用成为一个分布式应用，应用的状态数据就会分布到许多地方——一致性就会成为难题。开发者不再能保证操作的顺序。在多个服务上进行操作时，开发者也不再能像 ACID 这样继续保证事务。这还会影响到应用层面的设计：开发者需要考虑服务如何在不一致的状态下进行操作以及如何在事务失败的情况下进行回滚。

1.2.2 运维挑战

微服务方案本身会使系统中可能出现的故障点增多。为了说明这一点，我们回到前面介绍过的"投资工具"那里。应用中可能出现的故障点如图 1.6 所示。可以看到，有些类型的故障可能会在多处发生。这些故障都会影响订单的正常处理流程。

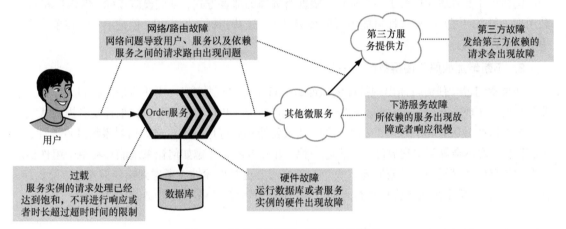

图 1.6 提交出售订单时可能的故障点

在生产环境中运行应用时，开发者可能需要回答下面几个问题，请考虑一下。

（1）如果用户不能提交订单出现故障，如何判断是哪里发生了故障？

（2）如何在不影响下单操作的情况下部署一个新版本的服务？

（3）如何知道要调用哪些服务？

（4）如何在多个服务间测试应用是否正常工作？

（5）如果某个服务不可用，会发生什么事情？

微服务并不能消除风险，而是将这个成本移到了系统生命周期的后半阶段：降低了开发过程中的冲突，但是增加了运维阶段系统部署、验证以及监控的复杂度。

微服务方案推荐在系统设计中采用演进式的方案，这样开发者可以在不修改现有服务的情况下开独立开发新的功能，就能将变更的风险和代价最小化。

但是在不断变化的解耦系统中，清楚地了解整体的情况可能变得极度困难，这又使得问题诊断和支持变得更具有挑战性。当出现故障时，开发者需要通过一系列的方式来跟踪系统**实际**发生的行为（调用了哪个服务、顺序是什么以及输出是什么），但是还需要一些途径来了解系统**应该**发生的行为。

最后，工程师会面对微服务的两大运维挑战：可观测性和多点故障。下面我们来一一展开介绍。

1. 难以实现的可观测性

我们在 1.1.2 节中介绍了透明性的重要性。但是为什么在微服务应用中，透明性会变得更困难呢？这是因为开发者需要对整体有所了解。开发者需要将许许多多的碎片拼接起来形成整体的蓝图，所以需要将每个服务所生产的数据关联并连接到一起，进而在了解了交付商业价值整体的来龙去脉之后理解每个服务所做的工作。每个服务的日志提供了系统运行的部分视图，这是很有用的，但是开发者需要同时从微观细节和宏观整体两方面来更加全面地理解这个系统。

同样，开发者现在运行了多个应用，根据所选择的部署方式，基础设施指标（像内存和 CPU 利用率）和应用之间的相关性可能不再那么明显了。这些指标依旧有用，但是不再像在单体应用中那么重要了。

2. 不断增加的服务使得故障点增多

如果我们说"任何可能出现故障的东西最终肯定会出现故障"，这并不是说我们太悲观。这非常重要，从现在开始，开发者就要牢牢地把这句话记在自己的脑海里：如果开发者提前认定构成系统的这些微服务是有缺陷的和脆弱的，那么就能够更好地提醒自己如何对系统进行设计、部署和监控，而不会等到出现故障时才大吃一惊。开发者需要考虑如何让系统能够在单个组件出现问题的情况下继续运行。这意味着，每个服务都需要更具鲁棒性（考虑到错误检查、故障切换、恢复），同样，整个系统也应该运行更加可靠，即便单个组件做不到 100% 的可靠。

1.3　微服务开发生命周期

在个体层面，开发者应该熟悉每一个微服务——即便它比较小。为了开发一个微服务，开发者会使用很多相同的框架和技术：Web 应用框架、SQL 数据库、单元测试、类库等，这些都是开发者在开发应用程序时经常会用到的。

在系统层面，选择微服务架构会对开发者设计和运行应用的方式产生重要影响。纵览本书，我们会聚焦于微服务应用开发生命周期的三大阶段（图 1.7）：服务设计、将服务部署到生产环境中和功能监控。

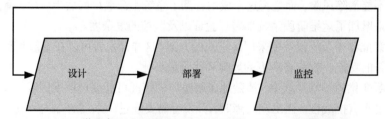

图 1.7　微服务开发周期的三大迭代阶段：设计、部署和监控

在这三大阶段中，每个阶段所做出的合理决定都有助于构建出具备可恢复性的应用，即便面

对不断变化的需求和不断增加的复杂度,应用仍然具备可恢复性。下面我们逐一介绍这三大阶段,并思考用微服务交付应用所要采取的措施和步骤。

1.3.1　微服务设计

在开发微服务应用时,开发者需要做出一些设计决策。这些设计决策在开发单体应用时并不会遇到。开发单体应用时,我们通常都会遵循一些已知的模式或者框架,比如三层架构或者模型-视图-控制器(MVC)。但是微服务的设计技术还处于相对起步的阶段。鉴于此,开发者需要考虑以下问题。

(1)是从一个单体应用起步,还是一开始就使用微服务?

(2)应用的整体架构以及开放给外部消费者的接口。

(3)如何识别和划定服务的边界?

(4)服务之间是如何通信的?同步还是异步?

(5)如何实现服务的可恢复性?

有太多内容要讲。现在,我们会针对这些问题一一进行解答,以便开发者能够理解关注这些内容对于设计出良好的微服务应用的重要性。

1.　单体应用是否先行

在开始采用微服务这件事情上,开发者会看到两种截然不同的趋势:其一,单体先行;其二,只使用微服务方案。赞成前者的开发者给出的理由是:始终应该以单体应用开始,因为在前期,开发者还没了解系统中各个组件的边界,而在微服务应用中,如果这一步出错的话,代价会大得多。换句话说,在单体应用中选择的边界与精心设计过的微服务应用中的边界并不需要保持一致。

虽然在开始的时候,微服务方案的开发速度会慢一些,但是能够降低未来开发的冲突和风险。同样,随着工具和框架越来越成熟,微服务最佳实践不再那么令人生畏,会变得越来越容易应用。不管开发者是考虑从单体应用迁移到微服务,还是直接开发一个新的微服务应用,这两条路都可以选,本书的建议都是有帮助的。

2.　服务的范围划定

为每个服务选择恰当水平的职责——功能范围——是设计微服务应用中最困难的挑战之一。开发者需要基于服务提供给组织的业务功能对其进行建模。

我们来对本章开头的例子做一下扩展。如果开发者想引入一个新的特殊类型的订单,如何对服务进行修改呢?开发者可以通过三种方式来解决这个问题(图1.8):①对现有的服务接口进行扩展;②添加一个新的服务接口;③添加一个新的服务。

每种方案都各有优缺点,也会影响到应用中各个服务之间的内聚和耦合性。

注意　　在第2章和第4章中,我们会研究服务的功能范围划分,并且会讨论如何在服务职责划分上做出最优的决策。

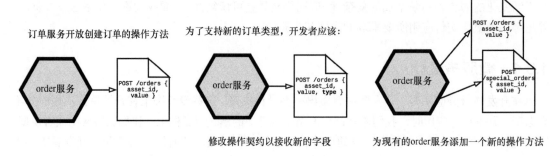

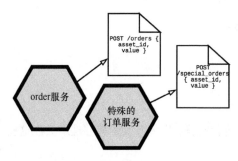

图 1.8   为了划定功能范围，开发者需要决定是新设计一个服务，还是将这个功能划到现有的服务中去

3. 通信

服务之间的通信可以是异步的，也可以是同步的。虽然同步系统更易于进行问题排查，但是异步系统的解耦性更高，能够降低变更的风险，还能让系统更易于恢复。但是这种系统的复杂度比较高。在微服务应用中，开发者需要在同步和异步消息之间进行平衡，以有效地对多个服务的行为进行协调。

4. 可恢复性

在分布式系统中，一个服务不能完全信任它的协作方服务，这不一定是因为他们的代码很糟糕或者人为失误，还因为开发者不能想当然地认为服务之间的网络以及这些服务的行为是可靠的、可预测的。服务在遇到故障的时候需要能够进行恢复。为了做到这一点，开发者需要通过在出现错误的时候进行回退、对于一些不友好的调用方要限制其请求速率、动态寻找健康服务等方式来使服务具有防御性。

1.3.2   微服务部署

在构建微服务时，开发和运维是相互交织在一起的。开发者将服务开发完成以后就当甩手掌柜，让其他人来部署和运维的方式是行不通的。在由大量的自治服务组成的系统中，如果这个服务是开发者开发的，就应该由开发者来运行它。对服务的运行方式了解清楚，反过来有助于开发者在系统发展壮大以后做出更好的设计决策。

记住,应用的特别之处是它所交付的商业价值。这来源于多个服务之间的协作。实际上,开发者可以将每个服务所提供的特有功能标准化和抽象化,以保证团队聚焦于商业价值。最后,开发者应该达到一个阶段,也就是在部署新的服务时,不涉及任何客套的东西。如果做不到这一点的话,开发者将要投入大量的精力来"通下水道"[在英文中"通下水道"(plumbing)用来比喻一些价值不大的脏活累活],而不能为客户创造任何价值。

在本书中,我们会教开发者如何将已有的服务和新开发的服务可靠地部署到生产环境。为了能够快速地进行创新,部署新服务的成本必须是可以忽略不计的。同样,开发者应该将部署步骤标准化以简化系统操作,并在这些服务上保持一致。为了做到这一点,开发者需要做到两点:其一,将微服务部署的人为操作标准化;其二,实现持续交付的流水线。

我们已经听说过可靠的部署是很"单调"的。"单调"的意思不是说乏味无聊,而是说没有事故发生。遗憾的是,我们看到太多团队的情况恰恰相反:软件部署是一个压力很大的操作,而且病态地需要全员出动来完成。一个服务这样就已经很糟糕了,如果开发者要部署非常多的服务,随之而来的焦虑会让他们疯掉的。下面我们看一下如何通过这些步骤实现稳定可靠的微服务部署。

1. 微服务部署的人为操作标准化

通常,每一门语言和框架都有自己的部署工具。Python 有 Fabric,Ruby 有 Capistrano,Elixir 有 exrm,等等。此外,它们自己的部署环境也很复杂,具体表现如下。

(1)应用部署在什么服务器上?

(2)应用有哪些其他工具的依赖?

(3)如何启动这个应用?

在运行环境层面,应用依赖(图 1.9)是很广的,这其中可能包括类库、二进制和操作系统包(如 ImageMagick 和 libc)以及操作系统进程(如 cron 和 fluentd)。

从技术角度来说,服务自治一个非常大的好处就是差异化。但是差异化并不会让服务部署变得更加容易。没有一致性,开发者就不能把生产环境的服务部署方法标准化,进而会增加部署管理和引入新技术的成本。最差的情况就是,每个团队重复"造轮子",每个团队都有自己与众不同的依赖管理、打包、部署和应用运维的方法。

经验表明,完成这项工作最好的工具就是**容器**。容器是一种操作系统层面的虚拟化方法,它支持在同一台主机上运行多个独立的系统——每个系统共享同一个内核,但是都有自己的网络和进程空间。与虚拟机数分钟的构建和启动时间相比,容器的构建和启动速度都要快很多,能够在秒级完成。开发者可以在同一台机器上运行多个容器,这样不但可以简化本地开发的复杂度,而且能够有助于在云环境中优化资源利用率。

容器将应用的打包过程、运行接口进行了标准化,并且为操作环境和代码提供了不可变(immutability)的特性。这使得它们成了在更高层次进行组合的强有力的构件。通过使用容器,开发者可以定义任何服务的完整执行环境并将它们相互隔离。

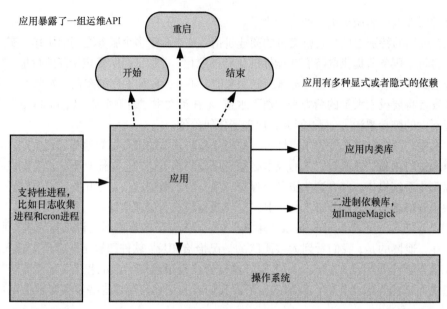

图 1.9　应用对外暴露了一个运维 API，这个应用有多种类型的依赖，包括类库、二进制依赖和辅助进程

虽然可以使用容器技术的许多实现方案和概念（除了 Linux，还有 FreeBSD 的 jails 和 Solaris 的 zone），但是到目前为止，我们所使用的最成熟和友好的工具是 Docker。我们会在本书后面部分介绍这个工具。

2. 实现持续交付流水线

持续交付是一种开发实践方式。通过这种实践方式，开发者可以在任何时间将软件可靠地发布到生产环境中。想象一下工厂的生产线：为了持续交付软件，开发者建立了类似的流水线，将开发者的代码从提交状态变成活生生的操作。图 1.10 所示的是一个简单的流水线。可以看到，每个阶段都能够向开发团队反馈代码的正确性。

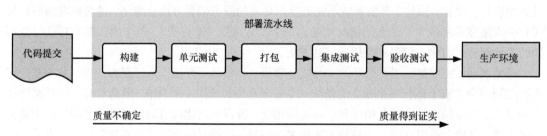

图 1.10　微服务的部署流水线概览

前面我们提到，微服务是持续交付的理想推动者，因为它们体积更小，这意味着开发者可以快速开发这些服务并独立发布。采用微服务的开发方式并不意味着就自动做到了持续交付。为了能够持续地交付软件，开发者需要关注以下两个目标。

（1）制订一组软件必须通过的验证条件。在部署流程的每个环节，开发者都应该能够证明代码的正确性。

（2）代码从提交状态发布到生产环境上的流水线实现自动化。

搭建一套可验证的、正确的部署流水线能够让开发者工作得更加安全，并和他们在服务开发阶段的迭代步调保持一致。在交付新功能时，这种流水线是一种可靠、可重复的流程。理想情况下，开发者应该有能力将流水线中的验证条件和步骤标准化，并在多个服务间进行使用，这样能够进一步降低部署新服务的成本。

持续交付还能降低风险，因为软件的质量和团队的交付变更的敏捷性都能够得到提升。从产品的角度来讲，这可能意味着开发者可以按照一种更精益的方式进行工作——快速验证开发者的假设并进行迭代。

 注意 　　在第三部分，我们会使用免费的持续集成工具 Jenkins 的 Pipeline 功能来搭建一个持续交付的流水线。我们还会研究一些不同的部署模式，比如金丝雀（canaries）部署和蓝绿（blue-green）部署。

1.3.3 服务监控

在本章中，我们已经讨论了透明性和可观测性。在生产环境中，开发者需要了解系统的运行情况。它的重要性有两点：其一，开发者想要主动发现系统中的薄弱环节并进行重构；其二，开发者需要了解系统的运行方式。

和单体应用相比，在微服务应用中，完全的监控是一件更加困难的事情。因为一个事务可能会涉及多个不同的服务；在微服务中，不同技术开发的服务可能会生成格式相反的数据；运维数据的总规模也要比一个单体应用高很多。但是如果开发者能够理解系统的运行方式，并且能够进行深入观测的话，即便微服务很复杂，开发者还是可以对系统进行高效的修改的。

1. 发现潜在的薄弱环节并进行重构

不论是引入了程序错误、运行环境出错、网络发生故障，还是硬件出现了问题，都会导致系统出现故障。久而久之，消除这些未知的缺陷和错误的成本要高于快速和高效地响应所需的成本。监控和报警系统使得开发者可以对问题进行诊断，并判断是什么问题导致了当次故障。开发者可以通过自动化的机制来响应这些告警，比如在另一个机房创建一个新的容器实例，或者增加服务的运行实例的数量来解决负载问题。

为了将故障的影响最小化并避免在系统内产生连锁反应，开发者需要采用一些支持服务局部降级的方案来设计和调整服务间的依赖。即便一个服务不可用，也不应该导致整个应用垮掉。认真思考应用中可能的故障点，承认故障总是会发生并做相应的准备，这是非常重要的。

2. 了解数以百计的服务的行为

为了了解这些服务的行为，开发者需要在设计和实现这些服务时提高"透明性"的优先级。

收集日志和一些数据指标，并将它们统一起来用于分析和告警。这样开发者在监控和分析系统的行为时，就可以诉诸于所构建的这个唯一的可信来源（single source of truth）。

我们在 1.3.2 节中提过，开发者可以标准化和抽象化每个服务提供的特有功能。开发者可以把每个服务看作一个"洋葱"。在"洋葱"的最里面，是这个服务所提供的特有业务功能。它的外面分别是各个工具层——业务指标、应用日志、运维指标和基础设施指标。这些工具可以让业务功能更易于观测。开发者可以在这些层之间跟踪每个请求，之后将从每层收集的数据推送到一个运维数据库用来进行分析和监控，如图 1.11 所示。

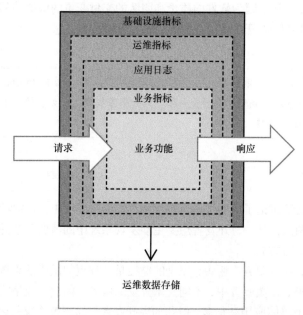

图 1.11　一个业务功能的微服务由多个工具层所包围。请求会穿过这些工具层发送给微服务，而返回的结果也会穿过它们发送出去，这个过程中所收集的数据也会存储到一个运维数据库中

 注意　　在本书第四部分，我们会讨论如何为微服务搭建一个监控系统、如何收集合适的数据，以及如何用这些数据为一个复杂的微服务应用创建一个实时现场模型。

1.4　有责任感和运维意识的工程师文化

考察微服务的技术性时，将它与开发这些微服务的工程团队割裂开来进行调查，是一种错误的行为。通过一个个轻量的、独立的服务来构建应用会彻底地改变组织工程化的方式，所以对团队的文化和优先事项进行引导是微服务应用能够成功交付的重要因素。

对于那些已经成功实现了微服务架构的组织来说，很难将原因和结果分清楚。到底是团队的组织结构和表现顺理成章地成就了这种细粒度的服务开发模式，还是细粒度服务的开发经验成就了团队的这种结构和表现？

答案就是，两者都有。长期运行的系统并不仅仅是提出功能需求——然后进行设计、开发——最后把这些功能堆到一起，它还反映了开发者和运维人员的偏好、观点以及目标。康威定律在某种层次上表达了类似的含义：

设计系统的组织······都是受到约束的，其设计出来的方案只是这些组织的沟通结构的翻版。

"受到约束"应该表示沟通结构会限制和约束系统的开发效果。然而事实上，微服务的做法意味着它正好相反：要避免系统开发过程中的冲突和紧张，最重要的方式就是按照开发者要开发的系统的形式和状况来设计组织。

有意识地和组织结构相互依赖实现共生是一种很常见的微服务实践。为了能够从微服务中获益并充分地管理其复杂度，开发者需要制订一些对微服务应用有效的工作原则和做法，而不是继续采用以前开发单体应用时所使用的相同技巧。

1.5 小结

（1）微服务既是一种架构风格，也是一系列文化习惯的集合。它以五大核心原则为支撑，它们分别是自治性、可恢复性、透明性、自动化和一致性。

（2）微服务减少了开发冲突，实现了自治性、技术灵活性以及松耦合。

（3）微服务的设计过程是非常有挑战性的，因为它不仅需要丰富的业务领域知识，还需要开发者在团队之间平衡优先级。

（4）服务向其他服务暴露契约。设计良好的契约是简洁的、完整的和可预测的。

（5）在长期运行的软件系统中，复杂性是不可避免的，但是开发者可以通过一些决策来减少冲突和风险，进而持续地在这些系统中交付价值。

（6）自动化和可验证的发布操作能够让部署过程更加可靠和"没有事故发生"，进而降低微服务的风险。

（7）容器技术将运行环境中的服务之间的差异进行抽象化，简化了对类型各异的微服务进行大规模管理的方式。

（8）故障是不可避免的：对团队来说，微服务需要是透明的、易观测的，这样团队才能够主动地管理、了解和真正拥有服务运维；反之亦然。

（9）采用微服务的团队需要在运维方面比较成熟，并且关注于服务的整个生命周期，而不只是关注设计和开发阶段。

第 2 章　SimpleBank 公司的微服务

本章主要内容

■ 介绍一家采用了微服务方案的公司——SimpleBank 公司
■ 利用微服务设计新功能
■ 如何公开微服务功能
■ 确保功能准备就绪
■ 大规模微服务开发所面临的挑战

在第 1 章中，我们了解了微服务的五大核心原则以及用微服务来实现持续交付软件价值的充分理由，并介绍了一些支持微服务开发的设计和开发实践。在本章中，我们将探讨如何在微服务的新功能开发中应用这些原则和实践。

在本章中，我们会介绍一家虚构的 SimpleBank 公司。这是一家有着"改变整个投资领域"的宏大愿景的公司，而作为读者的你就是这家公司的一名工程师。SimpleBank 公司的工程师团队希望在保证扩展性和稳定性的同时能够快速交付新功能，毕竟他们处理的是人们的真金白银。微服务可能正是他们所需要的。

和开发单体应用相比，开发和运行一个由许多可独立部署的、有自我控制能力的服务所组成的应用是截然不同的一种挑战。我们先思考一下为什么微服务架构非常适合 SimpleBank 公司，然后带领读者使用微服务来设计一个新功能。最后，我们将明确从概念验证原型到生产级的应用所需要的开发步骤。现在我们开始吧！

2.1　SimpleBank 公司的业务范围

SimpleBank 团队希望，不管一个人有多少钱，他都能够享受到智能化的金融投资服务。他们相信，不管是购买股票、出售基金还是进行外汇交易，都应该像开储蓄账户那样简单。

这是一项令人激动的使命，但并不容易实现。金融产品有多重的复杂之处：SimpleBank 公司需要了解市场规则和错综复杂的法规，同时，它需要与现有的行业系统进行集成，并且要满足严格的精度要求。

在第 1 章中，我们确认了一些功能：开户、支付管理、下单和风险建模，这些功能或许可以由 SimpleBank 公司提供给用户。接下来，我们进一步讨论这种可能性，并分析一下这些功能是否适合 SimpleBank 公司的更大领域范围内的投资工具。这一领域的各个组成部分如图2.1 所示。

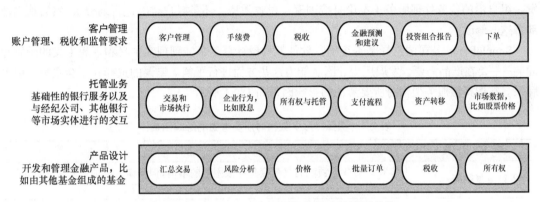

图 2.1　SimpleBank 公司要构建的功能模型总览

可以看到，投资工具需要提供的功能远不止那些提供给客户的开户和投资组合管理这样的功能。它还需要管理托管和理财产品设计。这个投资工具需要以客户的名义来持有其资产，并进行转入和转出。它还需要根据客户的需要来制订金融产品策略。

可以想到，这并不是那么简单的事情！读者现在已经可以开始看到一些 SimpleBank 公司所要实现的业务功能：投资组合管理、市场数据集成、订单管理、基金设计和组合分析。每块业务领域都可能是由多个服务组成的，这些服务会相互协作，或者可能会与其他领域的服务进行协作。

不管是设计哪种系统，这种总览类型的领域模型都是不可或缺的第一步，但是在构建微服务时，这一步就显得至关重要。如果不解业务领域，设计人员就可能在划定服务边界时做出错误的决策。没有人希望自己所构建的服务是**贫血的**——只是执行些琐碎的增删改查（**CRUD**）操作。**这些贫血的服务通常是导致系统内部耦合严重的源头之一。**同时，我们要避免将太多的责任放到一个服务中，低内聚的服务会使得修改软件时效率更低，风险更大——而这恰恰是我们试图避免的。

最后，如果没有这种判断能力，开发者就可能成为过度工程化的牺牲品，他可能是盲目地选择了微服务的架构方案，而并不是以"产品或者业务领域的实际复杂性"为依据。

2.2　微服务是否是正确的选择

SimpleBank 的工程师们相信微服务是他们最好的选择，相信微服务可以帮助他们解决业务领域的复杂性问题，也相信微服务可以让他们在面对复杂且不断变化的需求时保持灵活。他们期望随着业务规模的扩大，微服务可以降低每次软件变更的风险，从而让产品更加出色，让客户更加满意。

比如，工程师们需要处理每次购买或者出售的交易记录来计算税务结果，但是不同国家的税务规则各不相同，并且这些规则还会频繁地变更。在单体应用中，即便工程师只是想对某一个国家的规则进行调整，都需要整个平台配合在规定的时间内发布。在微服务应用中，工程师可以开发一组自治的税务处理服务（不论是按国家、税收类型，还是账户类型进行划分），然后独立地部署这些修改。

SimpleBank 公司的选择是否正确？软件架构设计总是牵涉到现实主义和理想主义的矛盾和冲突——要在产品需要、发展压力、团队能力这些方面进行平衡。错误的选择并不会立刻显现出后果。在选择微服务架构时所要考虑的影响因素如表 2.1 所示。

表 2.1　选择微服务架构时所要考虑的影响因素

影 响 因 素	影 响
业务领域复杂度	客观评估业务领域的复杂度是件很困难的事情,但是微服务能够解决受竞争压力所影响的系统复杂性问题，比如监管需求和市场范围
技术需求	开发者可以使用不同的编程语言（以及对应的技术生态）来开发系统的不同组件。微服务使得技术选型更具多样化
组织成长	快速成长的工程团队能够受益于微服务架构，因为在微服务架构下，对于已有代码库的依赖更小，新工程师可以快速得到提升，工作得更加高效
团队知识	许多工程师缺乏微服务和分布式系统的经验。如果团队缺少自信或者这方面的知识，最好在完全承诺实现之前，先构建一个用于概念验证的微服务

借助这些影响因素，开发者可以评估一下微服务架构是否能够帮开发者在面对越来越高的应用复杂度时持续地交付价值。

2.2.1　金融软件的风险和惰性

我们花一些时间来了解一下 SimpleBank 公司的竞争对手们开发软件的方式。在技术创新方面，大部分银行并不会走在前端。这其中或多或少有惰性的因素，这也是大型机构的典型特征，毕竟这并不是金融行业所特有的。有两大因素限制了创新和灵活性。

（1）厌恶风险——金融公司都是受到严格监管的，并且倾向于构建一套自上而下的变更控制系统，通过限制软件变更的频率和影响范围来避免风险。

（2）对复杂的遗留系统的依赖——大部分核心银行系统都是 20 世纪 70 年代以前开发的。此外，合并、收购和外包也是使得软件系统并没有被很好地集成，存在大量的技术债务。

但是限制变更和依赖于已有的系统并不能阻止软件问题影响到客户或者金融公司自身。2014年，英国的苏格兰皇家银行由于一次故障导致 650 万顾客支付出现问题，最终被罚款 500 万英镑。

这还并不包括在它每年已经在 IT 系统上花费的 2.5 亿英镑之内。[①]

这种方法并不能使产品变得更好。反而一些像 Monzo 和 Transferwise 这样的金融技术初创企业，在以许多银行望尘莫及的速度开发着新的功能。

2.2.2 减少阻力和持续交付价值

我们可以做得更好吗？不管用什么方式来衡量，银行业都是一个复杂和竞争激烈的领域。尽管银行系统的生命周期都是以几十年来算的，但是仍然需要同时具备可恢复性和敏捷性。单体应用的规模不断增大是有悖于这个目标的。如果银行想要启动一个新产品，之前构建的那些系统不应该成为阻碍[②]，新产品也不应该要求通过超标的工作量和投入来避免已有功能的退化。

设计良好的微服务架构可以解决这些问题。正如我们前面确定的那样，微服务架构类型避开了很多单体应用中存在的"会减缓开发速度"的特质。每个团队都可以循着下面的方式更加自信地前进。

（1）解除变更周期与其他团队之间的耦合。

（2）相互协作的组件之间的交互是受规范约束的。

（3）持续交付小的、单独的变更，以控制功能受到破坏的风险。

这些因素能够减少开发复杂系统过程中的摩擦，但又不影响可恢复性。同样，这些因素在不通过官僚主义扼杀创新的情况下能够降低风险。

这不仅是一个短期的解决方案。微服务还能够帮助技术团队在应用的整个生命周期中持续交付价值，而做到这一点所依赖的就是为每个组件的概念和实现复杂性上设定自然边界。

2.3 开发新功能

既然我们已经确定微服务是 SimpleBank 公司的正确选择，接下来看一下如何使用微服务来开发新功能。为了确保团队理解了微服务风格的要求和约束，开发一个最小可行产品（Minimum Viable Product，MVP）是非常重要的第一步。我们会从 SimpleBank 要开发的一个新功能着手，并研究团队所做出的设计决策。整个生命周期曾在第 1 章中展示过（图 2.2）。

在第 1 章中，我们曾提及服务如何相互协作来提交一个出售订单。这个过程如图 2.3 所示。

我们看一下如何开发这个功能。开发者需要回答下列 3 个问题。

（1）需要开发哪些服务。

（2）这些服务之间彼此如何合作。

---

① 详见肖恩·法瑞尔（Sean Farrell）和卡门·斐西维克（Carmen Fishwick）于 2017 年 6 月 17 日在英国《卫报》（The Guardian）上发表的 *RBS could take until weekend to make 600,000 missing payments after glitch* 以及查德·布雷（Chad Bray）于 2014 年 11 月 20 日在纽约时报发表的 *Royal Bank of Scotland Fined $88 Million Over Technology Failure*。

② 情况能有多糟？我曾经见过一家金融软件公司，他们维护了 10 个庞大的代码库，每个代码库中的代码超过 200 万行。

（3）如何将功能公开出去。

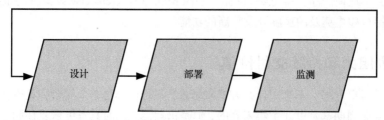

图 2.2   微服务开发生命周期的三大关键迭代阶段——设计、部署和监测

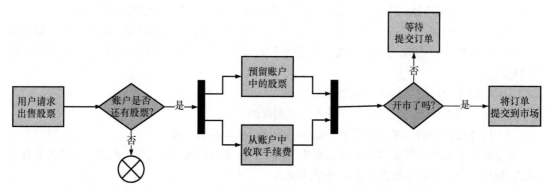

图 2.3   SimpleBank 公司为账户下单出售股票的流程

在为单体应用设计新功能时，开发者可能也会问自己类似的问题，但是它们的意义并不同。比如，部署一个新服务所需要花费的力气要比创建一个新的模块更大。在划定微服务范围时，开发者需要确保拆分系统所增加的复杂度不会超过所带来的益处。

 注意   随着应用的不断演进，这些问题也会呈现出更多的维度。之后，我们还会问，是将新增的功能添加到已有的服务，还是把这些服务拆分开？我们会在第 4 章和第 5 章进一步讨论。

正如我们前面所讨论的那样，每个服务应该只负责一个功能。那么第一步就是确定需要实现的不同业务功能以及它们之间的相互关系。

2.3.1   通过领域建模识别微服务

为了确定所需要的业务功能，开发者需要提高对所开发软件的业务领域的了解程度。这通常是产品发掘或者业务分析中最难的工作：调查研究，原型设计，与客户、同事或其他终端用户进行访谈等。

我们开始研究图 2.3 所示的下单的例子。所要交付的价值是什么？从上层讲，客户想要能够提交订单。所以一个很明显的业务功能就是存储和管理这些订单状态。这是开发者第一个候选的微服务。

　　继续深入研究一下这个例子，开发者会发现一些应用需要提供的其他功能。为了能够出售股票，客户首先需要拥有它，所以开发者需要通过某些方式来展示客户当前持有的股份。这些股份数据是由发生在他们账户中的交易记录所产生的。开发者的服务需要向一个代理发送订单——这个应用需要能够和第三方系统进行交互。事实上，发布订单这一功能需要 SimpleBank 公司的应用支持如下的所有功能。

　　（1）记录出售订单的状态和历史。

　　（2）向客户收取下单的手续费。

　　（3）在客户的账户记录交易信息。

　　（4）将订单提交到市场上。

　　（5）向客户提供所持股份和订单的价值信息。

　　并不是要绝对化地将每个功能都映射为单个微服务。开发者需要判断哪些功能关系紧密——它们要放在一起，比如，来自于订单的交易结果和来自于其他事件（如股票支付股息）的交易结果是类似的。将一组功能组合到一起，就形成了一个服务所要提供的能力。

　　我们来将这些功能映射到业务能力——该业务所做的工作。映射关系如图 2.4 所示。有些功能会跨多个领域，比如收取手续费的功能。

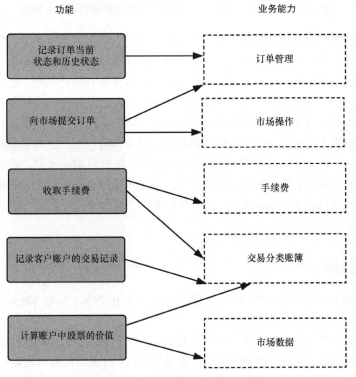

图 2.4　应用功能与 SimpleBank 公司的业务能力的对应关系

开发者在开始时可以直接将这些能力映射到微服务。每个服务应该体现业务所提供的能力，这样也就能实现体积和职责的平衡。开发者还应该思考一下有哪些推动微服务在未来进行变化的因素——它是不是真的只有单一职责。比如，开发者可能认为市场操作是订单管理的子集，因此不应该分成两个服务。但是市场操作这个领域变化的驱动因素是所支持的市场的功能和范围，而与订单管理关联更紧密的是产品的类型以及进行交易的账户。这两个领域并不会同时变化。将这两块分开后，就区分了变化范围并且能最大限度地提升内聚性（图 2.5）。

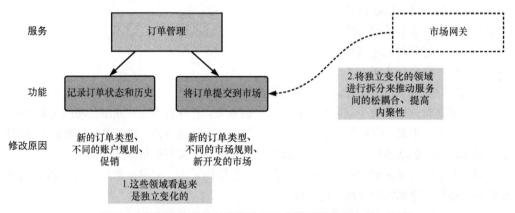

图 2.5　服务应该通过区分修改原因来推动松耦合和单一职责

一些微服务实践者会认为微服务更应该反映单个功能，而不是单个能力。有些人甚至认为微服务是"只能追加"的，他们认为开发新的服务永远好于将功能添加到已有服务中。

我们并不赞同他们的说法。分解过细一方面会导致服务本身缺乏内聚，另一方面也会导致那些关联比较紧密的协作服务之间耦合过紧。同样，部署和监控太多的服务也会超出处于微服务实践初期的工程团队的工作能力。一条有用的经验就是宁可选择较大一些的服务，等功能变得更加特殊或者更加明确属于一个独立的服务时，再将功能从中拆分出去，这样会容易很多。

最后，牢记，了解业务领域并不是一蹴而就的过程！随着时间的推进，需要持续反复地去了解业务领域；用户的需求会变，产品也需要持续演进。随着对业务领域的了解的变化，系统本身也需要改变来满足这些要求。幸运的是，正如我们在第 1 章讨论的，应对不断变化的需求是微服务方法的一个优势。

2.3.2　服务协作

我们已经确定了一些候选的微服务。这些服务需要相互协作才能为 SimpleBank 的客户实现一些有用的功能。

正如读者可能已经了解的，服务协作可以是点到点方式的，也可以是事件驱动方式的。点到点的通信通常是同步的，而事件驱动的通信通常是异步的。许多微服务应用起初使用的都是同步通信方式。之所以这么做，有如下两方面的原因。

（1）同步调用通常要比异步通信更加简单而且更便于排查分析。即便如此，也不要错误地认为它们和本地的进程内的函数调用有同样的特性——跨网络的请求明显要慢很多而且更加不可靠。

（2）即便不是所有编程环境，至少大部分都已经支持一种简单、与语言无关而又在开发者中有广泛认知度的传输机制：HTTP。HTTP 主要用于同步调用，但是也可以将其用于异步调用。

考虑一下 SimpleBank 公司的下单流程。order 服务负责记录订单并将订单提交到市场。为此，它需要与 market 服务、fee 服务和 account transaction 服务进行交互。这些交互协作如图 2.6 所示。

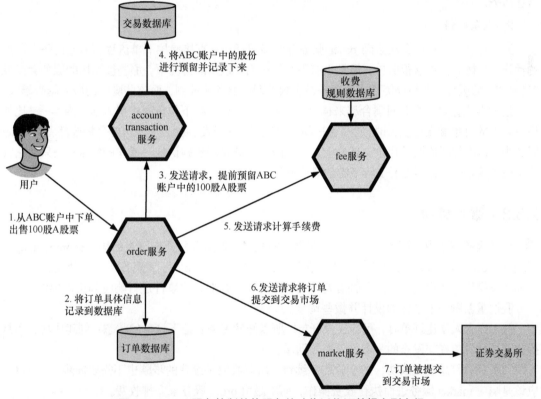

图 2.6　order 服务控制其他服务的动作以将订单提交到市场

在前面，我们曾指出微服务应该是自治的，而为了实现自治，服务应该是松耦合的。要做到这一点，一部分要靠对服务的设计，通过"将那些因为相同原因而修改的内容聚合到一起"来尽可能降低对服务的改动需要同时修改上游或下游协作方的可能性。此外，开发者还需要考虑**服务契约**和**服务职责**。

1. 服务契约

每个服务所接收的消息以及它返回的响应构成了服务与依赖该服务的**上游协作服务**之间的契约。契约使得每个服务可以被它的协作方当作黑盒对待：发送一个请求，然后收到返回的某些结果。如果这其中没有错误发生，那么这个服务就是在做它该做的事情。

虽然一个服务的实现会随着时间而变化，但是维持契约层面的兼容性能够保证两件事：这些变化不大会破坏消费者的使用；服务之间的依赖是可明确识别和可管理的。

根据我们的经验，契约通常隐含在微服务实现的早期或者初期。它们通常是通过文档或者惯例来体现的，而非显式地编纂成规范。随着服务数量的不断增多，开发者会意识到以机器可读的格式将服务交互的接口标准化的显著好处，比如，REST API 可以使用 Swagger/OpenAPI。同样，为每个服务加强一致性测试和发布标准化的契约，能够帮助组织机构中的工程师了解如何使用这些服务。

2. 服务职责

开发者在图 2.6 中会注意到 order 服务有许多职责。它直接操控下单流程所涉及的每个服务的动作。从概念上讲这很简单，但是也有不利的一面。最差的情况下，那些被调用的服务会变成"贫血式"的服务，大部分傻瓜式的服务被少数的聪明服务所控制，而这些聪明的服务越来越大。

这种方式会导致服务间耦合越来越紧。如果开发者想要在下单流程中引入新的内容——比如想要在下的订单额度比较大时，通知客户的账户经理——开发者就必须将这部分修改部署到 order 服务中。这增加了修改的代价。理论上，订单服务不需要同步确认这一操作的结果——只要它收到了一个请求——它不需要了解下游的具体操作。

2.3.3　服务编排

在微服务应用中，服务自然会有不同层次的职责。但是开发者应该在**编排**（choreography）和编配（orchestration）之间进行平衡。在编排式的系统中，服务不需要直接向其他服务发送命令和触发操作。相反，每个服务拥有特殊的职责，也就是对某些事件进行响应和执行操作。

我们重新看一下之前的设计并做些调整。

（1）当有人创建订单时，可能还没开市，所以开发者需要记下订单的状态：创建成功，还是提交成功。订单提交发布的步骤并不需要同步。

（2）只有订单提交成功，才会收取手续费，所以收取手续费的步骤也不需要同步。实际上，应该是响应 market 服务进而执行收费操作，而不是由 order 服务来安排收费。

修改后的设计方案如图 2.7 所示。事件的增加也相应地增加了架构上要关注的内容：开发者需要采取某些方法来保存这些事件并将它们开放给其他系统。为此，我们建议使用 RabbitMQ 或 SQS 这样的消息队列。

在这个设计方案中，我们从 order 服务中移除了如下职责。

（1）**收费**——order 服务并不知道订单提交到市场以后还需要收费。

（2）**下单**——order 服务并不直接与 market 服务进行交互。这样，开发者可以很容易地用一种不同的实现方案进行替换，甚至都可以改成每个市场对应一个服务，而不需要对 order 服务进行任何修改。

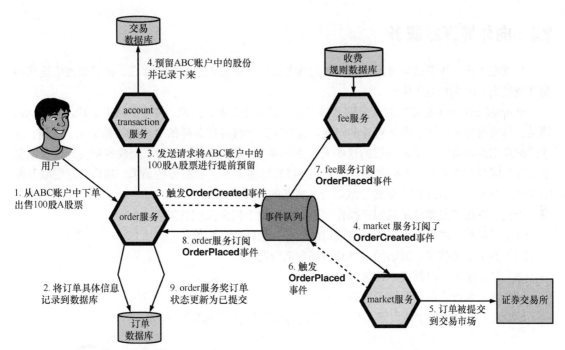

图 2.7　通过事件来对各个服务的功能进行编排，弱化 order 服务的协调者角色。
请注意，某些操作是并行的，比如图中两个编号为 3 的操作

　　order 服务自身也需要通过订阅 market 服务发送的 `OrderPlaced` 事件来对其他服务的动作进行反应。开发者可以很容易地对其扩展来满足未来的需求，比如 order 服务可以订阅 `TradeExecuted` 事件来记录市场上这笔交易完成的时间，如果这笔交易没能在指定的时间内成交，order 服务也可以订阅 `OrderExpired` 事件。

　　这一方案要比之前的同步协作的方案复杂很多，但是，在尽可能的情况下，采用这种编排的方案所开发的服务相互之间都是解耦的，相应地，也就可以更独立地部署这些服务，修改这些服务也更容易。但是有得就有失，我们也要付出一些代价：基础设施的队伍中又多了一个消息队列，我们需要持续地对其进行管理和扩容，并且它会成为一个单点故障源。

　　我们提出的这一设计方案还可以提高系统的可恢复性，比如，market 服务出现的故障与 order 服务的故障是相互隔离的。如果订单发布失败，则可以晚一些等 market 服务恢复正常以后重新发送这个事件[①]；如果发送的次数过多，则可以直接终止。此外，采用这一方案会使得对系统的整个活动轨迹的跟踪变得困难很多，在考虑如何在生产环境监控这些服务时，工程师要考虑到这一点。

---

① 假设队列本身是持久化的。

2.4　向外界开放服务

到现在为止，我们已经讨论了如何通过服务协作来实现业务目标。那么，我们如何将这些功能开放给真正的用户应用呢？

SimpleBank 公司希望同时开发网页端和移动端两个产品。为此，技术团队决定开发一个 API 网关，将其作为底层各个服务对外的门面。这个网关会将各种各样的后端问题抽象化，这样，这些前端应用既不再需要了解底层的这些微服务的存在，也不需要了解为了完成各项功能这些微服务相互之间的交互方式。API 网关会作为代理接管那些发给底层服务的请求，然后将底层服务的响应结果根据公开 API 的需要转换或者合并成新的数据格式。

设想一下用于发布订单的用户操作界面，它有以下四大关键功能。

（1）展示客户的账户中当前持有股份的信息，包括数量和价值。

（2）展示市场数据：股票的价格和市场变动情况。

（3）订单录入，包括成本计算。

（4）请求对指定的股票执行这些订单。

API 网关提供下单功能以及与底层服务进行协作的过程如图 2.8 所示。

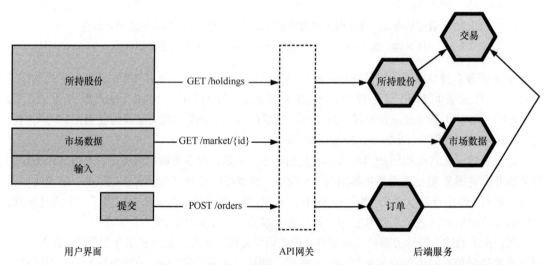

图 2.8　用户界面（如网页端和移动端 App）与 API 网关暴露的 REST API 进行交互。网关为底层的微服务提供了一个统一的对外门面并将请求代理给对应的后端服务

API 网关模式是一种很简洁的方式，但是它也有一些缺点，因为作为众多底层服务唯一的组合对外入口，它会变得越来越大，而且可能会越来越笨重。它会诱使开发者将业务逻辑添加到网关中，而非仅仅将其作为一个代理来对待。它试图成为无所不能的可用于所有应用的服务，却又

饱受其苦，毕竟不同应用的需求各有不同：移动客户端应用希望返回的数据体积更小、更精简，网页版的内部管理系统所需要的数据却又多得多。在开发高度内聚的 API 时，开发者要同时平衡这些相互冲突是非常困难的。

 注意 我们会在第 3 章对 API 网关模式进行回顾，并讨论一些其他的可选方案。

2.5 将功能发布到生产环境中

现在，开发者为 SimpleBank 公司设计了一个功能，这个功能涉及多个服务之间的交互、事件队列以及 API 网关。假设开发者已经将这些服务开发了出来，现在 CEO 要求开发者将它们发布到生产环境中。

在 AWS、Azure 或 GCE 这样的公有云中，一种显而易见的方案就是将每个服务部署到一组虚拟机中。开发者可以使用负载均衡器来将请求均匀地分摊到每个网络服务的实例中，或者开发者可以使用托管的事件队列服务（如 AWS 的 Simple Queue Service）来让各个服务互相分发事件消息。

 注意 深度探讨高效的基础设施管理和自动化不在本书涵盖范畴之内。大部分云服务提供商会通过定制的工具来提供这一功能，如 AWS 的 Formation 或 Elastic Beanstalk。开发者也可以考虑一些开源工具，如 Chef 和 Terraform。

不管怎样，开发者编译代码、通过 FTP 将应用上传到虚拟机、启动数据库并正常运行，最后发送一些请求测试一下。等做完这一切，已经好几天过去了。生产环境如图 2.9 所示。

过了几个星期，服务运行还算正常。开发者修改了一些代码，然后提交了这部分新代码，但是很快就遇到了麻烦。很难说清楚服务运行是否符合预期。更坏的情况是，开发者是 SimpleBank 公司唯一了解如何发布新版本的人，比这还糟糕的情况是，负责 transaction 服务的那个同事休了几周的长假，而没有其他人知道如何部署这个服务。那么这些服务的**巴士系数**（bus factor）就是 1——这表明任何团队成员的离开都会导致这些服务无法继续存活。

 定义 巴士系数[①]是用来衡量由团队成员之间的知识未被分享所造成的风险大小的指标，源自于"以防他们被巴士撞了"这句话，也被称作**货车系数**（truck factor）。巴士系数越低，团队的风险越大。

---

① 巴士系数，团队中有最少多少人同时消失，开发者的项目就注定失败，巴士系数是软件开发中关于软件项目成员之间信息与能力集中、未被共享的衡量指标，也有些人将其称作"货车因子"/"卡车因子"（lottery factor/truck factor）。一个项目至少失去若干关键成员的参与（"被巴士撞了"，指代职业和生活方式变动、婚育、意外伤亡等任意导致缺席的缘由），即导致项目陷入混乱、瘫痪而无法存续时，这些成员的数量即为巴士系数。

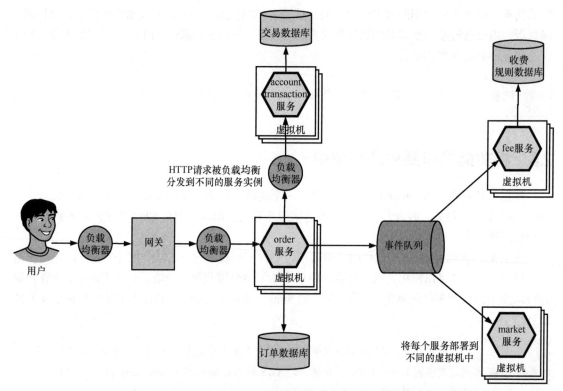

图 2.9　在简单的微服务部署方案中，每个服务的请求都通过负载均衡器分发到不同的实例——这些实例运行在不同的虚拟机中。同样，服务的多个实例都订阅了事件队列

　　这一定是出了什么问题。开发者应该记得自己在上一家 GiantBank 公司的工作。在上一家公司中，基础设施团队负责发布管理。开发者提交一个申请上线的工单，经过几次来来回回的争论，几个星期后，开发者如愿以偿地上线，或者有时候并不如愿，所以又重新提交了一个工单。这同样看起来并不是正确的方式。事实上，开发者对于微服务方案能让他自己管理部署的工作很欣慰。

　　稳妥点说，这些服务并没有做好发布到生产环境中的准备。运行微服务需要工程师团队具备一定水平的运维意识和运维成熟度，这是高于单体应用通常所要求的能力水平的。只有在开发者完全自信自己的服务能够处理生产环境的流量压力，才可以说这个服务是生产就绪的。

　　开发者如何确信服务是值得信任的呢？为了实现生产就绪，开发者需要考虑下列几个问题。

　　（1）**可靠性**——服务是否可用且没有错误呢？开发者可以依靠其部署流程来上线新功能而不引入缺陷或者导致服务不可靠吗？

　　（2）**可扩展性**——开发者了解服务所需要的资源和容量吗？如何在负载下保持响应能力呢？

　　（3）**透明性**——开发者是否可以通过日志或者数据指标来观测运行中的服务呢？

　　（4）**容错性**——开发者是否解决了单点故障的风险？如何应对所依赖的其他服务出现的故障？

　　在微服务生命周期的初期，开发者需要确立这三大基本准则：高质量的自动化部署、可恢复性和透明性。

接下来，我们来调查一下这三大基本准则对开发者解决 SimpleBank 公司所遇到的问题有何帮助。

2.5.1 高质量的自动化部署

如果开发者不能可靠且快速地将微服务发布到生产环境中，就是对采用微服务所提升的开发速度的极大浪费。不稳定的部署所造成的痛苦（如引入严重的错误）会完全抵消速度提高所收获的收益。

传统的组织机构通常会通过引入比较官方的变更控制和审批流程来谋求稳定性。这些流程的目的是管理和限制变更。这并不是盲目的冲动行事：如果这些变更引入的大部分 bug[①]动辄会给公司造成成千上万乃至数百万的工程投入或者收入上的损失，那么开发者就应该严格控制这些变更。

在微服务架构中，这种方式就不可行了，因为整个系统处于一个持续演进的状态中——正是这种自由带来了实实在在的创新。但是为了确保这种自由不会导致系统出现错误或者不可用，开发者就需要能够做到充分信任开发流程和部署工作。同样，为了使这种自由处于第一优先级，开发者还需要尽可能地减少发布一个新服务或者修改一个已有服务所需要投入的工作。我们可以通过标准化和自动化来实现稳定性的目标。

（1）**将开发过程标准化**。开发者应该评审代码的改动、编写对应的测试代码以及维护源代码的版本控制。但愿没有人对此要求表示意外或感到奇怪。

（2）**将部署过程标准化和自动化**。开发者应该彻底地验证所要提交到生产环境的代码变更，且要保证部署过程不需要工程师的介入，也就是说，要做成部署流水线。

2.5.2 可恢复性

想要确保软件系统在面对故障时是可恢复的，这是一项很复杂的任务。系统之下的基础设施本来就是不可靠的，即便代码是完美无缺的，网络调用也会失败，服务器也会宕机。作为服务设计的一部分，开发者需要思考服务本身以及服务的依赖项会怎样出现故障，然后提前做些工作来避免这些故障场景或者尽可能降低这些故障的影响。

表 2.2 列出了 SimpleBank 公司所部署的系统的潜在风险领域。开发者可以注意到，即便是一个相对简单的微服务应用，也会引入不同领域的潜在风险和复杂性。

表 2.2 SimpleBank 公司的微服务应用的风险领域

领域	可能发生的故障
硬件	主机、数据中心组件、物理网络
服务间通信	网络、防火墙、DNS 错误
依赖	超时、外部依赖、内部故障，比如数据库

---

① "SRE 发现大于 70%左右的服务不可用都是由于对生产系统的修改导致的"。本杰明·特雷诺·斯洛斯（Benjamin Treynor Sloss）所写的 *Site Reliability Engineering* 中的第 1 章。

> 　　**注意**　　我们将在第 6 章中研究一些提高服务可恢复性的技术。

2.5.3　透明性

　　微服务的行为和状态应该是**可观测的**。不管在什么时候，开发者都应该能够判断服务是否健康以及处理请求是否符合预期。如果某些内容影响到了某个关键指标——比如，订单提交到市场的时间过长——那么系统应该向工程师团队发送告警——这个告警需要有足够的理由才能发送。

　　我们以一个例子进行说明。SimpleBank 公司曾出现过一次故障。有位客户打电话说她不能提交订单了。经过快速检查之后，工程师发现这个问题已经影响到所有客户了：所有发给 order 服务进行订单创建的请求都超时了。该服务可能的故障点如图 2.10 所示。

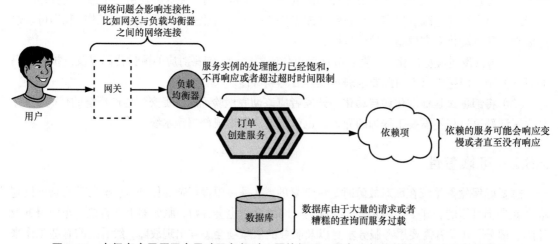

图 2.10　有很多底层原因会导致服务超时：网络问题、服务内部依赖的问题（如数据库）以及其他服务不正常的操作

　　显然，开发者有一个很大的操作问题：缺乏用来判断到底是谁出错了以及具体哪里出错了的日志。所以，开发者只能通过手工测试进行验证，最终成功地将问题排查了出来：account transaction 服务没有响应。而这时，客户已经好几个小时不能下单了，他们非常生气。

　　为了避免未来发生这种问题，开发者需要为微服务添加一套全面的工具。收集应用各个层面的活动数据对于了解微服务应用当前以及过去的运行表现是至关重要的。

　　首先，SimpleBank 公司要搭建一套对微服务产生的基础日志进行聚合的基础系统，同时还要将这些数据发送到某个服务便于开发者进行查询和标记[①]。该方案如图 2.11 所示。有了该方案，

[①] 行业内有一些用于日志聚合的托管服务，包括 Loggly、Splunk 和 Sumo Logic。开发者还可以使用众所周知的 ELK（Elasticsearch、Logstash 和 Kibana）工具栈来在内网运行这一功能。

下次有服务出现故障时，工程师团队就可以使用这些日志来确定系统哪里出现了故障，并进一步排查出问题发生的具体位置和情况。

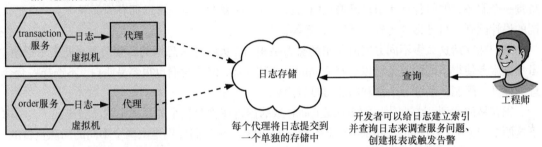

运行在每台虚拟机上的代理负责收集运行中的各个服务的日志数据，比如所发送的请求

每个代理将日志提交到一个单独的存储中

开发者可以给日志建立索引并查询日志来调查服务问题、创建报表或触发告警

图 2.11　开发者为每台虚拟机安装一个日志收集的代理应用。这个应用会将应用日志数据传到一个中心化的日志仓库中。开发者可以为日志创建索引、搜索，并能对其做进一步分析

但是，日志记录不充分还不是唯一的问题。令人尴尬的是，SimpleBank 公司在客户打电话投诉以后才发现了问题。公司还应该有一套告警方案来确保所有服务都符合响应要求和服务目标。

在这种场景中，最简单的方式就是，开发者应该有一套作用于每个微服务的反复执行的心跳检测机制，一旦服务完全没有响应，心跳检测就可以向团队发送告警。除此之外，团队还应该对每个服务做出服务保证的承诺，比如，对于关键服务，开发者会保证在 99.99% 的可用性基础上，95% 的请求能够在 100 毫秒内返回。如果没有达到这些阈值，就应该向服务所有者发送告警。

为微服务应用开发完整的监控系统是一项很复杂的任务。开发者所采用的监控深入度会随着服务的数量和复杂度的提升而演化。除了我们所介绍的运维指标和日志，一套成熟的微服务监控方案还会处理业务指标、服务间链路追踪和基础设施指标。如果开发者想要信任自己的服务，就需要不断地研究这些数据的含义。

 注意　　　在本书第四部分，我们会详细讨论监控方面的内容，还会介绍如何用 Prometheus 之类的微服务工具来触发告警以及如何搭建一套健康监控仪表盘。

2.6　大规模微服务开发

微服务的技术灵活性对开发速度以及系统的有效扩展而言是一种恩赐。但是这种灵活性也给组织机构带来了挑战；从根本上改变大规模的技术团队的工作方式成为一个难题。开发者很快就

会遇到两大挑战：**技术分歧**和**孤立**。

2.6.1　技术分歧

设想一下，SimpleBank 公司已经开发了一个有 1000 个服务的大型微服务系统。每个小团队负责一个服务，他们各自使用自己擅长的语言、自己最爱的工具、自己拥有的部署脚本、自己认同的设计原则、自己喜欢的外部类库[①]，等等。

维护和支持这么多不同方案所付出的努力是相当巨大和令人恐惧的，我们要对此表示拒绝。虽然微服务使得不同的服务可以选择不同的语言和框架，但是我们也很容易明白，不选择一套合理的标准和限制，系统会杂乱和脆弱得难以想象。

很容易注意到，这种因没有统一规范而导致的挫折在规模较小的系统中就已经出现了。考虑下这两个服务——account transaction 服务和 order 服务——它们分别是由两个不同的团队负责的。account transaction 服务会为每个请求会生成结构良好的日志输出，其中包含有用的诊断信息，诸如计时、请求 ID 以及当前发布的修订 ID。

```
service=api
git_commit=d670460b4b4aece5915caf5c68d12f560a9fe3e4
request_id=55f10e07-ec6c
request_ip=1.2.3.4
request_path=/users
response_status=500
error_id=a323-da321
parameters={ id: 1 }
user_id=123
timing_total_ms=223
```

第二个服务生成的则是难以解析的纯收文本消息：

```
Processed /users in 223ms with response 500
```

开发者会注意到，即便是最简单的日志消息格式，一致性和标准化也能够让在不同服务之间进行问题诊断和请求跟踪更加容易。通过在微服务系统的所有层次上达成一种合理的标准来解决分歧和杂乱扩展的问题是至关重要的。

2.6.2　孤立

在第 1 章中，我们提到了康威法则。在采用微服务方式的组织机构中，逆康威法则也是成立的：公司的结构是由产品的架构决定的。

这表明，开发团队会越来越趋向于微服务：他们会高度专业化地完成一件工作。每个团队只

---

① 不幸的是，尽管严格的组件边界和显式的服务所有权会加剧这个问题，但这不是只在微服务中才会出现的问题。在我早期的职业生涯中，我见过一个 Ruby 项目，它使用了 6 个不同的 HTTP 客户端库！

拥有或者负责少数几个关系密切的服务。总的来说，开发者将知道有关系统的所有信息。但是具体到每个开发者，他们只熟悉一个狭窄的专业领域。随着 SimpleBank 的客户基数以及产品复杂度的增加，这种专业化会进一步加深。

这种配置会成为极大的挑战。微服务本身的价值有限，不能孤立地发挥作用。因此，这些独立的团队必须紧密协作来构建无缝运行的应用程序，即使他们作为一个团队的整体的目标可能只与他们自己负责的更窄领域有关。同样，这种关注的狭窄性会使得团队容易只对他们本地局部的问题和参数设置进行优化，而非考虑整个组织机构的需求。极端情况下，这会导致团队之间发生冲突，进而降低部署速度以及产品的可靠性。

2.7 接下来的内容

在本章中，我们确认微服务非常适合 SimpleBank 公司，设计了一个新的功能，并思考了如何让这一功能实现生产就绪。我们希望这个学习示例展示了微服务驱动的应用开发的迷人和挑战之处。

在本书的后续章节中，我们会为开发者介绍一些运行微服务应用所需要的技术和工具。虽然微服务能够提高开发的灵活性和生产力，但是运行多个分布式服务的要求比运行单个应用严格得多。为了避免服务变得不稳定，开发者需要能够设计和部署"生产就绪"的服务，即确保这些服务是透明性、容错的、可靠的和可扩展的。

在第二部分中，我们会关注于服务设计。有效地设计一套由分布式的、独立的服务组成的系统，需要仔细思考系统的业务领域以及这些服务之间的交互方式。能够识别职责间的正确边界——由此开发出高内聚低耦合的服务——是任何微服务从业者最有价值的技能之一。

2.8 小结

（1）微服务非常适合于有多维复杂性的系统，比如产品的供应范围、全球部署和监管压力。

（2）在设计微服务时，了解产品业务领域是至关重要的。

（3）服务交互可以是编配型的，也可以是编排型的。后者会增加系统复杂度，但是能够降低系统中服务之间的耦合度。

（4）API 网关是一种常见的模式，它将微服务架构的复杂性进行了封装和抽象，所以前端或者外部消费者不需要考虑这部分复杂度。

（5）如果开发者充分信任自己的服务能够处理生产环境上的流量压力，就可以说这个服务是生产就绪的。

（6）如果开发者可以可靠地部署和监控某个服务，就可以对这个服务更有信心。

（7）服务监控应该包括日志聚合以及服务层次的健康检查。

（8）微服务会因硬件、通信以及依赖项等原因而出现故障，并不是只有代码中的缺陷才会导致故障发生。

（9）收集业务指标、日志以及服务间的链路跟踪记录对于了解微服务应用当前和过去的运行表现是至关重要的。

（10）随着微服务以及支持团队的数量的不断增加，技术分歧以及孤立会日渐成为技术团队的挑战。

（11）避免技术分歧和孤立需要在不同团队间采用相似的标准和最佳实践，不管采用何种技术基础。

第二部分

设计

在这一部分，我们会探讨微服务应用设计方面的内容。我们会从整个应用的架构图开始，然后深入探讨如何划分服务以及如何将它们连接到一起。读者将学习到如何设计可靠的服务和可复用的微服务框架。

第3章 微服务应用的架构

本章主要内容

- 微服务应用的全局视图
- 微服务的四层架构：平台层、服务层、边界层和客户端层
- 服务通信的模式
- 作为应用边界的 API 网关和消费者驱动型门面设计

在第 2 章中，我们为 SimpleBank 公司设计了一个由一组微服务组成的新功能，并发现深入了解应用的业务领域是成功落地实现的关键之一。在本章中，我们会站在更高的角度来思考由微服务组成的整个应用的设计和架构。我们无法代替读者深入了解开发者们自己的应用系统的业务领域，但是我们可以告诉读者的是，深入了解业务领域能够帮助读者构建出足够灵活的系统，这样的系统能够随着时间的推移不断发展和演进。

开发者会了解到，通常如何将微服务应用设计为四层结构——平台层、服务层、边界层和客户端层。开发者还会学习到这四层的具体内容，以及它们是如何组合起来交付面向客户的应用程序的。我们会重点介绍事件中枢（event backbone）在开发大规模微服务应用中的作用，还会讨论一些构建应用边界的不同模式，如 API 网关。最后，我们会介绍为微服务应用构建用户界面的最新趋势，如微前端和前端组合。

3.1 整体架构

软件设计师希望所开发出来的软件是易于修改的。许多外部力量都会对开发者的软件施加影响：新增需求、系统缺陷、市场需要、新客户、业务增长情况等。理想情况下，工程师可以自信满满地以稳定的步调来响应这些压力。如果想要做到这一点，开发方式就应该减少摩擦并将风险降至最低。

随着时间的不断推移，系统也在不断演进，工程团队想要将开发道路上的所有拦路石清理掉。有的希望能够无缝地快速替换掉系统中过时的组件，有的希望各个团队能够完全地实现自治，

并各自负责系统的不同模块，有的则希望这些团队之间不需要不停地同步各种信息而且相互没有阻碍。为此，我们需要考虑一下架构设计，也就是构建应用的规划。

3.1.1　从单体应用到微服务

在单体应用中，主要交付的就是一个应用程序。这个应用程序可以被水平地分成几个不同的技术层。在典型的三层架构的应用中，它们分别是**数据层、业务逻辑层**和**展示层**（图 3.1）。应用又会被垂直地分成不同的业务领域。MVC 模式以及 Rails 和 Django 等框架都体现了三层模型。每一层都为其上一层提供服务：数据层提供持久化状态，业务逻辑层执行有效操作，而展示层则将结果展示给终端用户。

单个微服务和单体应用是很相似的：微服务会存储数据、执行一些业务逻辑操作并通过 API 将数据和结果返回给消费者。每个微服务都具备一项业务能力或者技术能力，并且会通过和其他微服务进行交互来执行某些任务。单个服务的抽象架构如图 3.2 所示。

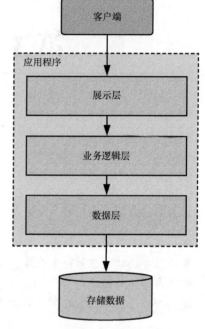

图 3.1　典型的单体应用三层架构

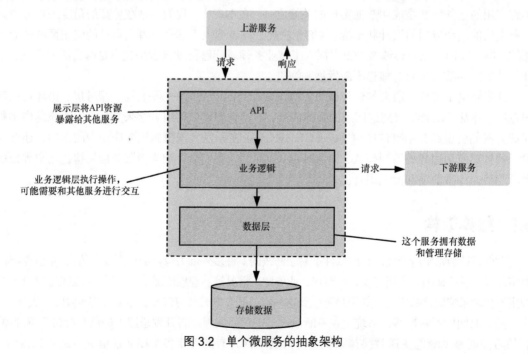

图 3.2　单个微服务的抽象架构

注意　　　在第 4 章中，我们将详细讨论微服务的范围划分-如何定义微服务的边界和职责。

在单体应用中，架构限定在整个应用本身的边界内；而在微服务应用中，开发者是在对从规模到范围都在不断演变的内容进行规划。用城市作类比的话，开发一个单体应用就像建造一幢摩天大厦，而构建微服务应用则像开发一个社区：开发者需要建造基础设施（自来水管道、道路交通、电路线缆），还要规划未来的发展（小型企业区 vs. 住宅区）。

这个类比强调不仅要考虑组件自身，还要考虑这些组件之间的连接方式、放置位置以及如何并行地构建它们。开发者希望自己的方案能促使应用沿着良好的方向发展，而非强行规定或强迫应用采取某种结构。

最重要的是，微服务并不是孤立地运行的。每个微服务都会和其他的微服务一起共存于一个环境中，而我们就在这个环境中开发、部署和运行微服务。应用架构应该包含整个环境。

3.1.2　架构师的角色

软件架构师的职责是什么呢？许多公司都会招聘软件架构师，即便这个职位的实际工作效果和对它的要求出入很大。

微服务应用使得快速修改成为可能：因为团队在不断地开发新的服务、停用现有服务或者重构现有功能，所以应用也会随着时间慢慢地演进。架构师或者技术负责人的工作就是要确保系统能够不断演进，而不是采用了固化的设计方案。如果微服务应用是一座城市的话，开发者就是市政府的规划师。

架构师的职责是确保应用的技术基础能够支持快节奏的开发以及频繁的变化。架构师应该具备纵观全局的能力，确保应用的全局需求都能得到满足，并进一步指导应用的演进发展。

（1）应用和组织远大的战略目标是一致的。

（2）团队共同承担一套通用的技术价值观和期望。

（3）跨领域的内容——诸如可观察性、部署、服务间通信——应该满足不同团队的需要。

（4）面对变化，整个应用是灵活可扩展的。

为了实现这些目标，架构师应该通过两种方式来指导开发：第一，**准则**——为了实现更高一层的技术目标或者组织目标，团队要遵循的一套指南；第二，**概念模型**——系统内部相互联系以及应用层面的模式的抽象模型。

3.1.3　架构准则

准则是指团队为了实现更高的目标而要遵循的一套指南（或规则）。准则用于指导团队如何实践。这一模型如图 3.3 所示。例如，如果某产品的目标是销售给那些对隐私和安全问题特别敏感的企业，那么开发者就要制定这些准则。

（1）开发实践必须符合那些公认的外部标准（如 ISO 27001）。

（2）时刻牢记，所有数据必须是可转移的，并且在存储数据的时候要有效期限制。

（3）必须要能够在应用中清晰地跟踪和回溯追查个人信息。

准则是灵活的，它们可以并且应该随着业务优先级的变化以及应用的技术演进而变化。例如，早期的开发过程会将验证产品和市场需求的匹配度作为更高优先级的工作，而一个更加成熟的应用可能需要更专注于性能和可扩展性。

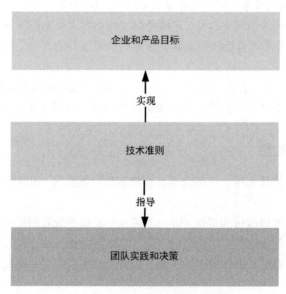

图 3.3　基于技术准则的架构方法

3.1.4　微服务应用的 4 层架构

架构应该体现出清晰的高层概念模型。在对一个应用的技术结构进行分析时，模型是一个非常有用的工具。如图 3.1 中的 3 层模型，这样的多层模型是一种应用程序结构的常见方案，能够反映整个系统不同层次的抽象和职责。

在本章的其余部分中，我们会探讨微服务的 4 层模型。

（1）**平台层**——微服务平台提供了工具、基础架构和一些高级的基本部件，以支持微服务的快速开发、运行和部署。一个成熟的平台层会让技术人员把重心放在功能开发而非一些底层的工作上。

（2）**服务层**——在这一层，开发的各个服务会借助下层的平台层的支持来相互作用，以提供业务和技术功能。

（3）**边界层**——客户端会通过定义好的边界和应用进行交互。这个边界会暴露底层的各个功能，以满足外部消费者的需求。

（4）**客户端层**——与微服务后端交互的客户端应用，如网站和移动应用。

上述架构层次如图 3.4 所示。不管底层使用了什么技术方案，开发者应该都能够将它应用到所有微服务应用中。

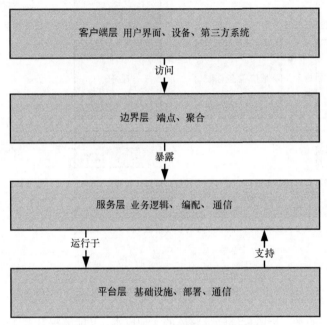

图 3.4　微服务应用架构的四层模型

每一层都是建立在下一层次的功能之上的，比如，每个服务都会利用下层的微服务平台提供的部署流水线、基础设施和通信机制。要设计良好的微服务应用，需要在每个层级上都进行大量的投入并精心设计。

很棒！开发者现在有了一个可用的模型。在后续的 5 节中，我们会一一介绍这一架构模型的 4 个层次，并讨论它们对构建可持续的、灵活的、可演进的微服务应用的贡献。

3.2　微服务平台

微服务并不是独立存在的。微服务需要由如下基础设施提供支持。

（1）服务运行的部署目标，包括基础设施的基本元件，如负载均衡器和虚拟机。

（2）日志聚合和监控聚合用于观测服务运行情况。

（3）一致且可重复的部署流水线，用于测试和发布新服务或者新版本。

（4）支持安全运行，如网络控制、涉密信息管理和应用加固。

（5）通信通道和服务发现方案，用于支持服务间交互。

这些功能及其与服务层的关系如图 3.5 所示。如果把每个微服务看作一栋住宅，那么平台层提供了道路、自来水、电线和电话线。

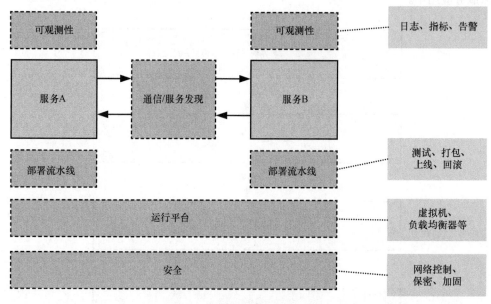

图 3.5　微服务平台层的功能

一个具有鲁棒性的平台层既能够降低整体的实现成本，又能够提升整体的可稳定性，甚至能提高服务的开发速度。如果没有平台层，产品开发者就需要重复编写大量的底层的基础代码，无暇交付新的功能和业务价值。一般的开发者不需要也不应该对应用的每一层的复杂性都了然于胸。基本上，一个半独立的专业团队就可以开发出一套平台层，能够满足那些在服务层工作的团队的需求。

映射运行时平台

微服务平台有助于提升开发者的自信，让开发者确信团队编写的服务能够支持生产环境的流量压力，并且这些服务是可恢复的、透明的和可扩展的。

图 3.6 所示的是某个微服务的运行时平台。运行时平台（或者部署目标）——比如，像 AWS 的云环境或者像 Heroku 这样的 PaaS 平台——提供了运行多个服务实例以及将请求路由给这些实例的基础元件。除此之外，它还提供了相应的机制来为服务实例提供配置信息——机密信息和特定环境的变量。

开发者在这一基础之上来开发微服务平台的其他部分。观测工具会收集服务以及底层基础设施的数据并进行修正。部署流水线会管理这一应用栈的升级或回滚。

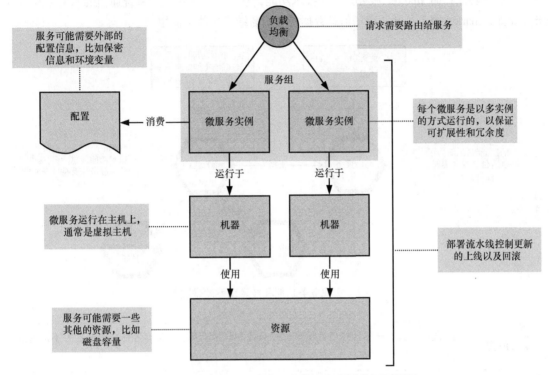

图 3.6　在标准的云环境中运行微服务所需的部署配置

3.3　服务层

服务层，正如其名称所描述的——它就是服务所存在的地方。在这一层，服务通过交互完成有用的功能——这依赖于底层平台对可靠的运行和通信方案的抽象，它还会通过边界层将功能暴露给应用的客户端。我们同样还会考虑将服务内部的组件（如数据存储）也作为服务层的一部分。

业务特点不同，相应服务层的结构也会差异很大。在本节中，我们会讨论一些常见的模式：业务和技术功能、聚合和多元服务以及关键路径和非关键路径的服务。

3.3.1　功能

开发者所开发的服务实现的是不同的功能。

（1）**业务能力**是组织为了创造价值和实现业务目标所做的工作。划到业务功能的微服务直接体现的是业务目标。

（2）**技术能力**通过实现共享的技术功能来支持其他服务。

图 3.7 比较了两种不同类型的功能。SimpleBank 的 order 服务公开了管理下单的功能——这

是一个业务功能；而 market 服务是一个技术功能，它提供了和第三方系统通信的网关供其他服务（比如，market 服务公开了市场信息数据或者贸易结算功能）使用。

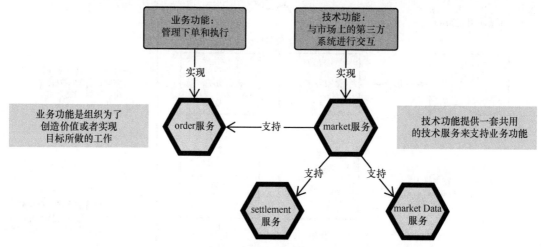

图 3.7 实现业务功能和技术功能的微服务

 注意   我们会在下一章介绍何时使用业务功能和技术功能，以及如何将它们映射到不同的服务上。

3.3.2 聚合与多元服务

在微服务应用的早期阶段，多个服务可能是扁平化的，每个服务的职责都是处于相似的层次的，比如，第 2 章中的 order 服务、fee 服务、transaction 服务和 account 服务——都处于大致相当的抽象水平。

随着应用的发展，开发者会面临服务增长的两大压力：从多个服务聚合数据来为客户端的请求提供非规范化的数据（如同时返回费用和订单信息）；利用底层的功能来提供专门的业务逻辑（如发布某种特定类型的订单）。

随着时间的推移，这两种压力会导致服务出现层级结构的分化。靠近系统边界的服务会和某些服务交互以聚合它们的输出——我们将这种服务称为**聚合器**（aggregator）（图 3.8），除此之外，还有些专门的服务会作为**协调器**（coordinator）来协调下层多个服务的工作。

在出现新的数据需求或者功能需求时，开发者要决定是开发一个新的服务还是修改已有的服务，这是开发者所面临的重大挑战。创建一个新的服务会增加整体的复杂度并且可能会导致服务间的紧耦合，但是将功能加到现有的服务又可能会导致内聚性降低以及难以替换。这是违背了微服务的基本原则的。

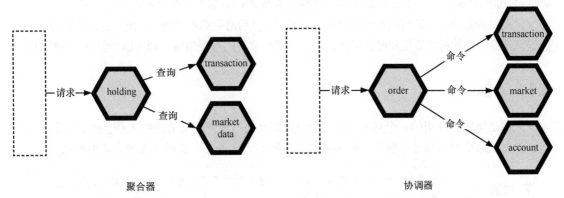

图 3.8 聚合器服务通过将底层服务的数据进行关联来实现查询服务,协调器服务会向下游服务发出各种命令来编配它们的行动

3.3.3 关键路径和非关键路径

随着系统的不断演进,有一些功能对顾客的需求和业务的成功经营来说越来越重要。比如,在 SimpleBank 公司的下单流程中,order 服务就处于关键路径。一旦这个服务运行出错,系统就不能执行客户的订单。对应地,其他服务的重要性就弱一些。即便客户的资料服务不可用,它也不大会影响开发者提供的那些关键的、会带来收入的部分服务。SimpleBank 公司的一些路径示例如图 3.9 所示。

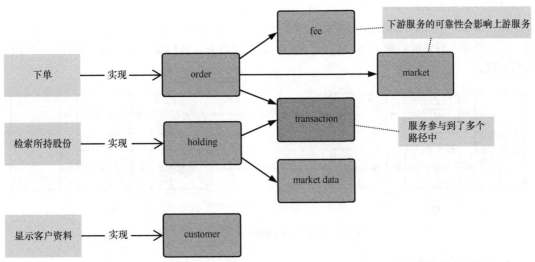

图 3.9 服务链对外提供功能,许多服务会参与到多个的路径中

这是一把双刃剑。关键路径上的服务越多,系统出现故障的可能性就越高。因为不可能哪个

服务是 100%可靠的，一个服务累积的可靠性是它所依赖的那些服务的可靠性的乘积。

但是微服务使得我们可以清楚地确定这些路径，然后对它们单独处理，投入更多的精力来尽可能提高这些路径的可恢复性和可扩展性，对于不那么重要的系统领域，则可以少付出一些精力。

3.4　通信

通信是微服务应用的一个基本要素。微服务相互通信才能完成有用的工作。微服务会向其他微服务发送命令通知和请求操作，开发者选择的通信方式也决定着所开发的应用的结构。

 提示　　　　在微服务系统中，网络通信也是一个很主要的不可靠因素。在第 6 章中，我们会讨论一些提升服务间通信的可靠性的技术。

在架构上，通信不是独立的一层，但是我们之所以将它拎出来单独作为一节来介绍，是因为网络使得平台层和服务层之间的边界变得模糊。有些组件，比如通信代理，属于平台层。但是负责组装和发送消息的确实服务自己。开发者希望所开发的端点实现智能化、但是管道傻瓜化。

在本节中，我们会讨论一些常用的服务通信模式及其对微服务应用的灵活性以及演化过程的影响。大部分成熟的微服务应用都会同时掺杂有同步和异步这两种交互方式。

3.4.1　何时使用同步消息

同步消息通常是首先会想到的设计方案。它们非常适合于那些在执行新的操作前需要获取前一个操作的数据结果或者确认前一个操作成功还是失败的场景。

一种请求-响应的同步消息模式如图 3.10 所示。左边的服务会构造要发给接收方的对应的消息，然后采用一种传输机制（如 HTTP）来将消息发送出去。目标服务会收到这条消息并相应地进行处理。

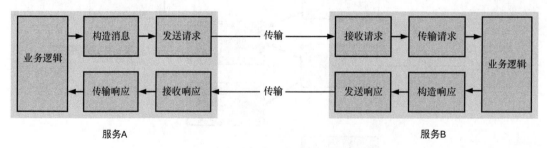

图 3.10　服务间同步的请求-响应生命周期

1. 选择传输方式

无论是选择 RESTful HTTP、RPC 库还是选择其他传输方式，都会影响服务的设计方案。每种传输方式都具有不同的特性，这些特性包括时延、语言支持情况和规范性。比如 gRPC 支持生成使用 Protobuf 的客户端/服务器端的 API 契约，而 HTTP 与消息的上下文无关。在应用中，只使用一种同步传输方式能产生规模效益，这样也更易于通过一些监控和工具来排查问题。

微服务的关注点分离也同样重要。应该将传输方案的选择与服务的业务逻辑拆分开，服务不需要了解 HTTP 状态码或者 gRPC 的响应流。这么做有助于在未来应用演进时替换为另一种不同的机制。

2. 缺点

同步消息的缺点如下。

（1）服务之间耦合更紧，因为服务必须知道协作者的存在。

（2）不能很好地支持广播模型以及发布-订阅模型。这限制了执行并行工作的能力。

（3）在等待响应的时候，代码执行是被阻塞的。在基于线程或者进程的服务模型中，这可能会耗尽资源并触发连锁故障。

（4）过度使用同步消息会导致出现很深的依赖链，而这又会增加调用路径整体的脆弱性。

3.4.2 何时使用异步消息

异步消息更加灵活。开发者可以通过事件通知的方式来扩展系统处理新的需求。因为服务不再需要了解下游的消费者。新服务可以直接消费已有的事件，而不需要对已有的服务进行修改。

 提示 事件（event）表示了事后（post-hoc）的状态变化，例如，`OrderCreated`、`OrderPlaced` 和 `OrderCanceled` 都是 SimpleBank 公司的 order 服务可以发出的事件。

这种方式下，应用演化更加平滑，服务间的耦合更低。但是付出的代价是：异步交互更加难以理解，因为整个系统行为不再是那种显式的线性顺序。系统行为变得更加**危险**——服务间的交互变得不可预测——需要在监控上增加投入来充分地跟踪所发生的情况。

 注意 有不同类型的事件持久化和事件查询的方式，如事件溯源（event sourcing）和命令查询的责任分离 Command Query Responsibility Segregation，CQRS）。它们不是微服务的先决条件，但是与微服务方案会有协同效应。我们将在第 5 章中进行具体介绍。

异步消息通常需要一个**通信代理**（communication broker），这是一个独立的系统组件，负责接收事件并把它们分发给对应的消费者。有时候也叫作**事件中枢**（event backbone），这也表明了这个组件对整个应用是多么重要。常用作代理的工具包括 Kafka、RabbitMQ 和 Redis。这些工具的意义并不相同：Kafka 专门研究的是海量的、可重复的事件存储，而 RabbitMQ 提供了一套高度抽象的消息中间件（基于 AMQP 协议）。

3.4.3 异步通信模式

我们来看两种常见的基于事件的模式：任务队列和发布-订阅。在对微服务进行架构设计时，开发者会经常遇到这两种模式——大部分更高级的交互模式是基于这两种基本模式实现的。

1. 作业队列

在这种模式中，工作者（worker）从队列种接收任务并执行它（图 3.11）。不管开发者运行了多少个工作者实例，一个作业应该只处理一次。这种模式也称作赢者通吃。

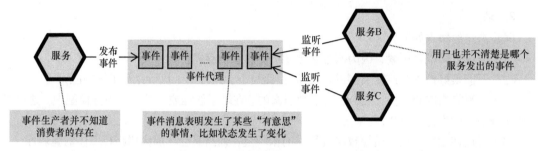

图 3.11　事件驱动的服务间异步通信

消费者也并不清楚是哪个服务发出的事件，如图 3.12 所示。

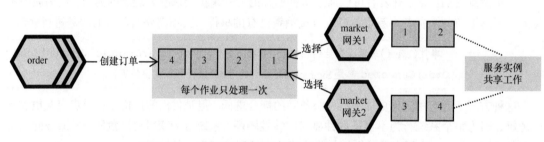

图 3.12　一个任务队列将工作分发给 1 到 *n* 个消费者

market 网关就可以按照这种方式来进行操作。order 服务创建的每个订单都会触发一个 OrderCreated 事件，这个事件会放到队列中供 market 网关服务来进行下单。这种模式在下列场景中很有用：

（1）事件与响应该事件所要做的工作之间是一对一的关系；

（2）要完成的工作比较复杂或者花费时间较长，所以需要和触发事件区分开。

默认这种方式并不需要复杂的事件传输。有许多任务队列类库可以用，它们使用的就是日常的数据存储方案，如 Redis（Resque、Celery、Sidekiq）或 SQL 数据库。

2. 发布-订阅

在发布-订阅模式中，服务可以向任意的监听器发送事件。所有接收到事件的监听器都要对事件相应地做出反应。在某些情况下，这是一种理想的微服务模式：一个服务可以发送任意的事件给外界，而不需要关心谁来处理它们（图 3.13）。

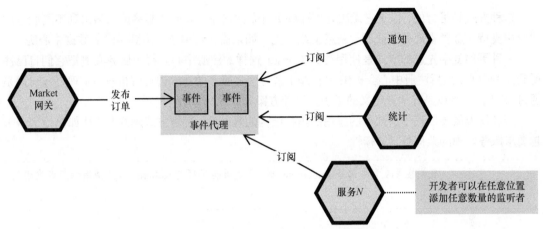

图 3.13　发布–订阅模式是如何将事件发送到订阅方的

比如，想象一下，开发者需要在订单发布以后触发另一个下游操作。开发者可能要给用户发送一条推送通知，需要用它满足订单统计和推荐功能的需要。这些功能都可以通过监听同样的事件来实现。

3.4.4　服务定位

在结束本节之前，我们来研究一下**服务发现**（service discovery）。要实现服务间的通信，它们需要能够**发现**彼此。平台层应该提供这一功能。

实现服务发现最简单的方式就是使用负载均衡器（图 3.14）。比如，AWS 上的弹性负载均衡器（ELB）就为服务分配了一个 DNS 名称并且负责管理底层节点的健康检查。这些节点是属于同一个虚拟机组的（在 AWS 中是自动扩容组）。

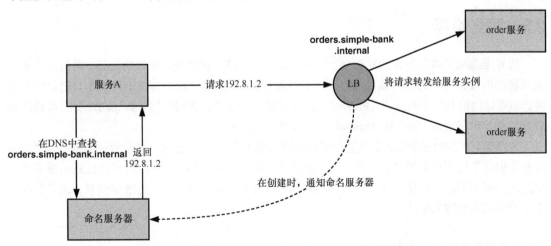

图 3.14　使用负载均衡器和 DNS 名称的服务发现方案

　　这种方式是可行的，但是它无法处理那些更复杂的场景。如果想要将请求路由到不同版本的代码中支持"金丝雀部署"或者"灰度上线"呢？如果需要将请求路由到不同的数据中心呢？

　　一种更加复杂先进的方式是使用类似 Consul 这样的注册中心。每个服务实例把它们自己注册到注册中心，然后注册中心会提供一个 API 来对这些服务的请求进行解析——实现方式可以是通过 DNS，也可以是其他自定义的机制。这种方案如图 3.15 所示。

　　服务发现需要依赖于所部署的应用的拓扑结构的复杂度。部署方式越复杂（比如多地部署），越要求服务发现的架构更具鲁棒性[①]。

　　我们在第 9 章中部署 Kubernetes 时，开发者会了解到 Kubernetes 所使用的服务发现的方案。

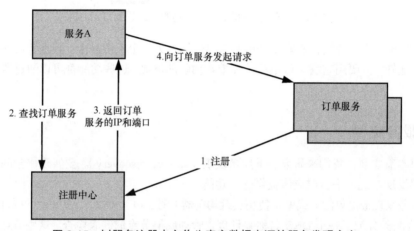

图 3.15　以服务注册中心作为真实数据来源的服务发现方案

3.5　服务边界

　　边界层隐藏了内部服务的复杂交互，只展示了一个统一的外观。像移动 App、网页用户界面或者物联网设备之类的客户端都可以和微服务应用进行交互。（这些客户端可以是自己进行开发的，也可以由消费应用的公共 API 的第三方来开发。）比如图 3.16 描述的 SimpleBank 公司的内部管理工具、投资网站、iOS 和 Android 应用以及公共 API。

　　边界层对内部的复杂度和变更进行了封装和抽象（图 3.17）。比如，工程师可以为一个要列出所有历史订单的客户端提供一个固定不变的接口，但是，可以在经过一段时间以后完全重构这个功能的内部实现。如果没有边界层的话，客户端就需要对每个服务都了解很多信息，最后变得和系统的实现耦合越来越严重。

---

① 如果开发者有兴趣进一步了解不同类型的代理和负载均衡方案，可以访问 bit.ly/2o86ShQ。

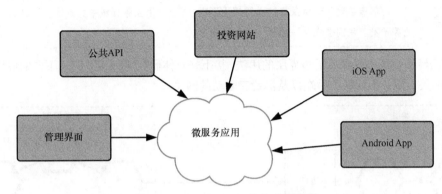

图 3.16 SimpleBank 的客户端应用

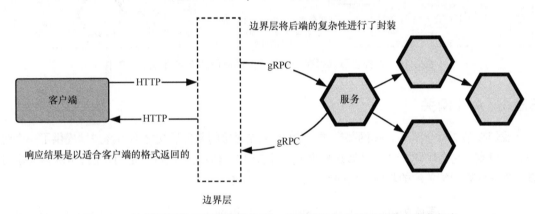

图 3.17 边界层提供了服务层的外观，将内部的复杂性对消费者隐藏起来

其次，边界层提供了访问数据和功能的方法，以便客户端可以使用适合自己的传输方式和内容类型来访问。比如，服务之间相互通信采用的是 gRPC 的方式，而对外的边界层可以暴露一个 HTTP API 给外部消费者，这种方式更适合外部应用使用。

将这些功能合到一起，应用就变成了一个黑盒，通过执行各种（客户端并不知道的）操作来提供功能。开发者也可以在修改服务层时更加自信，因为客户端是通过一个入口来与服务层连接起来的。

边界层还可以实现一些其他面向客户端的功能：**认证和授权**——验证 API 客户端的身份和权限；**限流**——对客户端的滥用进行防卫；**缓存**——降低后端整体的负载；**日志和指标收集**——可以对客户端的请求进行分析和监控。

把这些**边缘功能**放到边界层可以将关注点的划分更加清晰——没有边界层的话，后端服务就需要独立实现这些事务，这会增加它们的复杂度。

开发者同样可以在服务层中用边界来划分业务领域，比如，下单流程包括几个不同的服务，但是应该只有一个服务会暴露出其他业务领域可以访问的切入点（图 3.18）。

注意 内部服务边界通常反应的是**限界上下文**：整个应用业务领域中关系比较紧密的有边界的业务子集。我们会在下一章探讨这部分内容。

我们已经从整体角度介绍了边界层的用法，接下来具体研究 3 种相关但又不同的应用边界模式：API 网关、服务于前端的后端以及消费者驱动的网关。

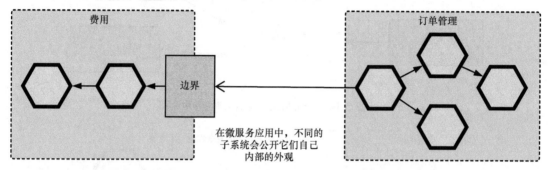

图 3.18　边界也可以存在于在微服务网应用的不同情境上下文中

3.5.1　API 网关

我们在第 2 章介绍了 API 网关模式。API 网关在底层的服务后端之上为客户端提供了一个统一的入口点。它会代理发给下层服务的请求并对它们的返回结果进行一定的转换。API 网关也可以处理一些客户端关注的其他横向问题，比如认证和请求签名。

 提示 可选的 API 网关包括 Mashape 公司的 Kong 这样的开源方案，也包括类似 AWS API Gateway 这样的商业产品。

API 网关如图 3.19 所示。网关会对请求进行认证，如果认证通过，它就会将请求代理到对应的后端服务上。它还会对收到的结果进行转换，这样返回的数据更适合客户端。

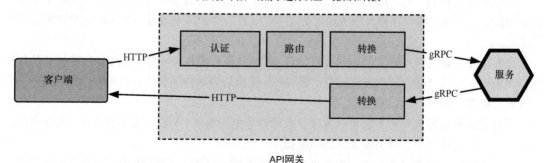

图 3.19　API 网关处理客户端请求

从安全的角度来看，网关也能够将系统的暴露范围控制到最小。我们可以将内部的服务部署到一个专用网络中，限制除网关以外的所有请求进入。

警告　有时候，API 网关会执行 API 组合（composition）的工作：将多个服务的返回结果汇总到一个结果中。它和服务层的聚合模式的界限很模糊。最好注意一些，尽量避免将业务逻辑渗透到 API 网关中，这会极大增加网关和下层服务之间的耦合度。

3.5.2　服务于前端的后端

服务于前端的后端（BFF）模式是 API 网关模式的一种变形。尽管 API 网关模式很简洁，但是它也存在一些缺点。如果 API 网关为多个客户端应用充当组合点的角色，它承担的职责就会越来越多。

比如，假设开发者同时服务于桌面应用和移动应用。移动设备会有不同的需要，可用带宽低，展示数据少，用户功能也会有不同，如定位和环境识别。在操作层面，这意味着桌面 API 与移动API 的需求会出现分歧，因此开发者需要集成到网关的功能就会越来越宽泛。不同的需求可能还会相互冲突，比如某个指定资源返回的数据量的多少（以及体积的大小）。在开发内聚的 API 和对 API 进行优化时，在这些相互竞争的因素间进行平衡是很困难的。

在 BFF 方案中，开发者会为每种客户端类型提供一个 API 网关。以 SimpleBank 公司为例，它们提供的每种服务都有一个自己的网关（图 3.20）。

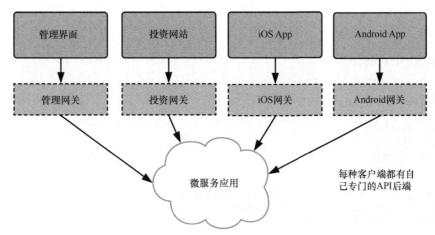

图 3.20　SimpleBank 公司的客户端应用的 BFF 模式

这么做的话，网关就是高度专一的，对于消费者的需求响应更加及时，而不会导致臃肿或者冲突。这样的网关规模更小，更加简单，也使得开发过程可以更加集中。

3.5.3 消费者驱动网关

在前面两种模式中，API 网关决定了返回给消费者的数据的结构。为了服务于不同的客户端，开发者可能需要开发不同的后台。现在我们反其道而行之。如果开发者可以开发一个允许消费者向服务端表达它们所需要的数据格式，会怎样呢？可以把它看作 BFF 方案的一种进化版：不构建多个 API，开发者可以只构建一个"超级"API 来让消费者决定他们所需要的响应数据的样子。

开发者可以通过 GraphQL 来实现上述目标。GraphQL 是一种用于 API 的查询语言，它允许消费者指定他们需要的数据字段以及将多个不同资源的查询复用到一个请求中。比如，开发者可以将代码清单 3.1 所示的格式暴露给 SimpleBank 客户端。

代码清单 3.1　SimpleBank 的基本 GraphQL 格式

```
type Account {
  id: ID!  ◀─────────────────┤ "！" 表明这个字段不可以为空
  name: String!
  currentHoldings: [Holding]!  ◀────────────┤一个账号包含一组持仓和订单信息
  orders: [Order]!
}

type Order {
  id: ID!
  status: String!
  asset: Asset!
  quantity: Float!
}

type Holding {
  asset: Asset!
  quantity: Float!
}

type Asset {
  id: ID!
  name: String!
  type: String!
  price: Float!
}

type Root {
  accounts: [Account]!  ◀──┤返回所有数据或者按 ID 返
  account(id: ID): Account ┤回一个账户
}

schema: {
  query: Root  ◀───────────┤只有一个查询入口
}
```

上述格式展示了消费者的账户以及每个账户所包含的订单和所持股份。客户端之后就可以按照这种格式来进行查询。如果移动应用屏幕显示出某个账户的所持股份和未完成订单，开发者就可以用一个请求来获取这些数据，如代码清单 3.2 所示。

代码清单 3.2　使用 GraphQL 的查询体

```
{
  account(id: "101") {  ◄──────────────┤ 按账户 ID 进行过滤
    orders
    currentHoldings   │ 在请求中指定响应结果中
  }                   │ 返回成员字段
}
```

在后端，GraphQL 服务器的表现像 API 网关，代理多个后端服务的请求并将数据进行组合（在本例中 order 服务和 holding 服务）。我们不会在本书中将进一步详细地介绍 GraphQL，如果读者感兴趣的话，可以查看 GraphQL 的官方文档。我们用 Apollo 成功地将 RESTful 的后端服务封装成了 GraphQL API 的格式。

3.6　客户端

与三层架构中的展示层一样，客户端层为用户提供了一个应用界面。将客户端层与下面的其他几层进行分离，就可以以细粒度的方式来开发用户界面，并且可以满足不同类型的客户端的需求。这也意味着，开发者可以独立于后端的功能来开发前端。正如前面几节中提到的，应用可能需要服务于许多形形色色的客户端——移动设备、网站、对内的和对外的——每种客户端都有自己不同的技术选型和限制。

微服务为它自己的用户界面提供服务的情况并不常见。通常来说，提供给特定用户的功能要比单个服务的功能要更广泛。比如，SimpleBank 的管理人员需要处理订单管理、账户创建、对账、收税等工作。与之相随的是那些横向事务——认证、审计日志、用户管理——显然，它们并不是 order 服务或者 account setup 服务的职责。

3.6.1　前端单体

后端很明确地被分成了一个个可以独立部署维护的服务——相应地，我们还有 10 章的内容要介绍。但是在前端也完成这个工作是非常具有挑战性的。一个微服务应用中的标准前端可能依旧是一个单体——前端作为一个整体来部署和修改（图 3.21）。专业的前端，特别是移动应用，通常需要专门的小组，这也使得端到端的功能所有权很难实现。

 注意　　我们会在第 13 章对端到端的所有权（以及在微服务应用开发中的益处和价值）展开进一步的讨论。

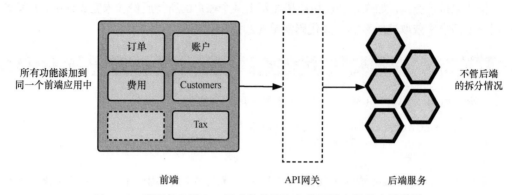

图 3.21 微服务应用中，标准的前端客户端可能变得越来越臃肿

3.6.2 微前端

随着前端应用的不断发展，它们开始和大规模的后端开发一样面临协作和摩擦问题。

如果可以像拆分后端服务那样将前端部分也进行拆分，那就太好了。在 Web 应用中出现的一个新趋势是微前端——以独立打包和部署的组件来提供 UI 的各个部分的功能，然后合并起来。这一方式如图 3.22 所示。

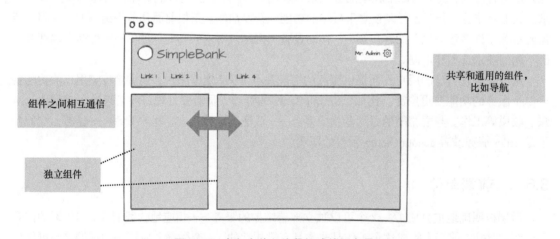

图 3.22 由各个独立片段组成的用户界面

这样，每个微服务团队就可以端到端地交付功能了。比如，如果开发者有一个订单团队，就可以独立地一起交付订单管理微服务以及负责下单和管理订单的 Web 界面。

虽然这种方式很有前途，但是也面临许多挑战：在不同的组件间保持视觉和交互的一致性，需要很大的精力来开发和维护通用组件以及设计准则；当需要从多个源头加载 JavaScript 代码时，Bundle 的大小是难以管理的，进而它又会影响加载时间；接口重载和重绘可能会导致整体的性能变差。

　　微前端还不是很普遍，但是人们已经在这块荒地上使用了一些不同的技术方案，其中包括：Web 组件通过清晰的、事件驱动的 API 来提供 UI 片段；使用客户端包含（client-side include）技术来集成片段；使用 iframe 来将微 app 放置到不同的屏幕区域；在缓存层使用 ESI（edge side include）来集成组件。

　　如果开发者有兴趣了解更多内容的话，可参考 Micro Frontends 和 Zalando 的 Mosaic 项目。

3.7 小结

　　（1）单独来讲，微服务的内部和单体应用是相似的。

　　（2）微服务应用就像一个街区：它最终的样子不是指定好的，而是由一系列的准则和高层的概要模型来指导实现的。

　　（3）指导微服务架构的准则会反映出组织的目标并对团队的实践产生影响。

　　（4）架构规划应该促进良性发展，而不是强行指定整个应用的方案。

　　（5）微服务应用是由四层组成的：平台层、服务层、边界层和客户端层。

　　（6）平台层提供了一系列的工具和基础设施来支持开发面向生产的服务。

　　（7）在微服务应用中，同步通信通常是第一选择，并且它非常适合命令型的交互，但是也存在缺点——会增加耦合性和不稳定性。

　　（8）异步通信更加灵活，能够适应快速的系统演化，付出的代价是复杂度增加。

　　（9）常见的异步通信模式包括队列和发布-订阅。

　　（10）边界层就是微服务应用的一个门面，对于外部消费者来说，这是非常适合的。

　　（11）常见的边界层模式有 API 网关和消费者驱动的网关（如 GraphQL）。

　　（12）客户端应用，比如网站和移动端应用，通过边界层与移动后端进行交互。

　　（13）客户端有越来越臃肿庞大的风险，但是现在也开始出现一些将微服务原则应用于前端应用的技术。

第 4 章　新功能设计

本章主要内容

- 基于业务能力和使用用例划分微服务
- 按技术能力划分微服务的时机
- 服务边界不明确时的设计决策
- 多团队负责微服务场景下的有效范围划分

在微服务应用中设计新功能时，需要仔细而合理地划定微服务的范围。设计师需要决定何时开发一个新服务、何时扩展已有服务、如何划定服务之间的边界以及服务之间采用何种协作方式。

设计良好的服务有三大关键特性：只负责单一职责、可独立部署以及可替换。如果微服务的边界设计不合理或者粒度太小的话，这些微服务之间就会耦合得越来越紧，进而也就越来越难以独立部署和替换。紧耦合会增大变更的影响和风险。如果服务太大——承担了太多职责功能的话——这些服务的内聚性就会变差，从而导致在开发过程中出现越来越多的摩擦。

即便一开始服务的大小是合适的，工程师也需要牢记：大多数复杂软件应用的需求都是会随着时间不断变化的，早期阶段可行的方案并不意味着永远都是合适的。没有哪种设计方案是永远完美的。

在已经运行很久的应用（以及大型的工程组织）中，工程师会面临很多新的挑战。一个团队负责的服务可能依赖于许多由其他团队维护的服务，这些服务之间相互依赖，构成了一张巨大的依赖网。作为团队中的一名工程师，我们需要依靠那些可能并不受我们控制的服务设计出内聚的功能，同时还需要清楚何时将那些不再满足系统要求的服务下线和迁移出去。

在本章中，我们会引导读者使用微服务来设计一个新功能。我们会通过这个例子来探讨一些能够指导设计出具有可维护性的微服务的技术和实践。我们既可以将其应用于新的微服务应用开发，也可以将其用于那些已经运行很久的微服务应用。

4.1　SimpleBank 的新功能

还记得 SimpleBank 公司吗？他们的团队做得非常棒——客户非常喜欢他们的产品！但是 SimpleBank 公司发现大部分客户并不想由他们自己来选择投资产品，而更愿意让 SimpleBank 公司来替他们做这份苦差事。那么我们研究一下，在微服务应用中找出一个解决这一问题的办法。在下面的几节中，我们会分四个阶段来完成设计。

（1）**了解**业务问题、用户案例和潜在的解决方案。

（2）**确定**服务所要支持的不同实体和业务功能。

（3）为负责这些功能的服务划定**范围**。

（4）根据当前和未来的潜在需求**验证**设计方案。

这建立在我们在第 2 章和第 3 章中所探讨的一小部分服务的基础上：order 服务、market gateway 服务、account transaction 服务、fee 服务、market data 服务、holding 服务。

首先，我们了解一下需要解决的业务问题。在现实世界中，我们可以使用一些技巧来发现和分析业务问题，其中包括市场调研、客户访谈或者影响地图（impact mapping）。除了要了解的问题本身，我们还需要判断这是否是公司应该解决的问题。好在这不是一本关于产品管理的书——我们可以跳过这部分内容。

 注意　　我们不打算推出一套用于了解业务问题的通用方案，那完全可以写另一本书了。

归根结底，SimpleBank 公司的客户是想要通过预付费或者定期支付的方式来投资，而且希望能够在一段时间后能看到他们财富有所增长，或者最终达到某个目标，比如攒够了购房定金。就目前而言，SimpleBank 公司的客户需要自行选择如何利用自己的钱来进行投资——即便他们对投资一无所知。无知的投资者可能选择有高预期回报的资产，却没有意识到预期回报越高通常意味着风险也就越高。

为了解决这个问题，SimpleBank 公司会让用户从许多预先制订好的多种投资策略（investment strategy）中选择一种，然后以客户的名义进行投资。投资策略取决于不同的资产类型（债券、股票、基金等的占比情况），这些资产的比例是根据风险水平和投资时间来设计的。客户向自己的账户充值以后，SimpleBank 会自动将这笔钱按照对应的策略来进行投资。这个过程可以用图 4.1 来概括。

通过图 4.1，我们可以确定出如下需要实现的用例：

（1）SimpleBank 公司必须能够创建和更新可选的策略；

（2）客户必须能够创建账户和选择适合的投资策略；

（3）客户必须能够采用一种策略进行投资，并且按照该策略投资能够正确生成对应的订单。

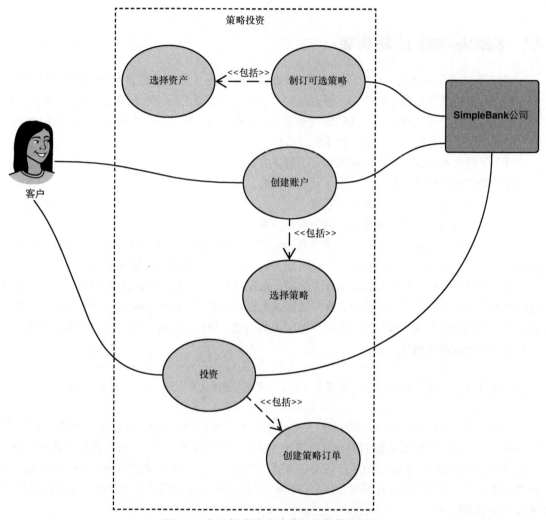

图 4.1　定义投资策略并进行选择的用例图

　　在后面几节，我们会对这些用例进行探讨。在确定业务领域的用例时，读者可能倾向于使用一种更加结构化和详细的方案，如行为驱动开发（Behavior-Driven Development，BDD）。重要的是，读者要开始对问题形成自己的理解，并在之后用它来验证解决方案是否满足要求。

4.2　按业务能力划分

　　在明确了业务需求后，下一步就是确定技术解决方案：需要开发哪些功能，如何利用已有的微服务和要新开发的微服务来支持这些功能。想要开发出成功的、可维护的微服务应用，为每个微服务划定合适的范围和确定目标是至关重要的。

这个过程被称作服务划界（service scoping）。它也被称作分解（decomposition）或分区（partitioning）。将一个应用拆分为一个个的服务是非常有挑战性的工作——这既是一门科学，也是一门艺术。在下面的几节中，我们会考察以下 3 种服务划分的策略。

（1）**按照业务能力和限界上下文（bounded context）划分**——服务将对应于粒度相对粗一些但又紧密团结成一个整体的业务功能领域。

（2）**按用例划分**——这种服务应该是一个"动词"型，它反映了系统中将发生的动作。

（3）**按易变性划分**——服务会将那些未来可能发生变化的领域封装在内部。

我们没有必要孤立地应用这些方法。在许多微服务应用中，我们可以综合应用这些划分策略，以确保设计出来的服务能够适合不同的场景和需求。

4.2.1　能力和领域建模

业务能力是指组织为了创造价值和实现业务目标所做的事情。被划为业务能力一类的微服务直接反映的是业务目标。在商业软件开发中，它们的业务目标通常是系统内部主要的变革驱动力。因此，设计系统的组织结构时，将那些变化区域封装在内部是很自然的事情。到目前为止，我们已经见过一些通过服务所实现的业务能力：订单管理、分类交易账簿、费用收取和向市场下单（图 4.2）。

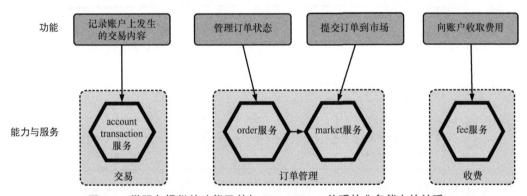

图 4.2　微服务提供的功能及其与 SimpleBank 体现的业务能力的关系

业务能力与领域驱动设计（Domain-Driven Design，DDD）的方法有着紧密的联系。领域驱动设计因埃里克·埃文斯（Eric Evans）的同名图书而得到普及。DDD 专注于将现实世界领域构建为共享的、不断演进的视图和模型系统[①]，其中一个最有用的概念就是 Evans 引入的**限界上下文**（bounded context）。一个领域的任何解决方案都是由若干个限界上下文组成的。每个上下文内的各个模型是高度内聚的，并且对现实世界抱有相同的认知。每个上下文之间都有明确且牢固的边界。

---

① 尽管 Evans 介绍的许多实现模式——存储库（repository）模式\聚合（aggregate）模式和工厂（factory）模式——都是特定于面向对象编程的，但其中还有许多分析技术（如通用语言）是适用于任何编程范式的。

限界上下文是有着清晰范围和明确外部边界的内聚单元。这就使得它们很自然会成为服务范围划分的起点。在一套解决方案中的各个领域部分之间通过上下文相互划定界限。这种上下文边界通常和组织边界非常吻合。比如，电子商务公司在发货和顾客支付这两个领域上的需求并不相同，对应的开发团队也不同。

在开始的时候，一个限界上下文通常直接和一个服务以及一块业务能力领域相关联。随着业务不断发展得越来越复杂，到最后，我们可能需要将一个上下文分解为多个子功能，其中的许多子功能需要实现为一个个独立的、相互协作的服务。但是，从客户端的角度看，这个上下文仍旧可以从逻辑上展示为一个服务。

 提示 　　我们在第 3 章介绍的 API 网关模式可用于在应用的不同上下文（以及底层的服务组）之间建立边界。

4.2.2　创建投资策略

我们可以按照业务能力的划分方式来设计一些服务来提供创建投资策略的功能。为了让用例更加直观，我们用线框图画出了这个功能的界面原型，如图 4.3 所示。

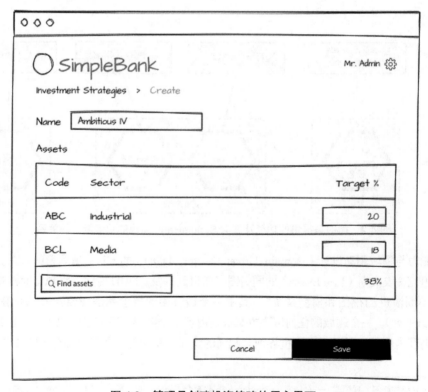

图 4.3　管理员创建投资策略的用户界面

　　想要按照业务能力来设计服务的话，最好从一个领域模型开始。领域模型就是对限界上下文中业务所要执行的功能以及所涉及的实体的描述。通过图 4.3，读者或许已经发现它的领域模型了。一个简单的投资策略包含两部分：名称和一组按百分比分配的资产。SimpleBank 公司的管理员负责创建策略。图 4.4 初步列出了这些实体。

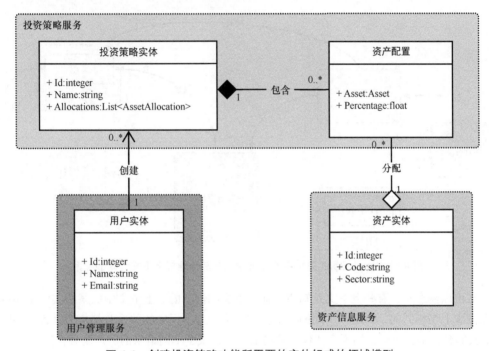

图 4.4　创建投资策略功能所需要的实体组成的领域模型

　　这些实体的设计模型图会有助读者理解服务所要拥有和保存的数据。只有 3 个实体，另外，我们至少已经确定了两个新的服务：用户管理（user management）和资产信息（asset information）。用户（user）和资产（asset）实体分别属于截然不同的两个限界上下文。

　　（1）**用户管理**——它包括诸如注册、认证和授权这样的功能。在银行环境中，出于安全、法规和隐私方面的原因，为不同的资源和功能授权是受到严格管制的。

　　（2）**资产信息**——它包括与第三方市场数据提供方服务的集成，这些数据包括资产价格、类别、等级以及财务业绩等。另外，还包括用户界面上所要求的资产搜索功能（图 4.3）。

　　有趣的是，这两个不同的领域同时反映了 SimpleBank 公司本身的组织结构。公司有一个专门的运营团队管理资产数据，也有专门的团队负责用户管理这方面的工作。这种相似性是值得的，因为这意味着我们的服务会如实反映现实世界中一系列的跨团队沟通。

　　关于服务与组织结构的关系，稍后再详细介绍。我们先回到投资策略部分。我们可以将策略和客户账户关联起来，然后用它们来生成订单。账户和订单是两个截然不同的限界上下文，但是投资策略既不属于账户上下文，也不属于订单上下文。当策略发生变化时，这个变化并不会影响账户和订单它们自己的功能。反过来，将投资策略添加到账户或者订单中任何一个服务中都会阻碍相应服务的可替代性，降低服务的内聚性，增大修改的难度。

这些因素表明投资策略是一种独立的业务能力，我们需要一个新的服务。上下文与现有功能的关系如图 4.5 所示。

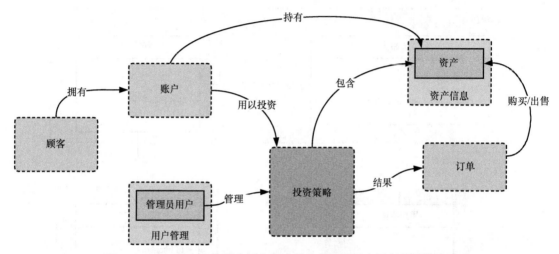

图 4.5　SimpleBank 应用中新业务功能与其他限界上下文之间的关系

大家可以注意到，有些上下文是知道其他上下文的信息的。上下文中的某些实体是共用的：它们在概念上是相同的，但是在不同的上下文中，它们与上下文的关系及其行为是各不相同的。比如，我们会以多种方式使用资产实体：策略上下文记录了不同策略的资产配置情况；订单上下文管理资产的买进和卖出；资产上下文存储诸如价格和分类这些基本的资产信息，供其他上下文使用。

图 4.5 所示的模型并不会告诉开发者服务的具体行为。它只会告诉开发者，这个服务包括的业务范围。现在我们已经对服务边界的设置有了更深入的了解，可以起草一份契约将服务提供给其他服务或者终端用户了。

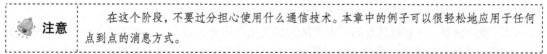

注意　　在这个阶段，不要过分担心使用什么通信技术。本章中的例子可以很轻松地应用于任何点到点的消息方式。

首先，投资策略服务需要暴露创建和获取投资策略的方法。这样，其他服务或管理后台界面就可以访问这个数据了。我们初步定义一个用来创建投资策略的 url 端点接口。这个端点定义采用了 OpenAPI 规范（以前称为 Swagger），如代码清单 4.1 所示。OpenAPI 规范是一种用于设计和编写 REST API 接口文档的流行技术。如果读者对它感兴趣，OpenAPI 规范的 Github 网页是很好的入门材料。

代码清单 4.1　　投资策略服务的 API

```
openapi: "3.0.0"
info:
  title: Investment Strategies
servers:
  - url: https://investment-strategies.simplebank.internal
paths:
  /strategies:
    post:
      summary: Create an investment strategy
      operationId: createInvestmentStrategy
      requestBody:
        description: New strategy to create
        required: true
        content:
          application/json:
            schema:
              $ref: '#/components/schemas/NewInvestmentStrategy'
      responses:
        '201':
          description: Created strategy
          content:
            application/json:
              schema:
                $ref: '#/components/schemas/InvestmentStrategy'
components:
  schemas:
    NewInvestmentStrategy:
      required:
        - name
        - assets
      properties:
        name:
          type: string
        assets:
          type: array
          items:
            $ref: '#/components/schemas/AssetAllocation'
    AssetAllocation:
      required:
        - assetId
        - percentage
      properties:
        assetId:
          type: string
        percentage:
          type: number
          format: float
    InvestmentStrategy:
```

API 的元数据

定义 "POST /strategies" 路径

请求的消息体是要新创建的投资策略

参考文档的其他位置：components 标签部分

在 components 部分定义响应类型

定义可以复用的数据类型

创建新的投资策略所用的结构

包含一组类型为 AssetAllocation 的 assets

```
allOf:
  - $ref: '#/components/schemas/NewInvestmentStrategy'
  - required:                        根据实体模型,InvestmentStrategy 类型对 NewInvestmentStrategy
    - id                             进行了扩展增加了一些字段
    - createdByUserId
    - createdAt
    properties:
      id:
        type: integer
        format: int64
      createdByUserId:
        type: integer
        format: int64
      createdAt:
        type: string
        format: date-time
```

如果我们之后还要再次使用策略的话,就需要获取这些策略数据。紧跟着在代码清单 4.2 的 paths:标签下面添加如下代码:

代码清单 4.2　从投资策略服务获取策略数据

```
/strategies/{id}:               获取某个投资策略信息的 url 路径
  get:
    description: Returns an investment strategy by ID
    operationId: findInvestmentStrategy
    parameters:
      - name: id                              定义 ID 的格式
        in: path
        description: ID of strategy to fetch
        required: true
        schema:
          type: integer
          format: int64
    responses:
      '200':
        description: investment strategy
        content:                              返回一个投资
          application/json:                   策略
            schema:
              $ref: '#/components/schemas/InvestmentStrategy'
```

我们还应该考虑一下这个服务应该发出什么事件消息。基于事件的模型有助于解除服务之间的耦合,这可以确保我们能编排耗时较长的服务交互,而不需要显式地编配出这些交互过程。

 警告　预测服务未来的使用情况是服务设计中最困难的部分。但是如果开发出的 API 和制订的服务间集成点足够灵活的话,就能够减少未来重新开发以及跨团队协作的需要。

比如,假设策略创建成功后会触发系统向对该策略感兴趣的潜在用户发送一封邮件通知。这个功能与 Investment strategy 服务本身的功能范围是无关的;Investment strategy 服务并不了解客户的信息以及他们的偏好。在这种场景下，事件是非常理想的方案，如果向/strategies 发送 POST 请求，事后触发了一个 StrategyCreated 事件，那么任何微服务都可以监听这个事件并执行相应的操作。图 4.6 完整地列出了 investment strategy 服务的 API 的范围。

图 4.6　投资策略微服务的内外通信契约

太棒了！——我们已经确定了这个用例所有需要支持的功能。为了了解这些功能是如何相互配合的，我们可以将 investment strategy 服务与其他在线框图中已经明确的功能进行关联（图 4.7）。

图 4.7　业务能力及服务与用户界面中的功能关联起来

我们总结一下目前所做的工作：针对示例问题，确定了业务创造价值所要完成的功能以及 SimpleBank 公司不同的业务领域范围之间固有的边界；借助这些知识，识别出属于不同能力的实体和职责，确定了微服务应用的边界；将系统划分到一个个能够反映这些业务领域边界的服务中。

通过这种方法设计出来的服务相对稳定、有内聚性、面向业务价值并且相互之间耦合度低。

4.2.3　内嵌型上下文和服务

每个限界上下文都会为其他上下文提供 API，同时将内部操作封装起来。我们以资产信息为例研究一下（图 4.8）。

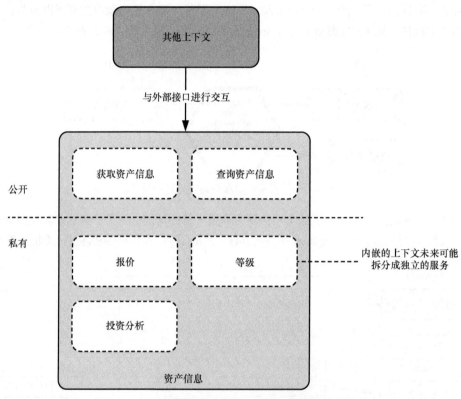

图 4.8　上下文暴露的对外接口以及内部嵌套的上下文

（1）它为其他上下文暴露了一些方法，比如查询和获取资产信息。

（2）SimpleBank 公司的专家团队或第三方集成方负责添加资产数据。

这种私有操作和对外接口分开的方案提供了为服务演化提供了一种非常有用的途径。在系统生命周期的前期，我们可以选择开发粒度粗一些的服务来体现高层次的边界。随着时间的推移，我们可能在未来需要将服务分解，将内部嵌套的上下文中的功能开放出来。这样就能够保持服务的可代替性以及高内聚性，即使业务逻辑的复杂度越来越高。

4.2.4　挑战和不足

通过前面几节的内容，我们确定了组织机构中的业务领域之间的边界，并将其应用于服务划分中。这种方式很有效，因为它将服务直接映射到一块业务的功能结构上，直接反映了组织机构的业务运营领域。但是这种方式并不完美。

1. 需要大量的业务知识

按照业务能力划分服务需要对业务或者问题领域有深入的了解。这是很困难的。如果信息了解不充分——或者做出了错误的假设的话——我们就无法百分之百确定所做的设计决策是否正确。不管是了解哪个领域的业务需求，这都是一个复杂、耗时、需要反复迭代的过程。

这并不是微服务独有的问题，但是如果对业务范围的理解出现偏差，然后又错误地将其体现到服务上，就可能导致在进行架构重构时付出更大的代价，因为将数据和功能从一个服务迁移到另一个服务内是需要耗费大量时间的。

2. 粗粒度服务不断发展

同样，按业务能力进行服务划分的方式倾向于在初期阶段开发粗粒度服务——比如 order、account 和 asset 这种业务边界覆盖较大的服务。新的需求会不断拓展对应业务领域的广度和深度，相应地，服务的职责范围也会越来越广。这些新的变更理由可能与单一职责的原则相冲突。为了保持服务的内聚性和可替换性处于合理的水平，就需要进一步拆分服务。

> ⏰ **警告**　　服务团队有时候会将功能添加到已有的服务中，而不是投入更多的时间来创建一个新的服务或者将现有的服务相应地再次拆分。他们的理由是这么做最省事。尽管团队有时候确实需要结合实际情况做一些务实的决定，但是他们仍需要不断鞭策自己，以尽可能地减少这种形式的技术债务。

4.3　按用例划分

到目前为止，我们介绍的这些服务都是"名词"性质的，都是面向业务领域中已有的对象和事物。还有一种进行服务划分的方式就是识别应用中的"动词"或者用例，然后开发与这些职责对应的服务。比如，电子商务网站可能会将复杂的注册流程以微服务的形式开发。这个微服务会调用诸如用户信息、欢迎通知和特殊优惠等不同的服务。

这种方式在下列场景中非常有效：功能并不明确属于特定领域，或者需要和多个业务领域交互；所要实现的用例非常复杂，将其放到其他服务中会违背单一职责的原则。

下面我们将这种方法应用到 SimpleBank 中，来了解它与面向"名词"的拆分方式的区别。现在准备好纸和笔！

4.3.1　按投资策略下单

客户可以将他的钱投入某个投资策略中，这样系统就会生成相应的订单，比如，如果客户投入 1000 美元，而这个策略指定了 20%的资金要投到 ABC 股票，那么就会生成一个购买 200 美元 ABC 股票的订单。

这就引出了如下几个问题。

（1）假设客户是通过信用卡或者银行转账这样的外部支付方式来进行投资的，SimpleBank 公司如何接收这笔投资资金呢？

（2）哪个服务负责按照策略来创建订单呢？它与已有的 order 服务和 investment strategy 服务的关系如何呢？

（3）如何跟踪这些按照策略创建的订单呢？

我们可以把这个功能放到已有的 investment strategy 服务中开发。但是下单的动作会不必要地扩大这个服务所包含的职责范围。同样，将这个功能放到 order 服务中也不合理。将所有可能的订单来源都合并到一个服务中会导致这个服务频繁地因为各种原因而被修改。

我们可以以这个用例为起点来初步制订一个独立的服务——我们将其称为 PlaceStrategyOrder 服务。图 4.9 大致描述了这个服务所要执行的流程。

图 4.9　PlaceStrategyOrder 服务要执行的操作

考虑一下这个服务的输入。为了完成下单操作，这个服务需要 3 样东西：要下单的账号、所使用的策略以及投资的金额。我们可以采用代码清单 4.3 所示的形式将输入内容规范化。

代码清单 4.3　PlaceStrategyOrder 服务的输入信息

```
paths:
  /strategies/{id}/orders:      ←── 发布订单是投资策略
    post:                            资源的子资源
      summary: Place strategy orders
      operationId: PlaceStrategyOrders
      parameters:
        - name: id
          in: path
          description: ID of strategy to order against
          required: true
          schema:
            type: integer
            format: int64
      requestBody:
        description: Details of order
        required: true
        content:
          application/json:
            schema:
              $ref: '#/components/schemas/StrategyOrder'
```

```
components:
  schemas:
    StrategyOrder:
      required:
        - destinationAccountId          订单需要一个目标账户和
        - amount                        投资账户
      properties:
        destinationAccountId:
          type: integer
          format: int64
        amount:
          type: number
          format: decimal
```

　　这非常简洁明了，但是有点太简单了。如果所支付的资金来自于外部系统，那我们就必须等到这笔钱到账以后才能发布订单。然而，由 PlaceStrategyOrders 服务来处理资金的收取是不合理的。显然，这是一种截然不同的业务能力。反之，我们可以将策略订单与支付记录相关联起来，如代码清单 4.4 所示。

代码清单 4.4　PlaceStrategyOrder 使用 payment ID

```
components:
  schemas:
    StrategyOrder:
      required:
        - destinationAccountId
        - amount
        - paymentId  ◁──────────  新增加的必填字段：paymentId
      properties:
        destinationAccountId:
          type: integer
          format: int64
        amount:
          type: number
          format: decimal
        paymentId:
          type: integer
          format: int64
```

　　这预示了一个新的服务功能的存在：支付（payment）。这一功能要支持：初始化用户的支付款项、处理与第三方支付系统交互的款项以及更新 SimpleBank 中的账户信息。

　　众所周知，支付并不是即时到账的，所以我们可以预料到这个 payment 服务会触发像 PaymentCompleted 这样的异步事件来供其他服务监听。这个支付能力如图 4.10 所示。

　　从 PlaceStrategyOrder 服务的角度看，如何实现这个支付功能是不重要的，只要它实现了消费方要求的接口就可以。我们可以通过一个单独的 payment 服务来实现，也可以用一组面向操作的服务（如 CompleteBankTransfer）来实现。

　　以序列图的形式来总结这一设计方案，如图 4.11 所示。

　　这张图缺少了将订单提交到市场的那部分。正如前面介绍的，尽管这个 PlaceStrategyOrder

服务会创建订单，但是这个功能显然不属于已有的 order 服务。order 服务会把提交订单到市场功能开放出来供其他不同的消费者使用，其中也包括这个新开发的 PlaceStrategyOrder 服务；尽管订单的来源各不相同，但是将它们提交到市场的流程还是一致的。

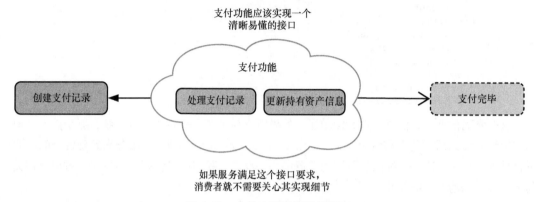

图 4.10　支付功能所提供的接口

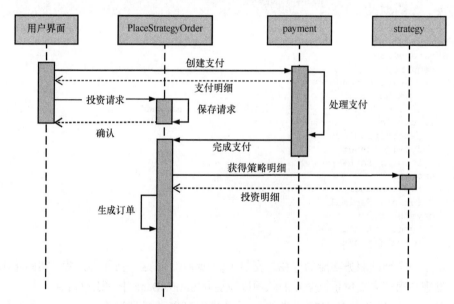

图 4.11　利用 PlaceStrategyOrder 服务进行支付和投资的流程

　　最后，我们需要将订单与创建这些订单的策略以及投资记录的联系持久化保存下来。图 4.12 所示的 PlaceStrategyOrder 服务会负责存储它收到的任何请求——显然，它明确拥有这些数据。因此，我们应该在 PlaceStrategyOrder 服务中将订单 ID 记录下来以保留外键关联。我们也可以将订单的源 ID——这个投资策略的投资请求 ID 保存到订单服务中，尽管看起来不大可能需要从这个方向来进行查询。

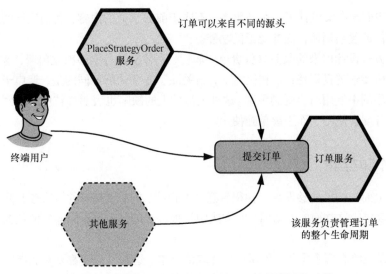

图 4.12 order 服务会提供 API 供系统中其他服务消费

order 服务会在订单完成以后发出 `OrderCompleted` 事件消息，而 `PlaceStrategyOrder` 服务会监听这些事件来更新整个投资请求的状态。

我们可以将 order 服务添加到图 4.13 中，将其与其他服务联系到一起。

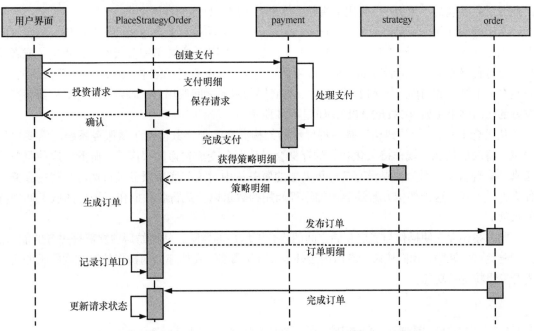

图 4.13 PlaceStrategyOrder 服务根据投资策略创建订单的完整流程

太棒了！我们现在又设计了一个新服务。不同于前面章节的内容，我们设计的这个服务准确体现了一个具体的复杂用例，而非泛泛的功能。

通过上述方式设计出来的服务只负责单一职责、可替换并且能够独立部署，这也符合我们在划分微服务时所要求的良好特性。相比之下，与关注于业务功能不同的是，聚焦于单个用例的服务未来在其他用例中复用时会受到限制。这种灵活性上的缺陷也表明细粒度的用例服务最好与那些粗粒度的服务配合使用，而不要单独使用。

4.3.2　动作和存储

我们通过上面的例子能够发现一种很有意思的模式：多个更高层的微服务共同访问一个粗粒度的底层业务功能。这在面向"动词"的方法中是很普遍的，因为不同操作的数据需求经常会有重叠。

比如，假设系统有两个操作：更新订单和取消订单。这两种操作都要对底层的同一个订单状态进行修改，所以它们都不能排他地单独拥有这个状态。在某些情况下，我们就需要对这个冲突进行调节。在前面的例子中，order 服务会处理这个问题。这个服务是应用的订单持久化状态的最终拥有者。

这种模式和鲍勃·马丁（Bob Martin）在"简洁架构"[1]以及阿里斯泰尔·科克伯恩（Alistair Cockburn）的六角架构比较相似[2]。在这些模型中，应用的核心由两层组成：**实体**——企业范围内的业务对象和规则；**用例**——应用中指导实体来实现用例目标的具体操作。

在这两层外面，用接口适配器（interface adapter）来将这些业务逻辑问题与应用层的实现问题（如特指的 Web 框架或者数据库类库）连接起来。同样，在内部服务层面上，用例（或者动作）会与底层的实体（或者存储）相互作用，从而产生一些有益的结果。然后，我们可以将它们封装在一个统一的门面（如 API 网关）中，将底层的服务之间调用形式映射成一种对外部消费者友好的输出结果（如 RESTful API），如图 4.14 所示。

从概念上看，"简洁架构"是一种优雅的架构方案，但将其应用于微服务系统时需要更加谨慎。将底层的能力视作持久化状态的存储会导致服务变成贫血的"傻瓜"服务。这种服务无法真正实现自治，因为如果没有其他更高层的服务从中对这些底层服务进行调解，这些服务就什么都做不了。这种架构方案还会增加远程调用的数量以及执行各种操作所需要的服务调用链的长度。

此方案还存在使操作与底层存储之间的耦合度增加的风险，从而妨碍独立部署服务的能力。为了避免这些缺陷，我们建议读者由内至外地设计微服务，在构建面向操作的细粒度的服务之前先开发粗粒度的功能。

---

① 有关"简洁架构"的更详细解释，请参阅鲍勃·马丁于 2012 年 8 月 13 日发表的 *The Clean Architecture*。
② 它们并不完全相同：马丁的架构设计关注于面向对象应用中的实现细节的独立性（例如，保证业务逻辑独立于数据存储解决方案），这在内部服务层面上并不特别相关。

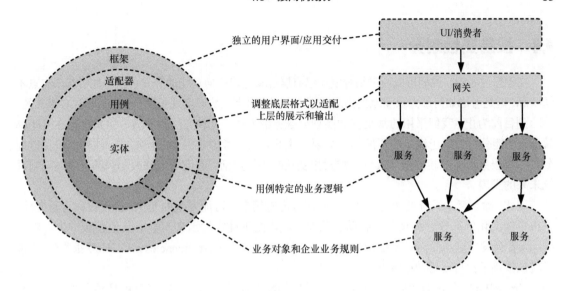

图 4.14　微服务应用架构与鲍勃·马丁的"简洁架构"的对比

4.3.3　编配与编排

在第 2 章中，我们讨论了服务交互中编配（orchestration）和编排（choreography）之间的区别。选择编排方式有助于提高服务的灵活性、自治性和可维护性。图 4.15 展示了它们两者之间的区别。

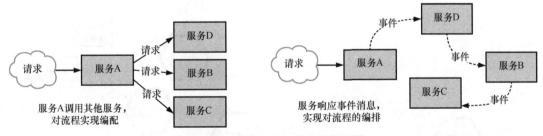

图 4.15　服务交互中的编配和编排

如果根据用例来划分服务，读者可能会发现我们所编写的服务是在显式地编配其他服务的行为。这并不总是理想的：编配会增加服务之间的耦合度，并且会增加独立部署的风险；为了让业务成果更有价值，负责编配协调的服务承担了越来越多的职责，底层的服务也会因此变得"贫血"和缺乏目的性。

在设计用来体现用例的服务时，站在更广阔的职责链的范围内考虑服务的定位，这是非常重要的。比如，之前设计的 PlaceStrategyOrder 服务同时编排行为（下单）和响应其他服务发出的事件消息（支付处理）。在编配和编排之间实现平衡能够降低各服务缺乏自治性的风险。

4.4　按易变性划分

在理想世界中，我们可以通过组合复用已有服务来完成任何功能的开发。这可能听起来有点不切实际，但是考虑如何最大限度地提高所构建服务的复用性，从而实现长期价值，是非常有意义的。

到目前为止，我们采用的都是按功能划分服务的方法。这种方法很有效，但是也存在一些弊端。按功能分解倾向于满足应用的当前需要，并不会明确考虑应用会如何演进。纯粹地按功能划分会导致服务在面对新的需求或者需求发生变化时不够灵活，进而增大修改的风险，最终限制系统未来的发展。

因此，除了考虑系统的功能，我们还应该考虑应用未来可能发生的变化。这也被称为易变性。将很可能变化的部分封装起来，有助于确保领域内的不确定性因素不会对其他领域产生消极影响。读者会发现这与面向对象编程中的稳定依赖原则（stable dependencies principle）很类似："包只应该依赖于比自己更加稳定的包"。

SimpleBank 公司的业务领域存在许多维度的易变性。比如，向市场下单是易变的：不同类型的订单需要提交到不同的市场中；SimpleBank 为每个市场要调用不同的 API（比如，通过第三方代理商交互或者直接与交易中心交互）；随着 SimpleBank 提供的金融资产的范围扩大，这些市场也可能发生变化。

将与市场交互的功能作为服务的一部分会增加系统的耦合度，并极大提高系统的不稳定性。反之，我们可以将市场服务进行拆分，最终开发多个服务来满足不同市场的需要。该方案如图 4.16 所示。

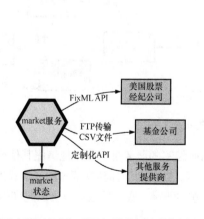

market服务把向市场提交订单这一流程中可能的变化都封装在内部

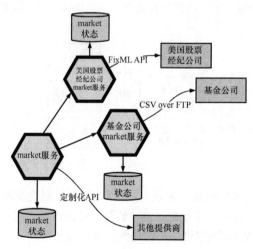

随着时间的推移，我们可能会进一步拆分market服务来将这些易于变化的子领域分别封装起来

图 4.16　SimpleBank 公司与不同的金融市场服务提供方之间的通信方式的变化封装在 market 服务内部，随着时间的推移，它可能变成多个不同的服务

下面我们再举一个例子。假设系统中有多种类型的投资策略。某些策略可能是采用深度学习算法优化过的，它们在市场上的业绩表现会推动其对策略配置进一步调整。

将这种复杂的功能添加到投资策略服务会极大地增加其变更的可能性，也会使内聚性降低。相反，我们应该为这个功能职责创建一个新服务，如图 4.17 所示。如果采用这种方式，我们就可以独立开发和发布这些服务了，而且不会和其他的功能、不同的变更节奏产生耦合。

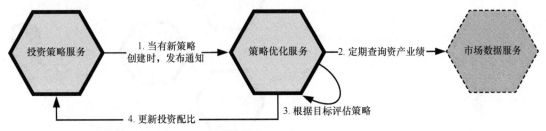

图 4.17　将系统中某个独特的易变区域——投资策略优化——作为一个独立的服务拆分出来

从根本上讲，优秀的架构会很好地平衡系统当前和未来的需求。一方面，如果微服务的范围限定得太窄的话，大家可能在未来会发现，之前的设想对系统造成越来越大的限制，系统修改的代价也变得越来越高。另一方面，永远应该将 YAGNI（you aren't gonna need it）牢牢记在心里。大家不可能总是有那么多的时间和金钱来预测和满足应用中未来所有可能的排列组合。

4.5　按技术能力划分

到目前为止，我们所设计的服务都反映了与业务能力紧密相关的操作和实体，比如下单。这些面向业务的服务是所有微服务应用中主要开发的类型。

我们也可以设计一些反映技术能力的服务。技术能力通过支持其他微服务来间接地为业务成果做出贡献。一些常见的技术能力包括与第三方系统集成以及横向跨领域的技术问题，如发送通知。

4.5.1　发送通知

我们来看一个例子。想象一下，SimpleBank 公司想要在支付完成以后，（可能通过邮件）给客户发送一个通知。大家的第一直觉可能是在 payment 服务中编写代码。但是这种方式存在 3 个问题：第一，payment 服务并不清楚客户的联系方式和偏好信息，需要扩展 payment 服务的接口来支持客户的联系方式信息（由服务消费将数据传给 payment 服务）或者让 payment 服务查询其他的服务以获取客户信息；第二，应用的其他模块可能同样需要发送通知，很容易想到的功能有订单、账号设置、营销，这些功能都有可能触发邮件；第三，客户可能并不想接收电子邮件——他们可能更喜欢短信和推送通知甚至是纸质邮件。

前两点表明推送通知应该是一个单独的服务。第三点表明可能需要多个服务来分别处理不同类型的通知。图 4.18 对此做了概述。通知服务可以监听支付服务发送的 `PaymentCompleted` 事件。

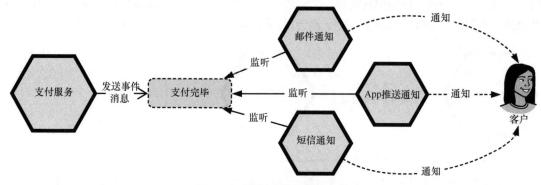

图 4.18　技术型的通知微服务

我们可以设置一组通知服务来监听所有服务的任何需要发送通知的事件。每个通知服务都需要知道客户的联系方式以及要发送的通知内容。我们可以将这些信息存储到一个单独的服务中，比如 customer 服务，也可以让每个通知服务自己单独维护。这其中还隐藏着一些复杂的难题，例如，许多客户会有付款的目标账户，这就需要触发多个通知。

读者可能已经意识到，通知服务还负责根据每个事件生成适当的消息内容，这表明这些通知服务的规模将来可能随着潜在的通知数量的增加而显著增长。最终可能需要把消息内容从邮件传递中拆分出来以降低这种复杂性。

这个例子表明，实现技术能力能够最大限度地提高复用性，同时还能够简化业务型服务，解除其与重要的技术问题之间的耦合。

4.5.2　何时使用技术能力

我们应该使用技术能力来支持和简化其他微服务，降低业务能力的规模和复杂度。在以下场景中，将功能拆分出来是值得的。

（1）在面向业务的服务中包含这个功能会使得服务过于复杂、增加未来替换的复杂度。

（2）许多服务都需要的技术能力——比如，发送邮件通知。

（3）可以独立于业务能力进行修改的技术能力——比如，重要的第三方系统集成。

将这些功能封装到一个独立的服务中，就可以控制那些很可能独立变化的部分，并且可以最大化提升服务的复用性。

在另一些情况中，将技术功能拆分出来则是不明智的。在某些场景中，将功能拆分出来会降低服务的内聚性，比如，在经典的 SOA 中，系统通常是水平拆分的，因为人们相信将数据存储从业务功能中拆分出来会最大限度地提高可用性。这种方法的请求处理流程如图 4.19 所示。

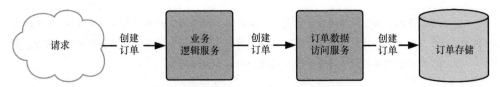

图 4.19 水平拆分的服务应用创建订单的请求的生命周期

遗憾的是，这种刻意为之的可重用性的代价是非常高的。将应用按层拆分会导致部署单元之间出现严重的耦合。当要交付一个功能时，开发者需要同时修改多个应用（图 4.20）。如果不得不在多个不同的组件中协调完成这些修改时，就很容易出错，而且会导致在部署阶段也需要确保一环套一环地依次执行上线——这彻彻底底就是一个分布式的单体。

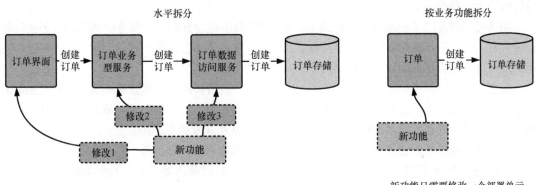

图 4.20 服务按水平拆分以及按业务能力划分的影响

如果首先聚焦于业务能力，就可以避免掉入这些陷阱。但是也应该谨慎仔细地划分技术能力，以确保这些技术能力真正是自治的和独立于其他服务的。

4.6 处理不确定性

划分微服务不仅是一门科学，还是一门艺术。软件设计的很大一部分内容就是在面对不明确的状况时，找到一种有效的方法来获得最佳解决方案。

（1）对问题领域的了解可能是不完整的，甚至还有可能是错误的。了解任何业务问题的需求都是一个复杂的、耗费时间和不断迭代的过程。

（2）需要预测在未来可能需要如何使用服务，而非仅仅现在，但是也经常会遇到短期功能需求与长期服务可塑性之间的冲突。

在微服务中，如果服务划分方案没有达到最佳标准，那么代价是很高的：它会导致开发过程中出现更多的摩擦以及重构过程中工作量的进一步增加。

注意　　　深入了解业务领域并不只是微服务或者工程流程方法本身所单独要求的。大多数现代产品工程方法论的目标都是在逐渐深入了解需求的过程中保持灵活性和敏捷性。因此，我们强烈建议在构建微服务应用时遵循迭代和精益开发流程。

4.6.1　从粗粒度服务开始

在一些复杂场景中，可能并没有一些显而易见且正确的服务拆分方案。在本节中，我们将探讨一些方法来帮助读者做出实用的决策。在前面，我们已经讨论了保持服务职责的集中、内聚以及受控的重要性，所以下面这句话可能听起来有些违反直觉。有时候，当不太确定服务的边界时，最好构建大一些的服务。

如果错误地开发了一堆特别小的服务，则可能导致本应合并到一个服务中的那些服务之间耦合得太紧。这表明，业务功能分解得过头了，这会导致每个服务的责任不够明确，并且对这块功能的重构也会变得更加困难且代价昂贵。

反之，如果将那些功能组合成一个大一些的服务，就可以降低未来重构的成本，同时还能避免"跨服务依赖"这一棘手的问题。同样，在微服务应用中，代价最大的就是修改公共接口。缩小组件之间接口的范围有助于保持组件的灵活性，尤其在开发的早期阶段。

要明白，服务变大也会产生成本，因为服务越大越难以修改和代替。但是在项目前期，服务一般是比较小的，和拆分过细引入的复杂性的代价相比，和服务体量过大相关的成本是比较低的。开发者需要认真观察服务的大小和复杂度，以确保没有开发更多的单体服务。

在这种情况下，运用精益软件开发的关键原则是非常有帮助的：尽可能晚一些做决定。因为不管在开发实现阶段还是运维阶段，构建一个服务都是需要成本的，所以在遇到不确定的场景时，避免过早分解可以为开发者省下时间来完善对问题领域的了解。这样也能够确保随着应用的发展，对应用架构做出的决定都是合理的。

4.6.2　准备进一步分解

本章前面介绍的建模和范围划分技术可以帮助读者确定服务是否变得过大。通常，在服务生命周期的早期，开发者就能够发现那些潜在的内部领域边界和连接区了。如果可以的话，开发者在设计服务的内部结构时要尽量把这些内部的边界和连接区体现出来——可以通过设计不同的类和命名空间来实现，也可以通过封装单独的库来实现。

通过清晰的公共 API（通常是良好的软件设计）来规范内部模块的边界。在微服务中，降低代码的耦合度以及保持代码的条理性和可读性可以降低未来重构的成本。即便如此，也要小心——代码库上下文中设计良好的 API 可能并不总是理想的微服务接口。

4.6.3　下线和迁移

我们已经讨论了未来服务拆分的计划，但是还应该讨论一下服务下线的问题。微服务开发需要适当地残忍一些。要牢记，重要的是应用程序，而不是代码。随着时间的推移——特别是开发者从一个比较大的服务开始开发时——慢慢会发现有必要从现有的服务中剥离出新的微服务或者将微服务完全下线。

这个过程可能很难。最重要的是，开发者需要确保不会影响服务的消费者，**并且**确保将服务及时迁移到替代服务上。

要剥离出新的服务，我们会采用"扩展-迁移-收缩"的模式。设想一下，我们正在从订单订单服务中剥离出一个新的服务。在最初开发订单服务时，我们非常自信，相信订单服务能够满足所有订单类型的需求，因此将其构造为单个服务。但是有一种订单类型被证明和其他订单类型不同，而且为了支持这个订单类型，订单服务后来变得特别臃肿。

首先，我们需要扩展——将目标功能添加到新的服务中（图 4.21）；其次，需要将旧服务的使用者迁移到新服务上（图 4.22）。如果使用方是通过 API 网关来访问服务的，那么开发者需要将相应的请求重定向到新服务上。

如果其他服务调用了订单服务，那么开发者需要迁移这些调用。但是，仅仅通知其他团队，让他们迁移并不总是管用的，因为这些团队有着自己的需求优先级、发布周期和风险管理。相反，我们需要保证新服务是有吸引力的——要么让人们有意愿投入精力完成迁移，要么替这些团队完成迁移工作。

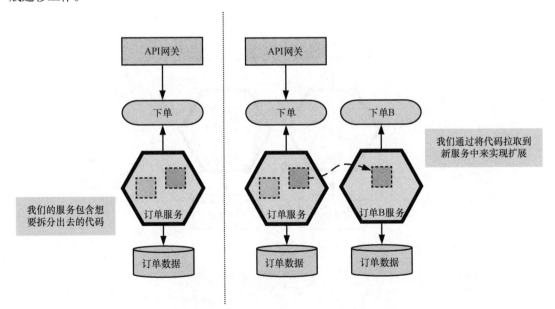

图 4.21　功能从现有服务扩展到新的服务中

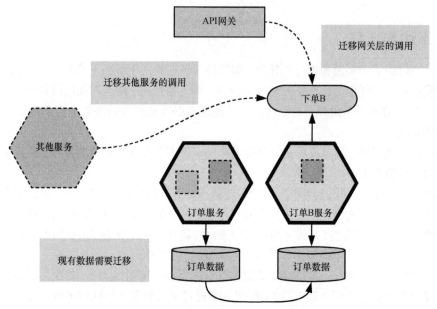

图 4.22　现有消费方迁移到新的服务

要完成这个过程，还有最后一步。最后，我们可以收缩最初的服务，删除过时的代码（图 4.23）。

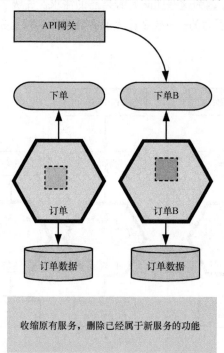

图 4.23　在服务迁移的最终状态中，收缩服务以删除已经属于新服务的功能

太棒了，我们做到了！通过一步步的谨慎操作，我们有条不紊地下线了原有的功能，同时没有对现有服务的消费者造成破坏的风险。

4.7　组织中的服务所有权

截至目前，我们的例子大部分都有一个假设前提，那就是只有一个团队负责开发和修改微服务。在大型的组织结构中，不同的团队会维护不同的微服务。这并不是一件坏事——这是工程团队规模化扩展很重要的一部分内容。

正如我们前面指出的那样，在将应用的所有权拆分给组织机构中不同的团队时，限界上下文是一种非常有效的方式。如果组建的团队拥有特定的限界上下文中的服务，那么可以利用一下逆-康威法则：如果系统体现了创建它们的组织的结构，就可以通过先塑造组织的结构和职责来得到所期望的系统架构。SimpleBank 公司就是围绕已经确定的服务和限界上下文来组建工程团队，如图 4.24 所示。

图 4.24　随着 SimpleBank 公司的工程组织的不断发展壮大，不同工程团队的服务和能力归属模型

将服务的所有权和交付分到不同团队有如下三方面的影响。

（1）**控制变弱**——可能无法全面控制所依赖服务的接口形式和性能，比如，对于提交投资策略订单的 PlaceStrategyOrder 服务而言，支付服务是至关重要的，但是图 4.24 中的团队模型意味着负责这一服务的是另一个团队。

（2）**设计受限**——消费者的需求会限制服务的契约——需要确保对服务的修改不会影响现有的消费者。同样，其他已有服务可能提供的功能也会限制我们潜在的设计方案。

（3）**开发速度不一致**——由于不同团队的规模、效率和工作优先级各不相同，因此隶属于这些团队的服务的修改和演进的节奏也会各有差异。投资团队向客户团队提了一个需求，而这个需求可能在客户团队的优先级列表中级别并不高。

这些影响可能带来巨大挑战，但应用如下一些策略是有帮助的。

（1）**开放化**——保证所有工程师可以查看和修改所有代码，这虽然降低了防护能力，但能够帮助不同的团队互相了解对方的工作，还可以减少阻碍。

（2）**接口明确化**——为服务提供明确的、文档化的接口，能够降低沟通成本，并能够提高应用整体的质量。

（3）**不要太担心** DRY（don't repeat yourself）——微服务方案更偏向于交付节奏，而非效率。虽然工程师期望践行 DRY，但应该能预料到，在微服务方案中会存在一些重复的工作。

（4）**明确的期望**——团队应该对生产环境的服务的性能、可用性和特性设定明确的期望。

这些策略关系到微服务中"人"的一面。这是一个很宏大的主题，我们会在本书的最后一章中作深入探讨。

4.8　小结

（1）了解业务问题——识别实体和用例——划分服务责任，我们可以通过这一流程来划定服务范围。

（2）可以采用不同的方式来对服务进行划分：按业务功能划分、按用例划分和按易变性划分。读者可以综合运用这些方法。

（3）好的划分决策能够让服务满足微服务的三大关键特性：只负责单一职责、可替换和可独立部署。

（4）限界上下文通常是与服务边界相对应的，在思考服务的未来发展时，这是一种很有效的方法。

（5）通过对易变领域的深入思考，开发者可以将那些会一起变化的领域封装起来，以提高应对未来变化的适应能力。

（6）如果服务划分不好，后期修正的代价是特别大的，因为到那时，开发者需要重构多个代码库，由此产生的工作量会变得特别大。

（7）我们也可以将技术功能封装成一个服务，这么做既能够简化业务能力，又可以对业务功能提供支撑，并能最大限度地提高服务的可用性。

（8）如果服务边界还不够明确，我们宁可选择粗粒度的服务，但是要主动在服务内部采用模块化的方案来为未来的拆分做准备。

（9）服务下线是一件特别有挑战性的工作，但是随着微服务应用的不断发展，我们未来终有一天会需要这么做。

（10）在大型组织机构中，将所有权拆分到多个团队中是很有必要的，但是这又会引入新的问题：控制变弱、设计受限、开发速度不一致。

（11）代码开放化、接口明确化、沟通持续化以及放宽对 DRY 原则的要求都可以缓解团队之间的紧张关系。

第 5 章　微服务的事务与查询

本章主要内容

- 分布式应用中的一致性难题
- 同步通信和异步通信
- 使用 Saga 开发跨多个服务的业务逻辑
- 利用 API 组合和 CQRS 实现微服务查询

许多单体应用在修改应用状态时都是依靠事务来保证一致性和隔离性的。要实现这两点很简单：应用通常只和单个数据库交互，使用支持启动、提交和回滚这些事务操作的框架来实现强一致性保证。每个业务逻辑事务会牵涉到许多不同的实体，比如下单操作会涉及更新交易记录、预定股票仓位和缴纳手续费。

在微服务应用中，就没有这么幸运了。正如前面所介绍的那样，每个独立服务只负责特定的功能。数据的所有权是去中心化的，每个数据源只有一个所有者。这种层面的解耦有助于实现服务自治，但同时也牺牲了某些之前所具备的安全性，从而使得应用层面数据的一致性成为问题。数据所有权的去中心化还使得数据的获取变得更加复杂。之前只需要在数据库层面进行关联的查询操作现在需要调用多个服务才能实现。在某些使用场景中，这还是能够接受的，但是当数据集特别大时，这种方案就会变得非常麻烦。

可用性同样会影响我们的应用设计。服务间的交互可能会失败，导致业务流程受阻，最终使整个系统处于不一致的状态。

在本章中，我们将介绍如何使用 Saga 来实现跨多个服务的复杂事务，并且还会探讨一些关于高效的数据查询的最佳实践。之后，我们还会研究一些基于事件消息的不同类型的架构（如事件溯源）以及它们在微服务应用中的适用范围。

5.1　分布式应用的事务一致性

设想一下，开发者是 SimpleBank 公司的一名客户，想卖出一些股票。如果回想一下第 2 章中的内容，就会知道这涉及如下操作（图 5.1）：用户创建订单、应用验证和预定股票仓位、应用向用户收取手续费以及应用将订单提交到市场上。

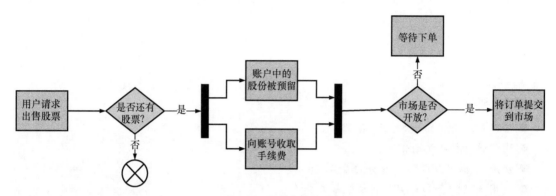

图 5.1　下单出售股票

从客户的角度看，卖股票的操作看起来是原子性的：交手续费、股票预定和创建订单是同一时间发生的，用户不能卖自己没有的股票，也不能把自己的同一份股票连续卖两次。

在许多单体应用[①]中，这种需求很容易满足：可以将数据库操作封装在一个 ACID 的事务中，然后就高枕无忧了。因为开发者知道，如果中间出错，系统中的非法状态会被回滚回去。

相比之下，在微服务应用中，图 5.1 中的每个操作都是由不同的服务来执行的，每个服务负责一部分应用状态。数据所有权的去中心化能有助于确保服务的独立性和松耦合，但是这也使得我们不得不在系统层面上提供一套机制来维护整体数据的一致性。

比如，order 服务负责处理卖股票的流程。它会调用 account transaction 服务来预定股票，然后再调用 fee 服务来交费。但是这个收费事务出故障了，如图 5.2 所示。

此时，系统处于一种不一致的状态：股票已经预留了，订单也已经创建了，但是公司没有收到客户的手续费。我们不能就这样撒手不管了——所以，order 服务需要开始修正，它会指示 account transaction 服务弥补并取消预留的股票。这可能看起来很简单，但是当牵涉的服务越来越多、事务的执行时间越来越长或者操作还会进一步交叉触发下游新的事务时，一切都变得越来越复杂了。

---

① 至少，它们都是典型的三层架构，还有一个持久化的数据存储。

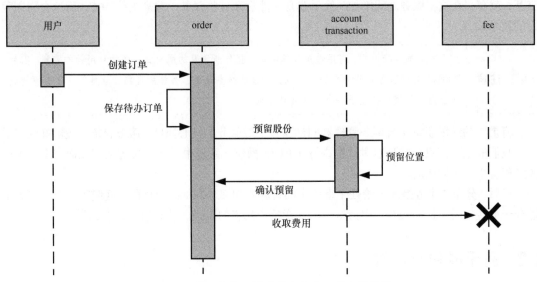

图 5.2 跨服务的下单流程中交费环节出现故障

为什么不要使用分布式事务

面对上面的问题，我们的第一个念头可能就是要设计一个能够在多个服务间实现事务保证的系统。一种常见的方案就是使用二阶段提交（two phase commit，2PC）协议。在这种方案中，系统使用一个事务管理器（transaction manager）来将多个资源（resource）的操作分成两个阶段：准备（prepare）和提交（commit）（图 5.3）。

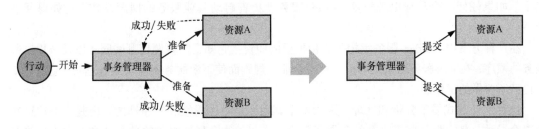

在准备(prepare)阶段，事务管理器指示资源方准备它们的操作

在提交（commit）阶段，事务管理器指示资源方提交或者终止它们准备好的操作

图 5.3 2PC 协议的准备和提交阶段

这听起来不错——就像过去已经习惯的那样。但很遗憾，这个方案是有缺陷的。首先，2PC意味着事务管理器和资源方之间采用了同步的通信机制。如果某个资源方不可用，事务就不能提

交而必须回滚。这反过来会增加重试的次数并且降低整个系统的可用性。如果想要支持异步服务交互，就需要在这些服务之间增加一个消息层，然后和这些服务**一起**来支持 2PC，而这会限制我们的技术选型。

> 🐻 **注意**　　在微服务应用中，可用性是处理给定的操作所涉及的所有微服务的可用性的乘积。因为 100% 可靠的服务是不存在的，所以，牵涉的服务越多，整体的可靠性就越低，出故障的概率就越高。我们会在下一章对此展开详细讨论。

将重要的编配职责交给事务管理器同样违背了微服务的核心原则：服务自治。最糟糕的情况下，我们的服务都只是默默地对数据进行 CRUD 操作，系统中最有意义的功能反而完全是由事务管理者来封装完成的。

最后，分布式事务是通过给处于事务中的资源添加锁来确保隔离性的。这使得分布式事务不适合于那些耗时较长的操作，因为这会增加竞争和死锁的风险。那我们应该怎么做呢？

5.2　基于事件的通信

在本书的前面章节中，我们讨论了使用服务发出的事件消息作为通信途径的方案。异步事件能够帮助我们解除服务之间的耦合和提高系统整体的可用性，但是这也促使服务的开发者开始思考**最终一致性**（eventual consistency）。在采用最终一致性方案的系统中，开发者可以设计从多个独立的本地事务生成的复合型结果，这就需要为下层的各个资源明确设计各种暂时的状态。从埃里克·布鲁尔（Eric Brewer）的 CAP[①]理论的角度看，这种设计方案将底层数据的可用性放在第一位。

为了说明同步方案和异步方案的区别，我们回过来看一下订单出售的例子。在同步方案（图 5.4）中，order 服务负责编配其他服务的行为，调用一系列的功能，最终订单被发布到市场上。如果任何一个步骤出现故障，order 服务就负责启动其他服务的回滚操作，比如退回手续费。

在这种方案中，order 服务承担了大量重要的职责：它知道需要调用哪些服务以及调用这些服务的顺序；在下游服务出错或者由于不符合业务规则而使下游服务不能正常处理时，它需要知道自己所要做的工作。

这种交互方式易于分析和推理，因为整个调用图是有逻辑性和顺序性的。但是，上述这些职责会导致 order 服务与其他服务会紧密耦合在一起，这会降低服务的独立性和增大未来修改的难度。

---

① CAP 即一致性（Consistency）、可用性（Availability）和分区容错性（Partition tolerance）。若读者想要了解关于 CAP 的更多内容，可以参考埃里克·布鲁尔于 2012 年 5 月 30 日在 InfoQ 上发表的 *CAP Twelve Years Later: How the 'Rules' Have Changed*。

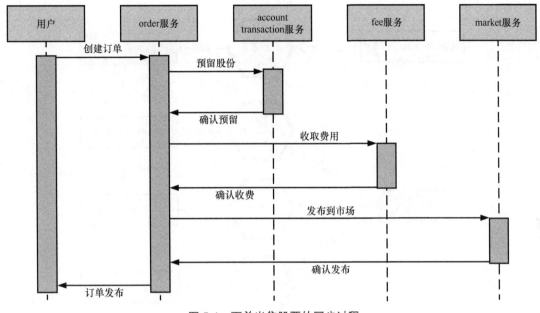

图 5.4 下单出售股票的同步过程

事件和编排

我们可以使用事件消息来重新设计这个场景（图 5.5）。每个服务可以订阅它所感兴趣的事件消息，以确定何时必须执行工作。

（1）当用户通过界面发起出售请求时，应用发布一个 `OrderRequested` 事件。

（2）order 服务接收这个事件后进行处理，然后向事件队列发出一个 `OrderCreated` 事件。

（3）transaction 和 fee 服务都会接收到这个事件通知，这两个服务会执行它们相应的操作，然后在执行完成以后分别发出一个通知事件。

（4）market 服务等待两个通知事件：收费确认事件和股票预定成功事件。一旦接收到这两个事件，market 服务就可以向股票交易市场提交订单了。这步操作完成后，market 服务就会向事件队列发送一个最终的事件消息。

事件使得开发者可以用一种乐观的方式来实现高可用。比如，即便 fee 服务出现故障，order 服务仍旧能够创建订单。当 fee 服务恢复后，它可以继续处理积压的事件。我们可以将这个方法扩展到回滚的场景中：如果由于金额不足导致 fee 服务收费失败，fee 服务可以发送一个 `ChargeFailed` 事件，然后其他服务就可以消费该事件来取消下单操作。

这种方式称为**编排**。每个服务可以在不了解整个流程结果的情况下响应各种事件，独立执行各种操作。这些服务就如同舞蹈演员一般：他们知道每一段音乐的舞步和要做的动作，不需要有人显式地请求或者命令他们，就会按照音乐的变化给出相应的反应。相应地，这种设计方式解除了服务之间的耦合，提升了各个服务的独立性，并且简化了独立部署变更的复杂度。

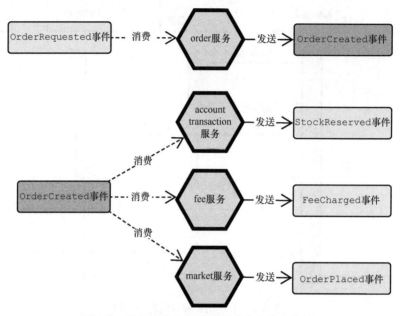

图 5.5　下单流程中各个服务消费和发出事件

事件和单体

当从单体应用向微服务应用迁移时，面向事件的服务通信方案是非常出色的。单体应用发出事件消息，而开发者在那些并行开发的微服务中消费这些消息。通过这种方式，开发者就可以在新的服务上开发新的功能，而不用担心新服务与原有的单体应用耦合太紧。

想想看：唯一需要在单体应用上所要做的修改就是发送事件消息，改完之后，这个微服务的外部系统就可以和这个单体应用一起工作了，这不仅能够降低风险，还能够使得我们在对新服务做试验时更加安全、放心。

5.3　Saga

Saga 模式一种基本的用法就是采用编排方案。Saga 是一组互相协作的本地事务序列；在 Saga 中，每一步的操作都是由前一个步骤所触发的。

这一概念本身远远早于微服务方案的概念。赫克托尔・加西亚・莫利纳（Hector Garcia Molina）和肯尼斯・塞勒姆（Kenneth Salem）最初在 1987 年的论文[①]中对 Saga 进行了描述，指出它是一种用于处理数据库系统中那些耗时特别长的事务（long-lived transaction）的方法。在分布式事务中，对耗时特别长的事务加锁会降低系统的可用性——而 Saga 会通过一连串相互交错的、单个

① 赫克托尔・加西亚・莫利纳和肯尼斯・塞勒姆的论文 *Sagas*。

的事务来解决。

虽然每个本地事务都是原子化的——但是 Saga 作为整体并不是原子化的——即便只有一个事务失败了，开发者也必须自己编写代码来确保系统最终达到一致的状态。帕特·赫兰德（Pat Helland）有一篇著名的论文 *Life Beyond Distributed Transactions*[1]，其中建议开发者将分布式交互视作一种不确定性——多个服务间交互的结果可能是无法得到保证的。在分布式事务中，开发者通过在数据上加锁来控制不确定性。如果没有了事务，就要按照操作的实际意义来确认、取消或者补偿相应工作流中的这些操作，从而实现对这种不确定性的控制。

在讨论订单出售和各个服务之前，我们先分析一个存在于现实世界中的简单 Saga 例子：买咖啡[2]。通常来说，这包括四步：下单、支付、制作和配送（图 5.6）。在正常情况下，顾客付钱，然后会收到所点的咖啡。

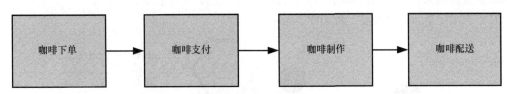

图 5.6 购买咖啡的过程

这个过程是有可能出错的！可能是咖啡店的机器出现故障；也可能是咖啡师制作了一杯卡布奇诺咖啡，而顾客想要的是白咖啡；还有可能是服务员将咖啡给了其他顾客；等等。如果发生了这种事，咖啡师自然会进行补偿：他可能会给顾客重新制作一杯咖啡，也可能会把钱退给顾客（图 5.7）。大部分情况下，顾客最终会拿到他想要的咖啡。

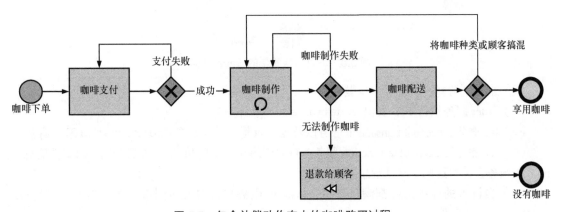

图 5.7 包含补偿动作在内的咖啡购买过程

在 Saga 中，我们会用补偿操作来撤销之前的操作，并让系统恢复到更一致些的状态。系统

---

① 帕特·赫兰德于 2016 年 12 月 12 日在 *acmqueue* 上发表的 *Life Beyond Distributed Transactions*。

② 改编自格雷戈尔·侯珀（Gregor Hohpe）所著 *Enterprise Integration Patterns* 中的 *Compensating Action*。

不保证一定会恢复到最初的状态；具体的操作要依赖于业务含义。这种设计方法会使得编写的业务逻辑更加复杂——因为我们需要考虑更大范围的可能场景——但这也是提高分布式服务间交互的可靠性的重要工具。

5.3.1　编排型 Saga

　　我们回过来看看下单出售股票的例子，以更好地了解如何在微服务中应用 Saga 模式。Saga 中的动作都是编排过的：每个动作 T_x 的执行都是在回应另一个动作，但是这个过程并不需要一个总指挥或者总协调人。我们可以将这个下单出售股票的任务拆分成 5 个子任务：T_1——创建订单；T_2——account transaction 服务预留股票仓位；T_3——fee 服务计算和收取相应的费用；T_4——market 服务将购买订单提交到市场；T_5——更新所提交的订单的状态。

　　在乐观情况下，整个交互过程如图 5.8 所示。

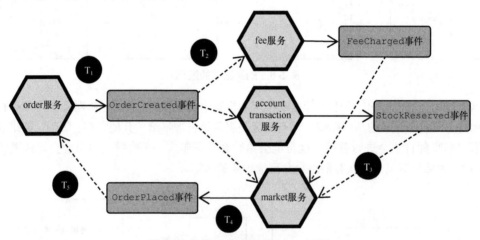

图 5.8　下单出售股票的 Saga 过程

我们来分别解释一下这五个步骤。

（1）order 服务执行 T_1，发出 `OrderCreated` 事件消息。

（2）fee 服务、account transaction 服务以及 market 服务消费这个 `OrderCreated` 事件消息。

（3）fee 服务和 account transaction 服务执行对应的动作（T_2 和 T_3），然后分别发出事件消息，market 服务会消费这两个事件消息。

（4）当订单的前提条件都满足以后，market 服务将订单发布到市场上（T_4），然后发出 `OrderPlaced` 事件消息。

（5）order 服务消费 `OrderPlaced` 事件消息然后更新订单的状态（T_5）。

　　每个任务都可能会失败——在这种情况下，应用需要回滚到一个合理且一致的状态。每个服务都有一个补偿动作：C_1——取消客户创建的订单；C_2——撤销预留的股票仓位；C_3——撤销手续费并退还给客户；C_4——取消发布到市场上的订单；C_5——撤销订单的状态。

如何触发这些动作呢？猜对了，是事件！比如，假设将订单发布到市场上时出现了故障，market 服务会发送一个 `OrderFailed` 事件来取消这个订单，然后 Saga 中的其他所有服务都会消费这个事件消息。在收到这个事件后，每个服务会执行相应的行动：order 服务会取消客户的订单；transaction 服务会取消预留的股票；而 fee 服务会将撤销收取的费用，依次执行 C_1、C_2、C_3 的动作。整个过程如图 5.9 所示。

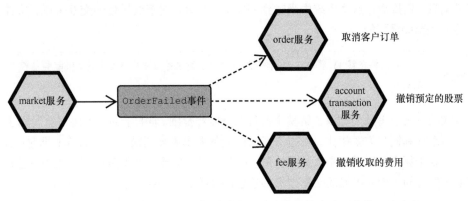

图 5.9　市场服务发送了一个失败的事件消息来启动多个服务的回滚流程

这种回滚形式的目的是让系统在语义上**达到一致**，而非数学意义上的一致。系统将一个操作回滚后并不一定能恢复到和之前完全一样的状态。假设计算手续费的任务会发送一封邮件，但我们并不能将邮件撤回，所以就需要重新发送一封确认错误的邮件来代替，并告诉客户 fee 服务收取的手续费会退回到账户中。

一个流程中的每个动作可能有多个对应的补偿动作。这种方式会增加系统复杂度，这种复杂度不仅存在于预测失败场景并提前做好准备上，还体现在编码和测试上。尤其是因为交互牵涉的服务越多，回滚的复杂度可能就越高。

在构建反映真实世界环境的微服务时，预见到失败场景并做相应准备是很重要的一块内容，操作的隔离性反而没那么至关重要。在设计微服务时，我们需要把补偿考虑在内，以确保整个应用有足够的恢复能力。

优势和不足

这种编排式的交互很有用，因为参与交互的各个服务之间不需要明确知道对方的存在，这也就确保了它们之间是松耦合的。相应地，这也提高了每个服务的自治性。可惜的是，这个方案并非完美无缺。

没有哪个代码片段能完整体现下单流程的整个执行过程。这会增加验证和测试的难度，因为这些验证工作会被分摊到不同的服务上。它同时还增加了状态管理的复杂度：每个服务需要在处理订单的过程中反映出不同的状态，比如，order 服务必须跟踪订单是否被创建、发布、取消、拒绝等。这些额外的复杂度增加了分析理解整个系统的难度。

编排同样还会引入服务的循环依赖问题：order 服务会发出事件消息供 market 服务消费，但是，反过来，它也会消费 market 服务发出的事件消息。这种循环依赖会导致在发布阶段服务之间是相互耦合在一起的。

　　一般来说，当选择异步的通信方式时，开发者必须在监控和跟踪技术方面上投入较多资源来确保能够跟踪系统的执行流程。在出现错误或者需要调试一个分布式系统时，监控和追踪能力就能够发挥飞行记录仪的职责。开发者应该将所有发生的事情都保存下来，这样就可以在事后调查每条事件消息，以搞清在这些系统当中当时到底发生了什么。对于编排型的交互来说，这种监控和跟踪的能力是至关重要的。

 注意　　我们将在第 11 章和第 12 章中探讨如何在微服务应用中通过日志、跟踪和监控来实现可观测性。

　　编排式的方案使得我们难以了解整个流程的长度和范围。同样，回滚的顺序有时候也是非常重要的。与编配和同步方案相比，编排方案对时间的要求更加宽松。对于简单的即时型工作流，要了解当前处于哪个阶段通常是无关紧要的，但是许多业务流程并不是即时完成的，它们可能需要花费数天的时间，中间可能还会牵涉形形色色的系统、人和组织。

5.3.2　编配型 Saga

　　和编排式不同，我们也可以使用**编配**的方式来实现 Saga。在编配型 Saga 中，会有一个服务承担编配器或者协调器的功能：它会执行和跟踪跨多服务的 Saga 及其结果。编配器可以是一个独立的服务——回想一下第 4 章中提到的面向"动词"的服务——也可以只是某个现有服务中的一个功能。

　　编配器唯一的职责就是管理 Saga 的执行。它会通过异步事件或者请求-响应的消息方式来与 Saga 中的各个参与方进行交互。最重要的是，它应该跟踪流程中每个步骤的执行状态——有时这也被称作 **Saga 日志**。

　　我们把 order 服务当作 Saga 协调器。客户成功下单的流程如图 5.10 所示。

　　读者很快就可以发现图 5.10 和图 5.8 中的编排型 Saga 例子的区别：order 服务需要跟踪下单过程中每个步骤的执行情况。为了便于理解，我们可以将协调器类比为一种状态机：一系列的状态以及状态间的转换。协作方的每个响应都会触发协调器的状态发生变化，进而一步步推动协调器达到 Saga 的结果。

　　正如大家都知道，Saga 并不总都是成功的。在编配式的 Saga 中，协调器负责在事务执行失败后启动合适的调解动作，来让受影响的实体恢复到有效且一致的状态。

　　如同前面那样，假设 market 服务不能将订单提交到市场上了。这时，编配器就会启动补偿动作：向 account transaction 服务发起请求来撤销之前预留的股票；发起请求取消之前从客户那边收取的费用；修改订单的状态来反映 Saga 的结果，如拒绝或者失败——这取决于业务逻辑（以及失败的订单是否要展示给客户或者重试）。

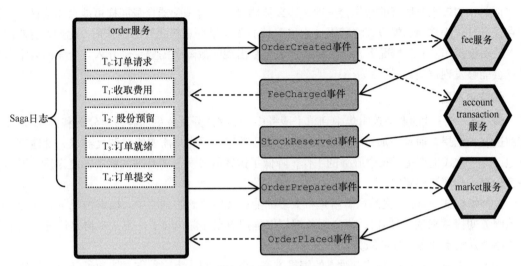

图 5.10 编配型 Saga 实现下单功能

对应地，编配器可以跟踪动作 1 和动作 2 的结果。图 5.11 列出了这个故障的场景。

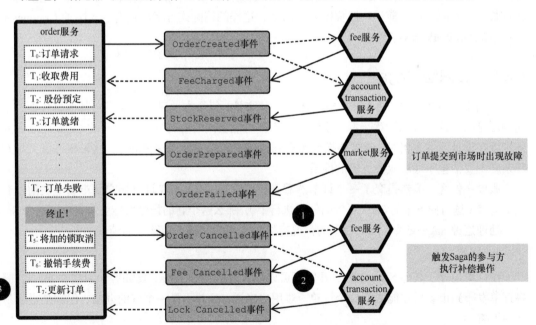

图 5.11 Saga 执行失败，market 服务的故障会导致编配器触发补偿动作

> ✏️ **提示** 需要记住的是，补偿动作不都是即时生效的或者同时完成的。比如，如果手续费是从客户的信用卡中收取的，那么银行可能需要花一周的时间才会撤销这笔费用。

但是，如果想要执行的操作会失败，那么补偿操作或者编配器自身同样可能会出现故障。我们在设计补偿操作时，就应该将其设计为可重试的并且没有意料之外的副作用（比如，退两次费用）的安全操作。最差情况下，在回滚过程中重复出现的故障会需要手动介入。全面的异常监控系统会能够发现这些场景。

优势和不足

将 Saga 顺序性的业务逻辑集中到单个服务中，能够让开发者更加容易地分析和推断 Saga 的当前进展和结果，而且更加易于修改 Saga 的执行顺序，因为只需要修改调度器这一处地方。对应地，这种方式也简化了每个服务的工作，降低了这些服务所需要管理的状态的复杂度，因为业务逻辑都移到了协调器中。

这种编配式 Saga 方案的风险就是将太多的业务逻辑移到协调器中。极端情况下，这会使得其他服务变得越来越"贫血"，每个服务都仅仅是把数据存储包装了一下，不再是那种自治的并且能够独立负责业务功能的服务。

许多微服务实践者更拥护点对点的编排方案，因为他们认为这种方案体现了微服务架构的目标"端点智能化，管道傻瓜化"，并将其与企业 SOA 中经常使用一些很重的工作流工具（如 WS-BPEL）作对比。但是编配式方案在社区中正变得越来越普遍，特别是在开发一些执行时间比较长的交互时。按目前受欢迎程度来看的话，这样的编配式方案项目有 Net ix 的 Conductor 和 AWS 的 Step Workflows。

5.3.3   交织型 Saga

不同于 ACID 类型的事务，Saga 并不具备隔离性。每个本地事务的结果对其他事务而言都是立即可见的。这种可见性意味着一个给定的实体可能会同时参与到多个并行的 Saga 中。因此，开发者在设计业务逻辑时，就需要提前预见到这种中间态并处理这种问题。这种事务交叉导致的复杂度主要依赖于底层业务逻辑的性质。

假设一位客户突然提交了一个订单然后又想取消掉，如果是在订单提交到市场上之前发起了这个请求（这时候下单的 Saga 还依旧处于执行中），那么这个新的指令可能就需要中断这个 Saga。

处理这种 Saga 交叉（图 5.12）的情况有 3 种常用的策略：短路、加锁和中断。

1. 短路

在订单还处于其他 Saga 中时，开发者可以阻止发起新的 Saga，比如客户只能在 market 服务将订单发布到市场后才能取消这个订单。对用户来说，这并不是一个好的办法，但却是最容易实现的策略。

2. 加锁

开发者可以使用锁来控制对实体的访问。如果不同的 Saga 想要修改实体的状态，就需要等待获取实体对应的锁。我们已经见过这种例子：对股票余额进行了预留或者加锁，以确保客户不能将一个有效订单中的股份出售两次。

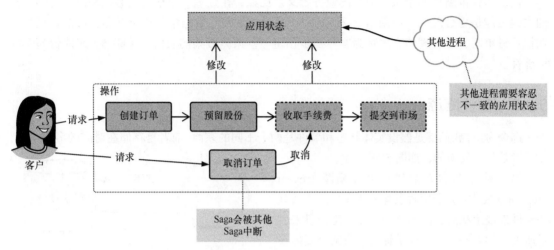

图 5.12　不同 Saga 的执行步骤可能会交织在一起

如果不同的 Saga 相互阻止对方获取锁，就可能导致死锁，所以需要开发者实现死锁监控方案和超时方案，以保证系统不会慢慢停下来。

3. 中断

最后，开发者可以中断正在执行的动作。比如，开发者可以将订单状态修改为"失败（failed）"。这样，在 market 网关收到消息要求把这个订单发布到市场上时，它可以再次验证订单的最新状态，以保证这个订单还是可以提交的，这时它会看到一个"失败（failed）"的状态。这种方式增加了业务逻辑的复杂度，但是避免了死锁的风险。

5.3.4　一致性模式

尽管 Saga 严重依赖于补偿操作，但并不是在服务交互中要保证一致性所唯一能选择的方案。到目前为止，我们已经见到了两种处理失败的模式：补偿动作（将买咖啡的钱退回）或者重试（再次制作一杯咖啡）。表 5.1 展示了其他几种策略。

表 5.1　微服务应用中的一致性策略

#	名　　称	策　　略
1	补偿动作	执行操作来撤销之前的操作
2	重试	反复重试直到成功或者超时
3	忽略	在出现错误以后，什么都不做
4	重启	重置回最初的状态，然后重新开始执行
5	临时操作	执行一个临时操作，稍后确认或者（取消）

使用哪种策略依赖于服务交互的业务含义。比如，在处理一个很大的数据集时，忽略个别的失败可能是更合理的（应用第 3 种策略），因为处理整个数据集的代价是非常高的。比如，在执行订单时，更合理的方式是为客户初步预定一些某只股票的股份（策略 5）来降低超卖的可能性。

5.3.5　事件溯源

迄今为止，我们都是假设实体状态和事件是两个不同的东西：前者是存储在对应的事务中的，而后者是独立发布的，如图 5.13 所示。

另一种可选的方案就是**事件溯源**（event sourcing）模式：完全用对象身上所发生的一系列的事件来表示状态，而不是用实体状态信息来表示所发布的事件消息。如果想要获取某个实体在指定时间的状态，开发者就需要聚合在此之前的所有事件。比如，设想这样的 order 服务：在传统的持久化方案中，我们一直都是假定数据库存储的是订单最新的状态；在事件溯源的方案中，我们保存的是订单状态的修改事件，我们可以通过复现这些事件来获取订单当前的具体状态。

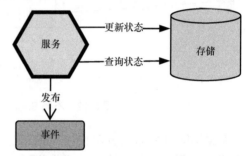

图 5.13　服务以两种不同的操作来分别
保存状态到数据库和发布事件消息

图 5.14 展示了跟踪订单的历史状态的事件溯源方案。

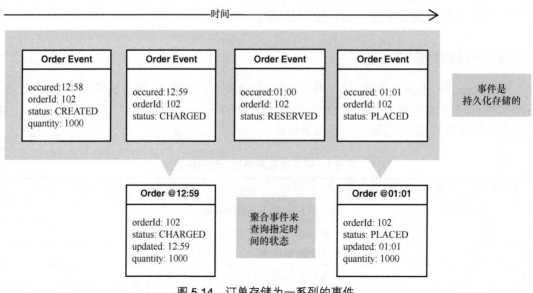

图 5.14　订单存储为一系列的事件

这种架构可以解决企业应用中一个很普遍的问题：系统是如何达到当前状态的。它消除了状态和事件之间的区别；开发者不再需要在业务逻辑之上插上一个个事件消息，因为业务逻辑天生地就会生成和操作事件。但另一方面，这使得一些复合型查询变得更加困难：开发者需要另外实现一些用来支持按字段和值来进行关联和过滤的数据视图，因为事件存储格式只支持按照主键来获取实体信息。

事件溯源并不是微服务应用的必要条件，但是使用事件来存储应用状态是一个特别巧妙的工具，特别是在应用牵涉到复杂的并且特别需要跟踪状态变化历史的 Saga 时。如果读者有兴趣了解事件溯源的更多内容，可以在 GitHub 上查看尼克·张伯伦（Nick Chamberlain）提供的 awesome-ddd 清单，其中收集了很多资源，是很棒的延伸阅读参考资料。

5.4 分布式世界中的查询操作

数据所有权的去中心化同样使得获取数据变得越来越困难，因为我们不再可以通过数据库层面的 join 关联这样的方式来聚合相关的数据。在应用的 UI 层展示来自于不同服务的数据通常是必要的功能。

比如，假设开发者正在开发一个能够展示客户列表的管理界面，界面上同时还会显示这些客户当前没有完成的订单。在 SQL 数据库中，开发者可以在一个查询语句中使用 join 关联两张表，然后返回一个数据集。然而在微服务应用中，这种**组合**通常是在 API 层面实现的：会由一个服务或者 API 网关执行这个组合操作（图 5.15）。**关联** ID（简单类比于关系型数据库中的外键）可以确定每个服务所拥有的数据之间的关系，比如，每个订单会记录所关联的客户 ID。

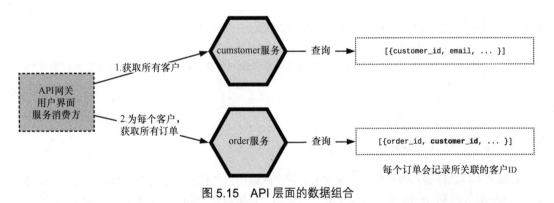

图 5.15 API 层面的数据组合

图 5.15 中的两步法在单个实体或者小的数据集上还是可行的，但是对于批量请求而言，这种方法可扩展性很差。如果第一个查询返回了 N 个客户，那么第二个查询就要执行 N 次，这种方法很快就会失控。如果我们查询的是一个 SQL 数据库，使用 join 关联很容易解决这个问题，但是因为我们的数据是分别存储在不同的数据存储上的，像 join 关联这样的简单方式

是不可行的。

　　我们可以通过引入批量查询接口来改进查询性能，如代码清单 5.1 所示。不同于获取所有客户信息，我们可以只获取第一页数据；不同于一个个地获取每个客户的订单，我们可以使用一个 ID 列表来获取所有数据。开发者可能注意到了，尽管如此，但如果每个客户都有上百个订单，那么对这些订单分页查询同样也会增加大量的开销。

代码清单 5.1　获取数据的不同端点

```
/customers?page=1&size=20 ◄─────────┤ 应该对大的数据集进行分页

/orders?customerIds=4,5,10,20 ◄─────┤ 应该使用 IN 语义来获取子节点而非一个个地获取
```

　　API 组合的方式简单且直观，对于许多使用场景，比如单个聚合或者查询少量的枚举型的数据，这种查询方式的性能还是可以接受的。但是，对于下面的一些场景，这种方式的性能就会变得很差，很不理想。

　　（1）**返回和关联大量数据的查询，比如报表**——需要所有客户去年的订单。

　　（2）**跨多个服务进行分析或者聚合的查询**——想要知道 35 岁以上的客户购买的新兴市场股票的订单的平均值。

　　（3）**服务所使用的数据库对某些查询方式支持效果不理想**——比如，在关系型数据库中，某些复杂的搜索模式通常是难以优化的（比如 SQL 数据库中进行全文检索）。

　　最后，数据组合会受到可用性的影响。数据组合需要同步调用下层服务，所以一个查询请求的整体可用性是这个过程中所有服务的可用性的乘积。比如，如果图 5.15 中的两个服务和 API 网关的可用性分别是 99%，那么在查询时，整体的可用性就是 99%^3:97.02%。在 5.4.1 节～5.4.3 节中，我们会讨论如何使用事件消息来在微服务应用中构建高效的查询。

 注意　　我们会在后面的章节中讨论服务的可用性和可靠性，以及一些最大限度提升这些指标的技术。

5.4.1　保存数据副本

　　开发者可以选择将其他服务通过事件消息发出的数据持久化保存或者缓存起来。比如，图 5.16 中，在 fee 服务收到 `OrderCreated` 事件消息后，它可以选择将这个订单的详细数据保存下来，而非仅仅保存关联 ID。这样，fee 服务就可以处理诸如"这个订单的金额是多少"这样的查询请求，而不再需要另外调用 order 服务来获取这个数据。

　　这种技术非常有用，但是也存在一些风险：维护数据的多个副本增加了整个应用和服务的复杂度（很可能还包括整体的存储成本）；修改事件消息的格式会变得相当棘手难以处理，因为服

务和事件消息的内容耦合得越来越紧；缓存失效是众所周知的难题。[①]

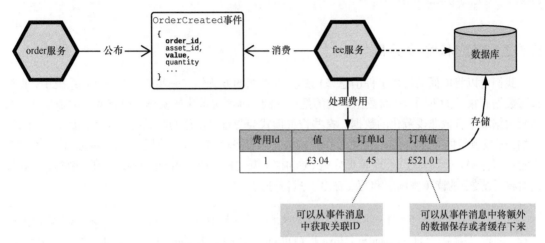

图 5.16 使用事件消息来共享状态数据并复制到不同的服务中

将标准化数据保存到多个位置中，然后通过异步事件来更新，但是由于事件会存在延迟、失败或者重复发送的问题，开发者不得不处理最终一致性问题以及获取到的数据副本可能已经过期的问题。

是否能够接收数据有时候已经过期是由特定功能的业务含义决定的。但这是一个两难的选择。CAP 理论[②]告诉我们，我们不可能两全其美：我们需要在可用性（成功返回一个结果，但不保证数据是最新的）和一致性（返回当前最新的状态，或者出错）两者之间进行选择。

数据一致性保证会导致系统间的协作越来越多（如分布式锁），而这会阻碍事务的执行速度。相比之下，一个系统如果想要最大限度地提升可用性基本上都是靠补偿操作和重试——就像 Saga 那样。从架构的角度看，高可用性通常更容易实现一些，因为这能够降低协作成本，更加易于构建可扩展的应用。

可用性优先

如果在开发系统时，将可用性放在第一位，那么开发者在面对问题时就需要避免那种本能的、面向一致性的解决方案。即便某些系统看起来应该将一致性作为第一优先级，但是为了最大限度地提高使用的成功率，也往往会优先选择可用性作为折中的办法。

自动柜员机（ATM）就是一个很好的例子——将可用性放在第一优先级能够增加银行的收入。如果一台 ATM 机或者更大范围的 ATM 网络不能连接银行后台，我们仍旧可以在 ATM 机器上取款，但是会有金额限制，以确保控制透支的风险。如果某位客户提款出现透支问题，银行会另外扣除一定的手续费。

---

① 可以参考马丁·福勒（Martin Fowler）于 2009 年 7 月 14 日发表的 *Two Hard Thing* 和马克·希思（Mark Heath）于 2018 年 1 月 23 日发表的 *Troubleshooting Caching Problems*。
② 考希克·萨提（Kaushik Sathupadi）的这篇文章通俗易懂，很好地解释了 CAP 理论。

埃里克·布鲁尔（Eric Brewer）最近发表的一篇文章 *CAP Twelve Years Later: How the "Rules" Have Changed* 对这种场景做了很好的概述。

5.4.2　查询和命令分离

我们可以将前面的使用事件消息来构建数据视图的方案作进一步归纳。在许多系统中，查询和写数据有很大的不同——写数据影响的是单一的、高度规范化的实体，而查询通常是会从一系列的数据源中获取非规范化的数据。有些查询模式会受益于使用与写数据完全不同的数据存储，比如，开发者可能会使用 PostgreSQL 作为持久化的事务存储，但是使用 Elasticsearch 作为索引查询的数据存储。这种命令-查询职责分离（CQRS）模式是一种应用于这种场景的通用模型，它显式地将系统[①]中的读（查询）和写（命令）进行分离。

> **注意**　　我们不会进一步讨论 CQRS 的技术实现细节,但是读者可以研究一下不同语言的 CQRS 框架,如 Commanded（Elixir）、CQRS.net（.NET）、Lagom（Java 和 Scala）以及 Broadway（PHP）。

CQRS 架构

我们简要概括一下这种架构。图 5.17 中，读者可以注意到 CQRS 被分成了命令和查询两部分。

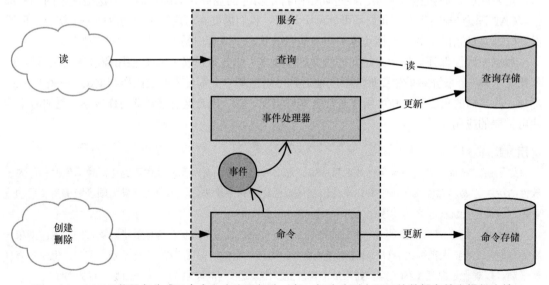

图 5.17　CQRS 将服务分成了命令和查询两部分，每一部分分别由不同的数据存储来提供支持

---

① 如果实现事件溯源架构的话，需要用到 CQRS。

（1）应用的命令部分执行系统的更新操作——创建、修改和删除。命令会发出事件消息，可以是内部的事件消息，也可以时发到不同的事件总线上的事件，如 RabbitMQ 或 Kafka。

（2）事件处理器消费这些事件，以构建合适的查询或者读模型。

（3）系统的"命令"和"查询"这两部分分别由不同的数据存储来提供支持。

我们可以在服务内部应用这种模式，也可以在整个应用层面应用这种模式。我们可以使用事件消息来构建一些专门的查询服务，让这些服务维护一些应用层面的复合型的数据视图。比如，假设需要汇总所有账户的订单手续费，并且要按照不同的属性（如订单类型、资产类别、支付方式）进行分类汇总。仅仅在单个服务层面是不可能完成这个功能的，因为不管是 fee 服务、order 服务还是 customer 服务，它们都不拥有全量的数据来支持按照那些属性过滤，每个服务只有一部分数据。

相反，如图 5.18 所示，我们可以构建一个 CustomerOrder 的查询服务来组织对应的数据视图。在不确定这些数据视图属于哪个服务时，单独维护一个查询服务是很有效的办法，这样能够确保对关注点合理地划分。

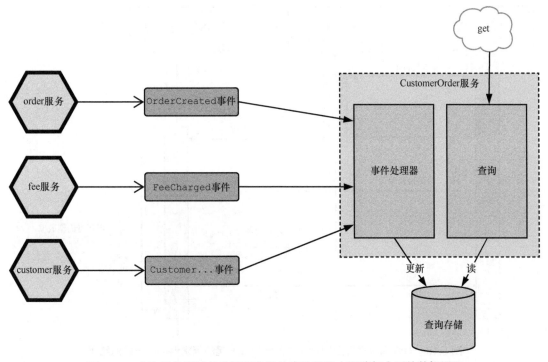

图 5.18　查询服务通过其他服务发出的事件消息来组建复合型的数据视图

> **提示**　　我们不需要在应用中只使用 CQRS。在不同的场景中使用不同的查询方式能够更好地实现复杂度、开发速度以及顾客价值之间的平衡。

到现在为止，这听起来都很不错。在微服务应用中，CQRS 有两大核心优势：第一，可以针对特定的查询请求优化其查询模型来提升它们的性能，并消除了对跨服务的 join 关联的需要；第二，有助于在服务和整体应用层面实现关注点分离。

但是，它并非没有缺点。我们现在就探讨一下。

5.4.3　CQRS 挑战

就像数据缓存的例子那样，在 CQRS 模式中，服务的命令状态天然地会先于查询状态而得到更新，由于这种**复制延迟**（replication lag）的存在使得开发者需要考虑最终一致性。因为查询模型是通过事件来更新的，所以对数据的查询可能返回的是过期的数据。这是非常令人失望的用户体验（图 5.19）。假设用户更新了某个订单的金额，但是单击"确定"按钮时，用户看到的还是之前的订单的数据！使用"POST / redirect/GET"[1]模式的 Web 界面通常都会遇到这个问题。

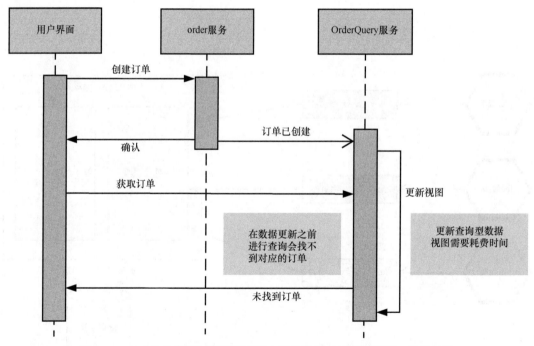

图 5.19　对查询数据视图的更新延迟会导致发起的请求返回不一致的结果

在某些系统中，这可能并不是什么大事。比如，在即时信息流系统[2]中，延迟更新是很常见

---

① 读者若要了解更多信息，可以参考维基百科。
② 读者若对即时信息流背后的架构设计感兴趣，可以参考 Github 官网查询 "Stream-Framework"。

的——如果用户在 Twitter 上发了一条微博，他所有的粉丝们有没有在同一时间收到这条消息并不是那么重要。实际上，在试图达到更高一级的一致性时，会遇到大量的扩展性问题，这是得不偿失的。

而在另外一些系统中，确保用户查询不到无效的状态是非常重要的工作。在这种场景中，开发者可以采用图 5.20 所示的 3 种策略：乐观更新、轮询以及发布-订阅。

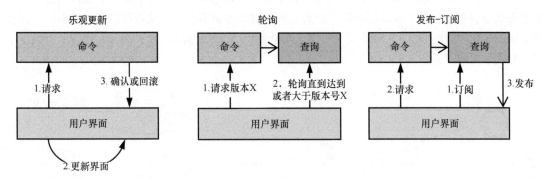

图 5.20 3 种处理 CQRS 中的查询复制延迟问题的策略

1. 乐观更新

开发者应该根据命令所预期的结果来乐观地更新界面的内容。如果命令执行失败，可以将界面的状态回滚。比如，假设用户对 Instagram 上的一个内容点了"like"，在 Instagram 后台成功保存这个修改之前，App 就已经显示出一个红心图标了，如果最后后台保存失败，Instagram 会撤销界面上的这个改动（取消红心图标的显示），这样用户就需要再次"like"一下来显示出红心图标。

这种方式依赖于开发者拥有更新界面的所有信息，或者开发者能够根据输入数据得出这些信息。所以在用于一些简单场景时，这种方式效果最好。

2. 轮询

界面可以一直轮询对应的查询 API，直到所期望的修改生效。在启动一个命令时，客户端可以设置一个版本号，如时间戳。对于后续的查询，客户端可以一直轮询，直到服务器返回的版本号等于或者大于指定的这个版本号，这表示查询数据模型已经成功更新体现了最新的状态。

3. 发布-订阅

不同于一直轮询修改结果，界面也可以在查询模型上订阅一些事件——比如，通过 Web socket。在这种情况下，只有在读模型发出了"updated"事件以后，界面才会更新。

正如大家看到的，想要全面理解 CQRS 是比较困难的，它需要大家采用一种不同于之前处理常规的 CRUD API 时的思维方式。但是，在微服务应用中，CQRS 确实很有用的。如果应用得当，CQRS 有助于确保查询功能的性能和可用性，即便数据和功能是隶属于不同服务的不同数据存储上的。

5.4.4　分析和报表

　　我们还可以将 CQRS 技术推广到其他使用场景中，比如数据分析和报表。我们可以将一连串的微服务事件消息转换然后保存到数据仓库中，比如 Amazon 的 Redshift 或者 Google 的 BigQuery（图 5.21）。转换阶段包括将事件映射到目标数据仓库的数据模型和实际含义中，还包括合并其他微服务的事件消息数据。如果还不确定想要如何处理和查询事件，开发者可以将这些事件先保存到 Amazon S3 这样的商业存储系统中，便于未来使用 Apache Spark 或者 Presto 这样的大数据工具来查询和再次处理。

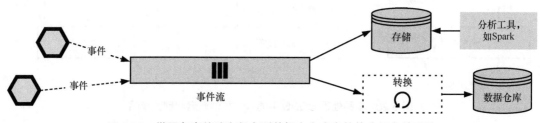

图 5.21　微服务事件消息保存到数据仓库或者其他分析存储系统

5.5　延伸阅读

　　在本章中，我们涉及的范围很广泛，但是诸如 Saga、事件溯源和 CQRS 这些主题，其实每个主题都是可以单独写一本书的。如果读者对这些主题感兴趣，并想了解更多知识的话，我们推荐下面的这些图书。

　　（1）Duncan K.DeVore、Sean Walsh 和 Brian Hanafee 共同编写的 *Reactive Application Development*（ISBN：9781617292460），Manning 出版社。

　　（2）Chris Richardson 的 *Microservices Patterns* (ISBN：9781617294549)，Manning 出版社。

　　（3）Alexander Dean 的 *Event Streams in Action* (ISBN：9781617292347)，Manning 出版社。

5.6　小结

　　（1）在跨服务的交互中实现 ACID 特性是很困难的，微服务需要采用不同的方式来实现一致性。

　　（2）类似两阶段提交这样的协调方案会引入加锁操作，扩展性不好。

　　（3）基于事件的架构可以解除各个独立组件之间的耦合，并为微服务应用的业务逻辑和查询的可扩展性打下基础。

　　（4）倾向于高可用，而非一致性，这会使得架构的可扩展性更强。

（5）Saga 是由一组消息驱动的、独立的本地事务组成的全局操作。它们通过补偿操作来回滚错误的状态，以实现一致性。

（6）在构建反映现实世界环境的微服务时，预见失败场景并做好准备是非常重要的一部分内容，操作的隔离性反而没那么至关重要。

（7）我们通常通过组合多个 API 的结果来实现跨多个微服务的查询功能。

（8）高效的复合型查询应该采用 CQRS 模式来实现一套独立的读数据模型，特别是在那些查询模式需要采用另一种数据存储系统时。

第6章　设计高可靠服务

本章主要内容

- 服务可用性对应用可靠性的影响
- 设计能够抵御外部依赖故障的服务
- 重试、限流、断路器、健康检查和缓存可以减少服务间的通信问题
- 在不同的服务间采用安全的通信标准

　　没有哪个微服务是一座不与外界联系的孤岛，每个微服务总归要隶属于某个更大的系统。工程师们所开发的大部分服务都会被其他上游合作方服务所依赖，同样，这些服务也会依赖于其他下游合作方服务来完成对用户有益的功能。一个服务如果想要可靠地、始终如一地完成它的工作，就需要能够充分信任这些合作方。

　　说起来容易，做起来难。不管是在哪种复杂系统中，故障都是不可避免的。具体到每个微服务，它们都会因为各种各样的原因而出现故障。这其中可能是代码引入了漏洞缺陷，也可能是部署不稳定导致的。此外，底层基础设施也有可能导致系统出现问题，比如资源会由于负载太高而达到饱和状态，下层服务结点会出现异常，甚至于整个数据中心都可能出现故障。正如我们在第5章讨论的那样，作为开发者，我们甚至不能相信服务之间的网络是可靠的——这是著名的分布式计算谬论[1]之一。最后，人为错误也是主要的故障原因之一。比如，在编写本章内容的前一周，亚马逊的一位工程师错误地运行了一个维护脚本，导致 Amazon S3 服务不可用，影响了数以千计的知名网站。

　　彻底消除微服务应用中的故障是不可能的——与之对应的投入将是一个无底洞！反之，我们的重点应该放在设计出能够容忍依赖项出现故障的微服务，让这些微服务能够优雅地从故障中恢复正常或者能够减轻这些故障对其功能的影响。

　　在本章中，我们会介绍服务可用性的概念，讨论故障对微服务应用的影响，并且还会探讨一

---

① 彼得·道奇（Peter Deutsch）最早于 1994 年提出了分布式计算的八大谬论。

些保证服务间可靠通信的设计方法。我们还会讨论两种不同的策略——框架和代理——以确保应用中的所有微服务能够安全地交互。这些技术能够帮助我们最大限度地提升微服务应用的可靠性——用户体验也会更好。

6.1 可靠性定义

我们先从如何度量一个微服务的可靠性开始。考虑一个简单的微服务系统：holding 服务调用两个依赖服务：transaction **服务**和 market-data **服务**。这两个服务又会进一步调用其他服务。它们之间的关系如图 6.1 所示。

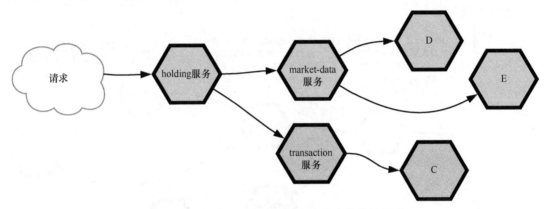

图 6.1 微服务系统中各个服务合作方的依赖关系

对于这些服务，我们可以假设，有些时间里它们能够成功执行对应的工作——这就是所谓的**正常运行时间**（uptime）。同样，我们也可以放心地假设：因为故障是不可避免的，所以有些时间里，服务并不能完成对应的工作，这就是所谓的**故障时间**（downtime）。我们就可以使用正常运行时间和故障时间来计算**可用性**（availability）：服务正常运行时间的百分比。服务可用性是一种衡量服务可预期的可靠情况的指标。

高可用通常用"9"来表示。两个 9 表示 99%，5 个 9 表示 99.999%。生产环境上的关键服务中，如果可靠性低于这个值，是非常不正常的。

为了说明可用性是如何计算的，我们假设 holding 服务调用 market-data 服务 99.9%的时间里是成功的。这个数值可能听起来还算比较靠谱，但是 0.1%的不可用时间很快会随着请求量的增加而变得越来越显著：每 1000 个请求只有 1 个失败，但是每一百万次请求将有 1000 次失败。这些失败会直接影响到 holding 服务，除非设计出一个方案能够减轻依赖服务故障对调用方服务的影响。

微服务依赖链条很快就会变得越来越复杂。如果这些依赖会发生故障，那么整个系统出现故障的概率有多高呢？我们可以将可用性数值作为一个请求成功的概率，那么将依赖链上的各个服务的可用性的数值相乘，就可以估算出整个系统的失败率。

我们对前面的例子做一下扩展，规定这 6 个服务的调用成功率都是相同的。对于系统中的任何请求，我们可以预见到 4 种结果：所有服务都正确执行、一个服务出现故障、多个服务出现故障或者所有服务都出现故障。

因为每个微服务的调用有 99.9% 的时间是成功的，那么整个系统合起来的可靠性就是 $0.999^6=99.4\%$。虽然这是一个很简单的计算模型，但我们从中可以看到，整个应用的可靠性总是低于单个组件的可靠性的。我们所能达到的最大可用性是一个服务的所有依赖项的可用性的乘积。

为了说明这一点，假设 D 服务的可用性降到了 95%。虽然这不会影响 transaction 服务（因为它不属于那部分调用层次），但是它会降低 market-data 服务以及 holding 服务的可靠性。这部分影响如图 6.2 所示。

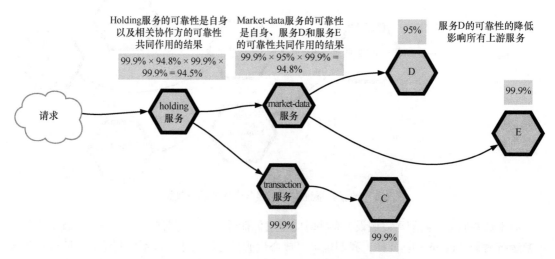

图 6.2　服务依赖项的可用性对应用整体可靠性的影响

尽可能地提升服务的可用性或者隔离不可靠部分的影响是至关重要的，这样才能保证应用整体的可用性。可用性的度量并不会告诉开发者如何让服务更加可靠，但是它提供了一个要"瞄准"的目标，或者更具体地来说，它为指导服务开发以及服务消费方和工程师的期望提供了一个目标。

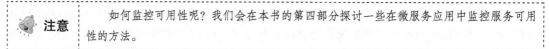

> 🪐 **注意**　　如何监控可用性呢？我们会在本书的第四部分探讨一些在微服务应用中监控服务可用性的方法。

如果我们不能 100% 相信网络、硬件、其他服务甚至自己所负责的服务的可靠性，那么该如何最大限度地提高系统的可用性呢？在设计服务时，我们需要采取一种防御型的方式来满足 3 个目标：对于无法避免的故障要降低其发生率；对于无法预测的故障要控制其连锁影响，不要产生系统层面的影响；故障发生后，能够快速恢复（理想情况下可以自动恢复）。

如果能够实现这些目标，那么服务的可用时间以及可用性最终也会达到最大化。

6.2 哪些会出错

正如讲过的那样，在复杂系统中，故障是不可避免的。在应用的整个生命周期中，极有可能的是，任何可能发生的灾难未来终会发生。因此，开发者需要充分了解那些可能会对应用产生影响的不同类型的故障。只有了解这些故障风险的性质以及发生的可能性，才能制订合适的对策来缓解和消除这些风险的影响，同时这也是快速响应突发事故的基础。

平衡风险和成本

实用主义很重要：开发者不可能预见和消除所有可能的故障原因。所以，在设计服务的可恢复性时，开发者需要平衡故障的风险以及在给定的时间和成本约束下所能做的合理的防范措施。

- 设计、开发、部署和维护一套故障防范方案的成本。
- 业务的特性以及客户的期望。

换个角度来讲，思考一下前面提到过的 Amazon S3 服务故障的事情。我们可以通过将数据复制到多个 AWS 区（region）或者复制到多个云服务上来避免这种问题。但是这种规模的 S3 故障是非常罕见的，对于许多组织机构来说，上述方案在经济层面上是没有意义的，因为这会极大地增加运维成本和复杂度。

作为一名有责任感的服务设计师，开发者需要找到微服务应用中所有可能的故障类型，然后将这些故障类型按照预期的频率和影响进行排序，最后决定如何减轻这些故障造成的影响。在本节中，我们会介绍一些微服务应用中常见的故障场景及其出现的原因，还会探讨连锁故障——一种分布式系统中常见的灾难性的场景。

6.2.1 故障源

我们以 SimpleBank 的服务为例研究一下微服务中可能发生故障的地方，假设 market-data 服务有如下情况。

（1）market-data 服务是运行在虚拟机之类的硬件上的——而这些硬件最终都是依赖于某个真正的数据中心的。

（2）其他上游服务依赖于 market-data 服务提供的功能

（3）market-data 服务将数据保存到数据存储中——如 SQL 数据库。

（4）market-data 服务通过 API 和文件上传的形式从第三方数据源获取数据。

（5）market-data 服务会调用 SimpleBank 的其他下游微服务。

market-data 服务与其他组件的关系如图 6.3 所示。

服务与其他组件的每个交互点都预示着一个可能出现故障的地方。故障主要发生在四大领域中：第一，**硬件**——服务运行所依赖的底层物理基础设施和虚拟化的基础设施；第二，**通信**——不同服务之间的协作以及服务与外部第三方之间的协作；第三，**依赖**——服务自身所依赖的服务的故障；第四，**内部**——服务本身的代码错误，比如工程师引入的代码缺陷。

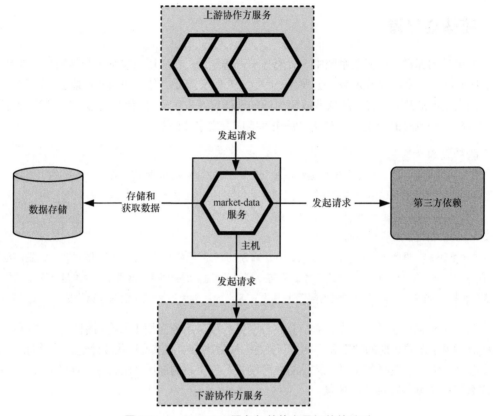

图 6.3　market-data 服务与其他应用组件的关系

接下来，我们依次进行讨论。

1. 硬件故障

不论服务是运行在公有云、内部系统上还是使用 PaaS 服务，不管它们是服务器机柜、虚拟机、操作系统还是物理网络，服务的可用性最终都是依赖于支撑这些服务的物理基础设施或者虚拟设施的。表 6.1 列出了一些微服务应用中硬件层的故障原因。

表 6.1　微服务应用硬件层的故障原因

故　障　源	频　　次	描　　述
主机	经常很少	个别主机（物理主机或者虚拟主机）可能出现故障
数据中心	很少	数据中心或者内部的组件可能出现故障
主机配置	偶尔	主机可能配置错误，比如，服务配置工具出现错误
物理网络	很少	数据中心内部或者不同数据中心之间的物理网络可能出现故障
操作系统和资源隔离	偶尔	操作系统或者隔离系统（如 Docker）可能出现故障不能正确运行

应用中物理层的不同故障其范围各有不同，但是这些故障通常都是灾难性的，因为硬件出现故障会影响组织机构中许多服务的正常运行。

通常来说，开发者可以在系统中适当地做一些冗余设计，以降低硬件故障的影响。比如，如果应用部署在 AWS 这样的公有云上，那么开发者一般可以将服务的副本部署在多个可用区（zone）中（可用区是 AWS 的概念，指的是一个范围更大的区域（region）下位于不同地理位置的数据中心）。这样做能够降低单个数据中心出现故障所造成的影响。

需要重点注意的是，硬件冗余会增加额外的维护成本。这些冗余方案有的过于复杂而难以设计和执行，还有的方案则纯粹是金钱的浪费。为应用选择合适的冗余级别是需要认真考虑的，我们要综合考虑故障发生的频次和影响以及消除这些极为罕见的故障事件的成本代价。

2. 通信故障

服务之间的通信也会出现故障，DNS、消息传递和防火墙都是可能的故障源。表 6.2 详细列出了可能的通信故障。

表 6.2　微服务应用的通信故障源

故 障 源	描 述
网络	网络连接会中断
防火墙	配置管理系统设置了不恰当的安全规则
DNS 错误	主机名不能在应用中被正确地传播或解析
消息传输	消息系统（如 RPC）可能会出现故障
健康检查不充分	健康检查不能正确体现实例的状态，导致请求被路由到出现问题的实例

通信故障既会影响内部网络调用，也会影响外部的网络调用，比如，market-data 服务与外部 API 服务之间的网络通信质量下降会导致出现故障。

网络和 DNS 故障都是比较常见的，不管是系统中防火墙规则的修改还是 IP 地址分配，抑或是 DNS 主机名传播，都有可能导致网络和 DNS 故障。网络问题是很难消除的，但通常都是由人的介入（有新服务服务发布或者修改配置信息）导致的，所以避免这些问题最好的办法就是确保对配置修改进行全面而可靠的测试，并且确保在问题出现以后，可以很容易地回滚这些配置信息。

3. 依赖故障

故障可能出现在微服务所依赖的其他外部服务，也可能出现在微服务内部的依赖（如数据库）中。比如，market-data 服务用来保存和获取数据的数据库会因为底层硬件故障而出现问题，或者因为达到容量上限而出现故障。毕竟，数据库的硬盘空间用尽也不是没有听说过的事情。

正如我们前面讲的那样，这种依赖故障对整个系统的可用性的影响是极大的。可能的依赖故障源如表 6.3 所示。

表 6.3 依赖相关的故障源

故 障 源	描 述
超时	发给依赖服务的请求可能超时，进而导致错误的行为
功能下线或者向后不兼容	设计阶段没有考虑服务依赖性，单方面修改或删除了某些功能
内部组件故障	数据库或者缓存服务出现问题导致服务不能正常工作
外部依赖	服务依赖于应用之外的其他外部系统（如第三方 API），而这些系统不能正常运行或者执行不符合预期

除了诸如超时和服务停机这类运行层面的故障源，设计或者开发不当也容易导致出现依赖性错误。比如，某个服务 A 依赖于另一个服务 B 的端点 url，而修改这个服务 B 时没有保持向后兼容，更甚者，在没有执行适当的下线流程的情况下完全将该服务 B 移除。这都会导致服务 A 出现故障。

4. 服务实践

最后，在服务开发和部署阶段，如果工程实践不到位或者有欠缺，也都会导致生产环境出现故障。这种问题也很普遍。比如，有的服务设计方案很差、测试也不充分、部署也有问题。有的团队在测试阶段不能及时发现问题，而对生产环境中的服务的各项功能又没有进行全面的监控。还有的服务无法有效扩展：所提供服务器的内存、硬盘或者 CPU 利用率达到了上限，因此性能下降，乃至服务完全没有响应。

每个服务都对整个系统的有效性有贡献，所以如果一个服务的质量水平特别低，就会对许多功能的可用性产生不利的影响。希望我们在本书介绍的一些实践能够帮助读者避免这些常见的故障。

6.2.2 连锁故障

现在读者应该已经了解了不同类型的故障是如何影响各个微服务的。但是故障的影响并不会到此为止。因为应用是由众多相互调用的微服务组合而成的，所以一个服务中的故障可能会蔓延到整个系统。

连锁故障就是分布式应用中一种很常见的故障类型。连锁故障是一个"正反馈"的例子：某个事件对系统产生了干扰进而造成一些影响，而这个影响反过来又强化了最初的干扰程度。

我们可以在现实世界的许多领域中观察到这种现象，比如金融市场、生物过程（biological processes）或者核电站。设想一下发生在动物世界中的大逃亡现象：在茫茫的非洲大草原上，一只动物因为受到惊吓开始跑起来，这一跑导致其他动物也受到惊吓，最终所有动物都朝着一个方向狂奔而逃。在微服务应用中，服务过载也会导致多米诺骨牌效应：一个服务出现故障会导致上游服务的失败量增加，相应地，上上游的服务失败量也会增多，以此类推。最坏的情况就是系统大范围不可用。

下面我们通过一个例子来解释一下过载是如何导致连锁故障的。设想一下，SimpleBank 要开发一个界面，用于给用户展示他们账户中当前的金融资产持有情况，如图 6.4 所示。

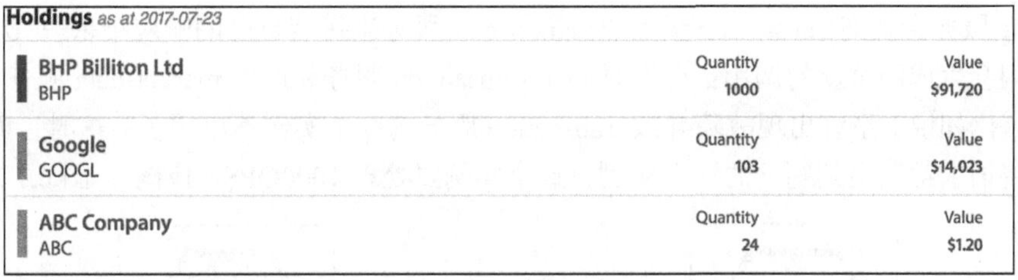

Holdings *as at 2017-07-23*		
BHP Billiton Ltd BHP	Quantity **1000**	Value **$91,720**
Google GOOGL	Quantity **103**	Value **$14,023**
ABC Company ABC	Quantity **24**	Value **$1.20**

图 6.4　某账户所持股份的汇总报表

一只股票的资金状况是到目前为止对该只股票的所有购买和出售交易的合并计算后的总和乘以股票当前的价格。获取这些数据依赖于如下 3 个服务的协同合作。

（1）market-data **服务**——这个服务负责获取和处理股票等金融商品的市场信息和价格。

（2）transaction **服务**——这个服务负责返回账户内发生的交易记录。

（3）holding **服务**——这个服务负责聚合 transaction 服务和 market-data 服务的数据并生成财务状况报表。

图 6.5 大致描述了这些服务在生产环境的配置情况。每个服务通过多个复本来实现负载均衡。

假设 holding 服务的调用频率是 1000 次（QPS）。如果系统中有两个 holding 服务实例，那么每个复本实例会收到 500QPS（图 6.6）。

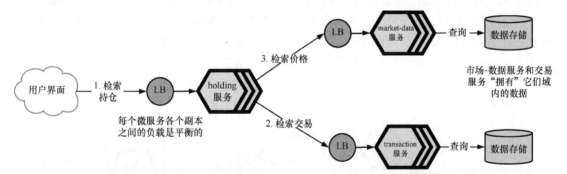

图 6.5　各服务的生产环境配置以及协作以提供"用户报表"界面的汇总数据

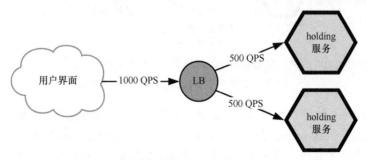

图 6.6　服务的查询请求分配到不同的实例上

holding 服务会查询 transaction 服务和 market-data 服务来拼装自己的响应结果。每次对 holding 服务的调用会生成两个新的调用：分别是调用 transaction 服务和调用 market-data 服务。

现在，比如说，系统出现故障导致 transaction 服务的一个实例不可用了。这时，负载均衡服务器就会将请求都路由到剩下的那个实例，这个实例要处理 1000QPS 的请求（图 6.7 ）。

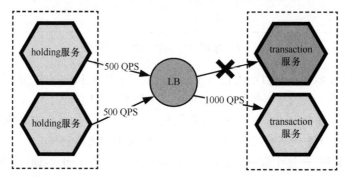

图 6.7　协作服务的一个实例出现故障后，所有请求压力都转移到剩下的实例中

但是，承载力的下降会导致服务不再能处理这个水平的请求量。由于服务采用了 Web 服务的部署方式，使得负载上的变化会导致请求开始排队，进而响应时延越来越高。相应地，时延开始超过 holding 服务所期望的最大查询等待时间。或许，transaction 服务开始丢弃一些请求。

在请求失败以后，服务通过重试操作来再次向协作方发起请求并不是不合理的动作。现在，设想一下，holding 服务把所有发给 transaction 服务的超时或者失败的请求都重试一遍。这会进一步增加 transaction 服务仅存的资源的负载——它除了需要处理正常的请求，同时还需要处理不断增多的重试请求（图 6.8 ）。holding 服务的响应时间也会相应地变得更长，因为它要等待 transaction 服务的响应。

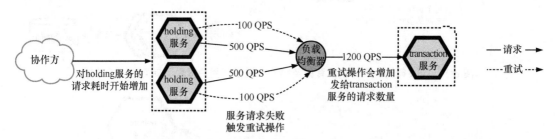

图 6.8　transaction 服务过载导致某些请求失败，相应地，holding 服务会重新发起请求，
这进一步增大了 holding 服务的响应时间

这种反馈循环——执行失败的请求引发更大规模的请求，导致更高的失败率——使系统进一步恶化。随着依赖于 transaction 服务和 holding 服务的其他服务也出现故障，整个系统完全停止工作。最初单个服务的故障产生多米诺效应，其他许多服务的响应时间和可用性也都开始变差。最坏的情况是，transaction 服务的影响不断累积，最终导致服务完全不可用。图 6.9 展示了这种

连锁故障的最终状态。

上游依赖服务不能处理那些依赖于transaction服务的请求

上游依赖服务的失败数增多导致重试、进入不断
重复故障的怪圈。

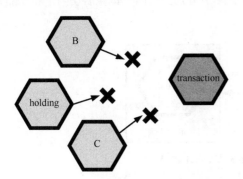

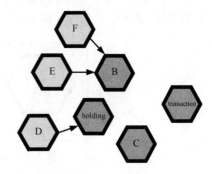

图 6.9　服务过载导致完全彻底故障。随着服务性能逐渐变差，
在整个依赖链中反复执行危险的重试操作，导致进一步的过载

虽然服务过载是连锁故障最常见的原因，但却不是导致连锁故障的唯一原因。一般来说，错误率增加、响应时间变慢都会导致服务出现异常，这也就增加了互相依赖的服务之间出现故障的可能性。

我们可以采用一些方法来控制微服务应用出现连锁故障，其中有包括断路器、后备方案、压力测试和容量规划、回退和重试以及适当的超时时间。我们会在下一节中探讨这些方法。

6.3　设计可靠的通信方案

在前面，我们强调了微服务中协作的重要性。多个服务相互依赖最终才能完成应用中最有价值的功能。一个微服务出现故障，会对协作方以及应用的最终用户产生怎样的影响呢？

如果故障是不可避免的，那么在设计和开发服务时，我们要尽可能地提高服务的可用性和运行的正确性以及在发生故障以后快速恢复的能力。这对于实现服务的可恢复性是至关重要的。在本节中，我们会探讨一些技术，以确保在协作方服务不可用时服务依旧能够最大限度地正确运行：重试；后备方案（fallback）、缓存和优雅降级；超时和最后期限；熔断器；通信代理（communication broker）。

在开始之前，我们通过一个简单的服务来说明本节中的这些概念。读者可以在本书的配套资源中找到这些例子。将代码库复制到电脑中，打开本章的文件夹。这个文件夹包括的服务有：holding 服务和 market-data 服务。我们可以在 Docker 容器中运行这些服务（图 6.10）。holding 服务暴露了一个 GET/holdings 接口，它会向 market-data 服务发出 JSON 格式的 API 请求，以获取价格信息。

为了运行这些服务，读者需要安装 docker-compose。一切准备就绪后，在命令行中输入

下列命令

```
$ docker-compose up
```

它会在机器上为每个服务构建一个 Docker 镜像，然后分别为这两个镜像启动两个相互隔离的容器实例。现在，我们深入研究一下吧。

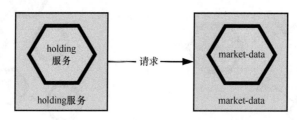

图 6.10 处理微服务请求的 Docker 容器

6.3.1 重试

在本节中，我们会探讨在请求出现失败时，如何使用重试。为了理解这一技术，我们从上游 holding 服务的角度来调查它们之间的通信。

设想一下，holding 服务发出的获取价格的请求失败了，请求返回了一个错误信息。那么，这次失败是重复发一下请求就可能会成功的孤立的失败事件，还是下次调用仍有极大可能同样失败的系统性故障呢？从服务调用方的角度来讲，这是无法判断的。我们期望获取数据的调用是**幂等的**（idempotent），也就是对目标系统的状态没有影响，并且是可以重复的[①]。

因此，读者的第一反应可能是重新发起请求。在 Python 中，开发者可以使用开源类库 tenacity 来在 API 客户端（holdings/clients.py 文件中的 MarketDataClient 类）的对应方法上添加装饰器，如果方法抛出异常，则自动执行重试操作。代码清单 6.1 列出了类上所添加的重试代码。

代码清单 6.1 为服务调用增加重试机制

```
import requests
import logging
from tenacity import retry, stop, before          ◀——————从类库中导入相关的函数

class MarketDataClient(object):

    logger = logging.getLogger(__name__)
    base_url = 'http://market-data:8000'

    def _make_request(self, url):
        response = requests.get(f"{self.base_url}/{url}",
```

---

① 会对系统产生影响并导致系统出现变化的请求通常都不是幂等的。一种保证 "exactly once" 语义的策略是实现幂等键（idempotency key），参见 Brandur Leach 在 2017 年 2 月 22 日发表的 *Designing robust and predictable APIs with idempotency*。

```
                                headers={'content-type': 'application/json'})
        return response.json()
```
最大重试次
数为3
```
    @retry(stop=stop_after_attempt(3),  ◄
           before=before_log(logger, logging.DEBUG))  ◄
    def all_prices(self):
        return self._make_request("prices")
```
在每次重试执行前
进行记录

我们调用一下 holding 服务，来看看它是如何运行的。在另一个终端窗口中，发起如下请求：

```
curl -I http://${DOCKER_HOST}/holdings
```

它会返回 500 错误，但是如果查看 market-data 服务的日志的话，读者会发现，在 holding 服务返回之前，它向 GET /price 发了 3 次请求。

如果已经阅读过前面的小节，此时开发者应该特别小心。故障可能是孤立的也可能是持续性的，但是 holding 服务并不能通过一次调用就知道是哪种情况。

如果故障是孤立和暂时性的，那么重试是一个很合理的选择。当异常行为发生时，重试操作一方面能够减轻对终端用户的影响，另一方面还能减少运维工作人员的介入。为重试方案做好规划是很重要的：每次重试要花费几十毫秒时间，所以服务消费方只能在超过合理的响应时间之前进行一定次数的重试。

但是如果故障是持续性的——比如，如果 market-data 服务的承载力下降了，后续的请求会使这一问题进一步恶化并导致系统稳定性下降。假设每次请求 market-data 服务失败后都重试 5 次，那么每个失败请求都会导致 5 个新的请求；重试的请求量会持续增长。随着 market-data 服务要处理的重试请求越来越多，它越来越没有资源处理其他正常请求。最坏的情况是，最初的故障不断被放大，market-data 服务活活被重试方案压死了。

图 6.11 列出了请求的增长情况。

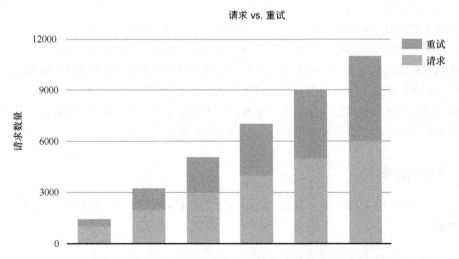

图 6.11 market-data 服务的负载增长情况，由于对失败请求的重试导致服务不稳定

　　如果发生持续性故障，面对断断续续的失败情况，我们该如何在不扩大系统故障范围的前提下通过重试技术来提高服务的可恢复性呢？首先，我们可以在这些重试操作之间使用一个变化的时间间隔来保证这些请求分布更加均匀，降低重试的那部分请求负载的频率。这就是所谓的**指数退避**（exponential back-off）策略，它的目的是给系统提供一个较低负载的时间，以便于恢复正常。我们可以修改一下前面的重试策略，如代码清单 6.2 所示，然后通过 curl 工具调用 /holdings，就可以观察到服务的重试表现。

代码清单 6.2　采用指数退避算法修改重试策略

```
@retry(wait=wait_exponential(multiplier=1, max=5),          每次重试间隔2^x * 1 秒
       stop=stop_after_delay(5))
def all_prices(self):                                       5 秒后结束
    return self._make_request("prices")
```

　　很遗憾，指数退避会引发另一种新的古怪行为。设想一下，短时的故障阻断了一些对market-data 服务的调用，进而触发重试。指数退避算法会让服务将这些重试请求放到一起安排调度，这会进一步强化重试调用对服务的影响，就像往池塘扔石头激起的涟漪。

　　作为替代，指数退避应该包含一个随机元素——抖动（jitter）来将重试分散到一个更恒定的速率，避免过多的大量重试同时执行[1]。代码清单 6.3 展示了再次调整后的重试策略。

代码清单 6.3　为指数退避算法增加抖动

```
@retry(wait=wait_exponential(multiplier=1, max=5) + wait_random(0, 1),
       stop=stop_after_delay(5))                            指数退避算法增加了一个 0
def all_prices(self):          5 秒后结束                    和 1 秒之间的随机等待时间
    return self._make_request("prices")
```

　　这一策略能够确保在有多个客户端等待重试时，这些客户端不大会同时发起重试操作。

　　为了容忍间歇性的依赖型错误，重试是一种有效的策略。但是，在使用过程中，我们需要格外小心，以免导致底层问题进一步恶化或耗费不必要的资源：永远要限制重试的总次数；使用带抖动的指数退避策略来均匀地分配重试请求和避免进一步加剧负载；仔细考虑哪些错误情况应该触发重试，以及哪些重试不大可能成功、哪些重试永远不会成功。

　　当服务达到了重试次数的上限或者不能对请求发起重试时，开发者可以接纳这个失败结果或者找个其他的办法来继续处理这个请求。在下一节中，我们会探讨后备方案。

6.3.2　后备方案

　　如果某个服务的依赖项出现了故障，我们可以考虑 4 种后备方案：优雅降级、缓存、功能冗余和桩数据。

---

[1] 马克·布鲁克（Marc Brooker）于 2015 年 3 月 4 日在 AWS Architecture Blog 上发表的关于 exponential back-off 以及抖动的重要性的文章非常好：*Exponential Backoff and Jitter*。

1. 优雅降级

我们回到 holding 服务遇到的问题：如果 market-data 服务出现故障，应用就不再能为终端客户提供评估的价格数据了。为了解决这个问题，我们应该设计一个可接受的服务降级方案。比如，可以只展示持有股份数，而不显示估值。这样的话，虽然界面信息有所减少，但是至少要比什么都不显示或者显示错误信息要好一些。读者或许已经在其他领域中见到过类似技术，比如，电商网站即便在订单派送功能出现问题的情况下，用户仍然可以购买需要的商品。

2. 缓存

或者，我们可以将之前查询的价格数据结果缓存起来，从而减少对 market-data 服务的查询需要。假定每只股票的价格数据有 5 分钟的有效期。如果这样的话，holding 服务就可以将价格数据缓存 5 分钟，holding 服务可以使用本地缓存，也可以使用单独的缓存系统（如 Memcached 或者 Redis）。这个方案不仅能够提升性能，还可以在遇到临时故障时作为备用以防万一。

我们试试这种技术。开发者可以使用一个叫作 `cachetools` 的类库——它提供了一个可以设置生存时间（time-to-live）功能的缓存实现。正如之前在重试策略中做的那样，我们可以在客户端方法上添加一个装饰器，如代码清单 6.4 所示。

代码清单 6.4　为客户端调用添加进程内缓存

```
import requests
import logging
from cachetools import cached, TTLCache

class MarketDataClient(object):

    logger = logging.getLogger(__name__)
    cache = TTLCache(maxsize=10, ttl=5*60)    <——————|初始化缓存
    base_url = 'http://market-data:8000'

    def _make_request(self, url):
        response = requests.get(f"{self.base_url}/{url}",
                                headers={'content-type': 'application/json'})
        return response.json()

    @cached(cache)    <——————|在方法上添加装饰器来将结果保存到缓存中
    def all_prices(self):
        logger.debug("Making request to get all_prices")
        return self._make_request("prices")
```

后续对 `GET /holdings` 发起的调用都将从缓存中获取价格信息，而非调用 market-data 服务。如果使用外部缓存系统，那么不同的实例都可以使用这个缓存数据，这能够进一步降低 market-data 服务的压力，并且为所有 holding 服务实例提供了更强的可恢复性，虽然这会增加我们对多出来的这个基础组件的维护成本。

3. 功能冗余

同样，我们也可以借助于其他服务来完成同样的功能。设想一下，公司可以从很多来源购买

市场数据，每个数据源覆盖的证券票据种类有所不同，需要付出的成本也不同。如果 A 数据源出现了故障，我们可以向 B 数据源发起请求来代替（图 6.12）。

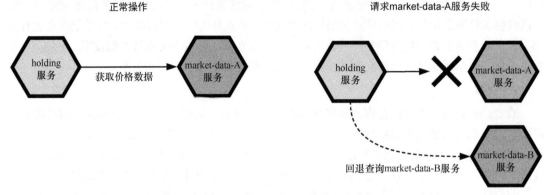

图 6.12　如果服务出现故障，可以通过其他服务来实现同样的功能

在一个系统中，存在功能冗余有很多驱动因素：外部整合、结果相似但是性能特征不同的算法，甚至于已经废弃但是还在继续运行的老的功能。在全球的分布式部署中，开发者甚至可以借助于其他区域（region）的服务作为后备方案[①]。

只有某些故障场景才能使用替代服务。如果故障的原因是原服务存在代码缺陷或者资源过载，那么将请求重新路由到另一个服务是合理的。但是如果是出现了网络故障，可能就无法使用替代服务了。因为一般情况下，网络故障会影响到多个服务，其中就可能包括想要重新路由过去的服务。

4.　桩数据

最后，尽管在当前这个具体的场景中桩数据方案并不合适，但是我们可以在其他一些场景中用桩数据作为后备方案。想象一下亚马逊的"向开发者推荐"模块：如果由于某些原因后端不能获取到个性化的推荐信息，那么这时使用一组非个性化的数据作为备用要比在界面上显示一块空白优雅得多。

6.3.3　超时

当 holding 服务向 market-data 服务发送请求时，holding 服务会在等待 market-data 服务回应的同时消耗资源。为这一调用设置合适的截止时间能够限制资源消耗的时间。

我们可以在 HTTP 请求方法中设置超时时间。对于 HTTP 调用，如果迟迟没有收到任何响应数据，应该超时终止；但是如果只是响应结果下载比较慢，这种情况下不应该超时终止。我们可以通过代码清单 6.5 来添加超时设置。

---

① 这一领域的终极目标，Netflix 可以通过它们全球所有的数据中心为客户服务，所表现出的可恢复性令人印象深刻。

代码清单 6.5　为 HTTP 调用增加超时

```
def _make_request(self, url):
    response = requests.get(f"{self.base_url}/{url}",
                            headers={'content-type': 'application/json'},
                            timeout=5)
    return response.json()
```

在接收到 market-data 服务的数据
前，设置 5 秒的超时时间

　　和数据计算相比，网络通信是比较慢的，所以失败的速度很重要。在分布式系统中，有些错误几乎是立刻就发生的，比如，某个依赖服务可能因为内部程序错误而快速失败。但还有许多失败是非常慢的，比如，服务因为请求量过载会响应得特别慢，从而调用方服务在等待响应结果时的资源消耗可能是徒劳的，因为结果可能永远也不会返回。

　　这种耗时很长的失败正说明了为微服务通信设置恰当的时间期限（合理的时间段内超时）的重要性。如果不设置一个上限，不响应的问题很容易就蔓延到整个微服务依赖链。事实上，最后期限时间的缺失会扩大问题的影响范围，因为一个服务在无休止地等待问题解决时也在消耗资源。

　　设置期限时间是一个难题。如果设置的时间过长，而服务又没有响应的话，调用服务就是在消耗不必要的资源；如果设置的时间过短，又会导致某些耗时比较长的请求失败率升高。图 6.13 展示了这种约束机制。

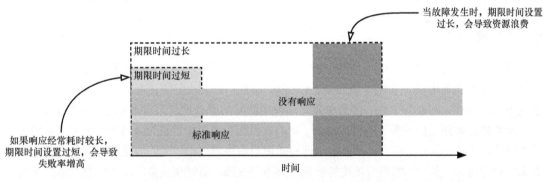

图 6.13　选择合适的期限时间需要平衡时间约束来最大限度提高请求成功的机会

　　对于许多微服务应用，开发者可以为每种不同的交互分别设置截止时间，比如 holding 服务对 market-data 服务的调用一直是 10 秒的期限。而一种更加优雅的方式是为整个操作设置一个绝对的期限时间，然后将剩余时间传给下游协作方。

　　如果不使用最后期限时间传播方案的话，在一个请求中保持最后期限的一致性就会比较困难，比如，如果 holding 服务等待 market-data 服务的时间超过了 API 网关这一上层服务所指定的整体的期限，那么 holding 服务也是在浪费资源。

　　设想一下，多个服务之间的依赖链路。每个服务需要花费一定的时间才能完成它的工作，并且能够预见到对应的协作方也要花费一些时间。如果这些时间各不相同的话，那么设置一个静态的预期时间就不再合适了（图 6.14）。

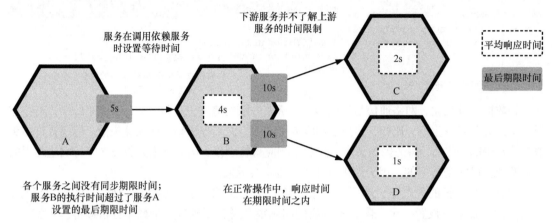

图 6.14　服务可以为调用方的执行耗时设定期望值；由于失败或延迟的缘故，
这些期望值差距很大，并会加剧这些失败的影响程度

如果服务是通过 HTTP 相互调用的，可以使用一个自定义的 HTTP 报头（如 X-Deadline：1000）来传递最后期限时间，这个值会被用来设置后续的 HTTP 客户端调用的读超时时间。许多 RPC 框架（如 gRPC）也会在请求上下文中明确地实现这个期限时间传播的机制。

6.3.4　断路器

我们可以将目前讨论过的一些技术做一下组合。我们可以将 holding 服务和 market-data 服务之间的交互类比为电路。在电子线路中，断路器[1]起保护作用——防止电流过大产生更大范围的系统破坏。同样，断路器也是一种暂时停止向发生故障的服务发起请求来避免连锁故障的方法。

断路器是如何工作的呢？有两大准则，我们在前面的章节中已经谈及这两大准则，它们影响了断路器的设计：其一，在发生问题时，远程通信应该快速失败，而不要浪费资源等待永远不会到来的响应结果；其二，如果所依赖的服务持续出现故障，最好在该依赖服务恢复之前停止进一步发起请求。

当向一个服务发起请求时，我们可以跟踪请求成功或失败的次数。我们可以在每个服务实例内部跟踪这些数据，也可以使用外部缓存来在多个服务中共用这些数据。在正常的操作中，我们认为断路器是闭合状态的。

如果在一定时间窗口内失败数或者失败率超过某个阈值，这时断路器就会被断开。这种情况下，我们的服务就不再尝试向协作服务发起请求了，而是会绕过这个请求，并在可能的情况下执行适当的后备方案——返回一个桩消息、路由到其他服务或者返回缓存的数据。图 6.15 概括了使用断路器的请求生命周期。

---

① 有些图书也会翻译为"熔断器"。——译者注

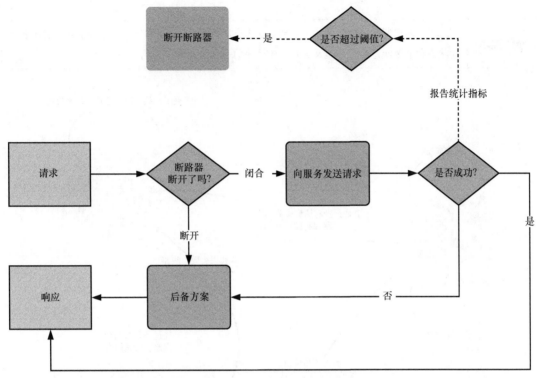

图 6.15 断路器控制两个服务之间的请求的流向，当失败数超过某个阈值时，就会断开

设置时间窗口和阈值需要认真考虑目标服务所期望的可靠性以及服务间交互的数量规模。如果请求比较少，那么断路器不会很有效，因为为了获取请求的典型样本，需要比较大的时间窗口。对于存在明显的高峰和低谷时间段的服务交互，我们会需要引入一个最小吞吐量来保证断路器只有在统计学意义上负载特别高的时候才会响应。

 注意 我们应该监控端电路断开和闭合的时间，并向相应的负责团队发送告警信息，尤其在断路器频繁断开时。我们会在本书第四部分进一步讨论这方面内容。

一旦断路器断开，我们肯定不希望一直这样。当服务的可用性恢复到正常状态时，我们就应该将断路器闭合了。断路器需要发送试验性的请求，以判断连接是否恢复到健康状态。在这个试验状态中，断路器处于**半开状态**（half open）：如果调用成功，断路器就会闭合；否则，继续保持断开状态。与重试技术一样，应该利用带抖动的指数退避方法来安排这些尝试请求。图 6.16 展示了 3 种不同的断路器状态。

有一些类库提供了不同语言实现的断路器模式，如 Hystrix[①]（Java）、CB2（Ruby）或 Polly（.NET）。

---

① Hystrix 已经停止维护，Hystrix 官方建议用户切换到 resilience4j 等工具。——译者注

> **提示**　　　　不要忘记断路器的正常状态是闭合状态！用断开（open）和闭合（close）来分别代表无
> 效状态和有效状态这似乎违反直觉，但反映的是电路的真实表现。

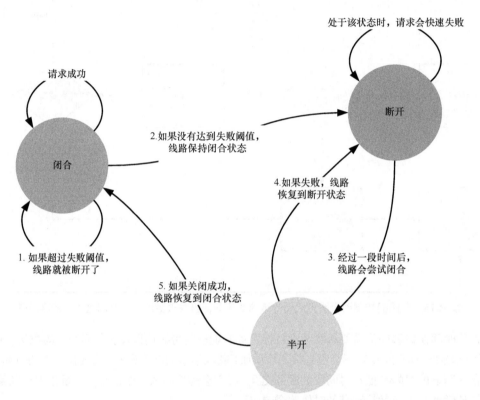

图 6.16　断路器在 3 种状态间切换：断开、闭合和半开

6.3.5　异步通信

到目前为止，我们关注的都是同步的、点到点的服务通信。正如我在 6.1 节中概括的那样，依赖链中的服务越多，这条链路所能保证的整体可用性就越低。

使用类似消息队列这样的通信代理来设计异步的服务交互是提高可靠性的另一大技术。该方式如图 6.17 所示。

当开发者不需要立刻得到响应，也不需要响应始终保持一致时，我们就可以使用异步通信技术来降低直接的服务调用的数量，相应地，这也能够提高系统整体的可用性——尽管这是以业务逻辑变得更加复杂为代价的。正如我们在本书其他部分讲到的那样，通信代理会变成故障单点，为了确保扩容、监控和运维的有效性，开发者需要特别小心这部分内容。

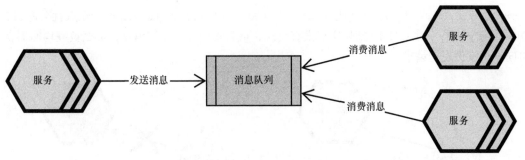

图 6.17　使用消息队列来解除服务直接调用的耦合

6.4　最大限度地提高服务可靠性

在前面的章节中，我们研究了一些技术，以确保服务能够容忍与协作方交互过程中出现的错误。现在我们考虑一下如何提高单个服务的可用性和容错性。在本节中，我们会探讨健康检查和限流这两项技术以及一些可以验证服务可恢复性的方法。

6.4.1　负载均衡与服务健康

在生产环境中，开发者可以通过部署多个 market-data 服务实例来确保冗余度和水平扩展。负载均衡器会将其他服务发出的请求分发给这些实例。在这种场景中，负载均衡器的作用有两个：第一，确定底层的哪些实例是健康的，是能够处理服务请求的；第二，将请求路由给不同底层的服务实例。

负载均衡器负责执行健康检查并会利用到检查的结果。在前面章节中介绍过，开发者可以在服务发出调用请求的时候查明服务依赖项的健康度。但是这远远不够。我们不能只有在服务主动查询的时候才知道应用是否健康，还需要采用一些其他的方式来确保能够随时了解应用是否准备好处理各个请求。

设计和部署的每个服务都应该实现合适的健康检查方案。如果某个服务实例不正常，那么这个实例就不应该再接受其他服务的请求了。对于同步的 RPC 服务，负载均衡器通常会每隔一段时间查询一下每个实例的健康检查端点。同样，异步服务也可以有一套心跳机制来测试消息队列与消息消费方之间的连接情况。

 提示　　对于通过健康检查发现的重复性的故障或者系统级的故障，开发者通常希望能够触发告警通知发送给运维团队——小部分的人为干预还是很有帮助的。我们会在本书第四部分进一步讨论。

我们可以基于两个标准来对健康检查分类：存活性（liveness）和就绪性（readiness）。存活性检查通常只是简单地检查应用是否启动起来和是否正常运行。比如，HTTP 服务会暴露一个端点——通常是/health、/ping 或者/heartbeat，一旦服务运行起来，这个端点就会返回 200 OK 的响应结果（图 6.18）。如果实例没有响应，或者返回一个错误消息，那么负载均衡器就不再向这个实例发送请求。

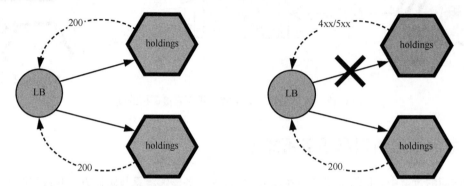

图 6.18　负载均衡器会持续地查询服务实例来检查它们的健康情况。如果某个实例出现异常，那么在其恢复之前，负载均衡器都不再会将请求路由到该实例

与此相反，就绪性检查体现的是服务是否准备好处理通信数据，因为服务存活着并不意味着请求就会成功。一个服务还会有许多依赖——数据库、第三方服务、配置数据、缓存等——所以开发者可以使用就绪性检查来判断这些组件是否能够正确处理请求。本章提到的两个示例服务都实现了简单的 HTTP 存活检查，如代码清单 6.6 所示。

代码清单 6.6　采用 Flask 框架实现 HTTP 存活检查的处理器（handler）

```
@app.route('/ping', methods=["GET"])
def ping():
    return 'OK'
```

健康检查只有两种状态：可用或者不可用。如果负载均衡方案采用轮询策略来将请求分发到各个实例中，这种健康检查是很有效的。但是在某些情况下，服务的功能会被降级和出现时延增大或者错误率增高的问题，而健康检查并不能反映出这种状态。在这种情况下，如果负载均衡器能够感知实例的时延、性能、负载情况，然后根据这些信息把请求路由给性能更高的或者负载更低的实例，那么将有很大裨益。这通常是微服务代理的功能，我们会在后面的小节中介绍。

6.4.2　限流

在大规模的微服务应用中有时候会出现一些危险的服务使用方式。比如，上游服务在应该调用批量接口发起请求的地方发起多次简单请求；或者调用方对底层资源的调用并不均匀，存在对部分热点资源的大量访问。类似地，还有依赖于第三方外部接口的服务会受限于那些外部服务的强行指定的限制。

一个合适的解决方案是明确地限制一个时间窗口内对协作服务的请求频率或者总有效请求量。

这有助于确保服务不会过载，尤其在其有很多个上游调用服务方时。这种限制可以是无差别的（超过某个数量以后所有的请求全部被丢弃），也可以设计得很复杂（丢弃那些使用频率低的服务客户端的请求、优先处理关键接口的请求、丢弃低优先级的请求）。表 6.4 列出了几种不同的限流策略。

表 6.4　常见的限流策略

策　　略	描　　述
丢弃超过容量的请求	消费方发起的请求量超过限定值后全部直接丢弃
关键数据请求优先	丢弃对低优先级端点的调用请求，以优先保证关键请求的资源
丢弃不常见的客户端	优先支持使用服务频率高的消费方，而不是低频率的服务消费方
限制并行请求量	限制一定时间段内一个上游服务可以发出的请求的总数

我们可以在设计阶段对服务的所有客户端共用同一套限流策略，但是如果可以在运行时进行控制，就更好了。服务可以向调用方返回一个自定义报头，以告诉消费方剩余的可用请求量。按照这一要求，上游协作方应该将剩余可用请求量这一信息考虑在内，并据此调整发出的请求频率。这种技术也被称作背压（back pressure）。

6.4.3　验证可靠性和容错性

应用我们介绍过的这些策略和方法可以保证读者在提高服务可用性时走上正轨。但是仅仅对服务可恢复性进行规划和设计是不够的，我们还需要验证服务的容错性以及是否能够优雅恢复。

全面的测试工作能够确保不管发生可预测的还是不可预测的故障，我们所选择的设计方案都是有效的。测试工作包括**压力测试**和**混沌测试**。尽管读者可能很熟悉代码测试——比如在可控的环境中验证代码的单元测试或者验收测试，但是可能不知道压力测试和混沌测试会通过最大限度地复制生产环境操作的混乱状态来验证服务的极限。虽然测试并不是本书主要的关注内容，但是了解不同的测试技术对于开发出具有鲁棒性的微服务应用是非常有帮助的。

1.　压力测试

服务开发者可以确信的一点是，那就是随着时间的流逝，发给一个服务的请求数会不断增长。在开发一个服务时，读者应该：对服务流量的现状和预期增长情况建模，以确保对服务的可能使用情况做到心里有数；估算数据请求流量所需要的服务容量；针对估算的容量通过压力测试来验证所部署服务的实际容量；根据业务和服务指标来视情况重新估算容量。

考虑一下 market-data 服务需要多大的容量规模。首先，我们对这个服务的使用方式了解多少呢？已知的有 holding 服务会查询这个服务，但是可能还有其他服务也会调用 market-data 服务，因为 SimpleBank 的所有产品都会需要使用到价格数据。

我们假定对 market-data 服务的查询量大致是和平台上的活跃用户数一致的，但是也会遇到高峰期（比如在早上开市的时候）。我们可以根据业务的增长情况的预测来进行容量规划。表 6.5 列出了一个简单的 QPS 估算结果，通过该表我们可以预计未来 3 个月 market-data 服务所接收的 QPS 大小。

表 6.5　基于平均活跃用户数预估未来 3 个月内服务的 QPS

			6 月	7 月	8 月
总用户量			4000	5600	7840
预期增长			40%	40%	40%
活跃用户	平均	20%	800	1120	1568
	峰值	70%	2800	3920	5488
服务调用	平均				
	用户数/min	30	24000	33600	47040
	用户数/s	0.5	400	560	784
	峰值				
	用户数/min	30	84000	117600	164640
	用户数/s	0.5	1400	1960	2744

找到提升服务使用率的定性因素对于优化服务容量和设计方案的质量是非常关键的。一旦做到这一点，我们就可以确定要部署的容量的大小了。比如，表 6.5 表明在正常情况下我们需要能够每秒处理 400 个请求，请求量每个月有 40% 的增长，峰值情况下需要能够每秒处理 1400 个请求。

 提示　　　对容量和扩容规划技术的深入探讨超出了本书的范围，但是在 Abbott 和 Fisher 的可伸缩性的艺术（*The Art of Scalability*）（Addison-Wesley Professional, 2015）（ISBN：978 -0134032801）一书对此有很好的概述。

一旦确定了服务的基准容量，我们就可以根据所预期的流量标准来不断地对容量进行迭代测试。除了验证现有微服务配置的流量上限，压力测试还能够发现一些潜在的瓶颈或设计缺陷，而这些问题在负载水平较低时并不容易被发现。压力测试能够让我们更高效地了解服务的局限性。

在单个服务层面，开发者应该将每个服务的压力测试实现自动化并成为交付流水线的一部分——我们将在本书的第三部分展开讨论。除了这种条理性的压力测试，读者还应该做一些探索性的压力测试，以发现系统的不足并验证服务所能处理的负载容量的假设。

读者还应该将多个服务放到一起进行压力测试。这有助于发现一些不常见的服务调用压力形式和瓶颈。比如，可以写一个压力测试来对 `GET /holdings` 示例中的所有服务进行测试。

2. 混沌测试

微服务应用中的许多故障不是来自于微服务自身。网络故障、虚拟机故障、数据库无法响应——故障无处不在！为了测试这些失败场景，我们就需要采用混沌测试的方式。

混沌测试会倒逼着微服务应用在生产环境中出现故障。通过引入不稳定性因素以及故障，混沌测试可以精确模拟真实系统的故障，同时也让工程团队得到训练，使得他们能够处理这些故障。

通过混沌测试，系统的可恢复性会逐步提升，而影响系统运行的事件的数量也会越来越少，最终系统抵御各种混乱状态的能力将得到极大加强。

正如"Principles of Chaos Engineering"网站上解释的那样，我们可以将混沌测试看作"为了发现系统弱点而进行的实验"。上述网站列出了这一方法的几个步骤。

（1）为正常的系统行为定义一个可量化的稳定状态。

（2）假设实验组和对照组的功能都保持稳定，那么这个系统对引入的故障就是具备恢复性的。

（3）引入能够体现现实世界故障的可变因素，比如删除服务、关闭服务网络连接或者引入更高层次的时延。

（4）尝试否定第 2 步中定义的假设。

回想一下，图 6.5 中的 holding 服务、transaction 服务以及 market-data 服务的部署方式。在这个场景中，我们期望系统稳定运行：在合理的响应时间内返回持股数据。混沌测试会引入下面所示的一些可变因素。

（1）将运行 market-data 服务或者 transaction 服务的结点部分或者全部删除。

（2）通过随机杀死 holding 服务的实例来降低服务承载能力。

（3）网络连接服务——比如，holding 服务和下游服务之间的连接或者服务与数据存储之间的连接。

图 6.19 列出了可能的测试项。拥有成熟的混沌测试实践经验的企业甚至会对线上的生产环境进行系统性或者随机性的测试。这可能听起来很可怕：现实环境的服务宕机已经让人足够压力巨大了，更不要说主动这么做了。但是不这么做的话，我们就很难知道系统是否真的如所预期的那样具备恢复性。在许多组织机构中，我们应该从小的问题开始着手，引入一组受限的故障或者只是定期测试而非时间不定的随机测试。虽然开发者可以在预发布环境中执行混沌测试，但也需要仔细考虑这个环境是否真实体现了生产环境配置或者是否等价于生产环境。

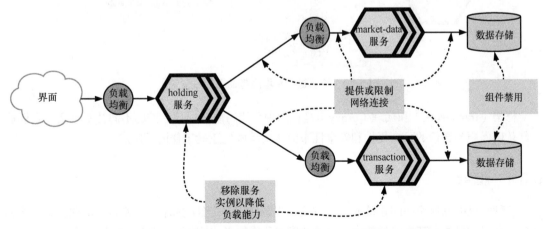

图 6.19　将潜在可变因素引入混沌测试中反映现实世界的故障

通过各种混乱的事件来定期和系统性地验证系统并解决遇到的问题，最终整个团队对应用的故障恢复能力的信心将有明显提升。

6.5   默认安全

在微服务应用中，关键路径的可恢复性和可用性只会和其中最薄弱的环节一致。每个服务都对应用整体的可用性有影响，所以，当服务的依赖链中引入的新服务或者改动时，必须避免发生突发事件，显著地降低应用的可用性。同样，我们都不希望**在故障发生时**才发现关键功能不具备对这种故障的容错能力。

当应用采用了多种不同的技术或者由不同的团队负责底层的服务时，为了保证交互的可靠性维护一套统一的方案就会变得异常困难。我们在第 2 章中讨论隔离性和技术多样性时也有所涉及。不同团队面临着不同的交付压力，不同的服务也有着不同的需求，最糟糕的情况是，开发者会忘记遵循可恢复性的实践。

服务拓扑结构的任何修改都会产生负面影响。图 6.20 举了两个例子：为 market-data 服务添加一个新的下游协作服务会降低 market-data 服务的可用性，而添加一个消费者又会降低 market-data 服务整体的容量，降低已有消费服务的可用性。

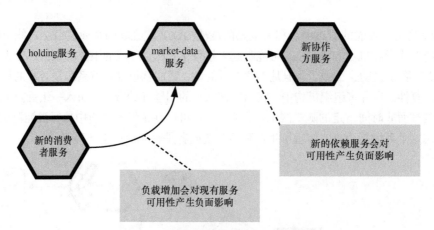

图 6.20   依赖链中新增服务的可用性影响

框架（framework）和代理（proxy）是在两种采用跨服务通信标准的不同技术方案，它们通过默认确保服务通信的可恢复性和安全性来简化工程师们正确工作的难度。

6.5.1   框架

一种常见的确保服务间正确通信的方式是强制使用特定的类库：一套实现了断路器、重试和后备方案等常见的交互模式的类库。使用类库将所有服务之间的交互标准化有如下优点。

（1）避免使用自有方案实现服务调用，这可以提高整个应用的可靠性。

（2）简化对任意数量的服务之间的通信方案改进或优化的过程。

（3）能够从代码上清晰、一致地将网络调用和本地调用区分开。

（4）可以扩展提供支撑功能，比如收集服务调用的数据指标。

当公司内使用同一种语言（或者少数几种语言）写代码时，这种方法往往会更有效。比如我们前面提到的 Hystrix，就是 Netflix 公司打算为公司里的所有 Java 服务提供一套控制分布式服务的交互的标准方案。

 注意   将通信过程标准化是开发微服务基座（chassis）的重要组成部分，我们会在第 7 章进行探讨。

6.5.2　服务网格

还有一种办法，我们可以引入 Linkerd 或者 Envoy 这样的服务网格（service mesh）系统来管理服务之间的重试、后备方案以及断路器，而不再需要每个服务自己去完成这样的功能。服务网格扮演的是代理的角色。图 6.21 阐述了服务网格处理服务间通信的过程。

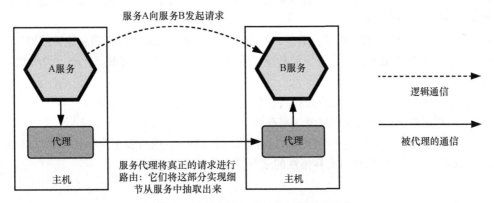

图 6.21　服务之间通过服务网格进行通信

不同于服务之间直接通信，在服务网格中，服务是通过一个服务网格应用来相互通信的，这个应用通常是作为一个单独的进程，它是和服务本身部署在同一台主机上的。开发者可以配置一个代理来管理相应的流量——对请求进行重试、管理超时或者在不同服务间进行负载均衡。从调用方的角度，这个网格并不存在——它和往常一样向另一个服务发送 HTTP 或者 RPC 调用。

虽然这种方式会导致负责服务的工程师不能确切地了解服务之间的交互处理方式，但是对于那些用多种不同技术开发的应用而言，这能够减少服务之间的通信防御性工作，提高通信安全性。否则，想要在不同的语言上都实现一致的通信方式会需要大量的投入，因为不同的生态圈或者类库在可恢复性的功能上各有不同，支持力度上也会有所差异。

6.6   小结

（1）在复杂的分布式系统中，故障是不可避免的——在设计这些系统时，开发者必须考虑容错能力。

（2）每个服务的可用性都会对整个应用的可用性的产生影响。

（3）对每个应用制订合适的策略来减轻故障的风险，这需要仔细考虑故障的频次、影响以及减少这些罕见的故障事件所增加的成本。

（4）大部分故障发生在 4 个领域：硬件、通信、依赖项和内部。

（5）正反馈导致的连锁故障是微服务应用中一种很常见的故障形式。通常，大部分是连锁故障由服务过载所导致的。

（6）可以使用重试和超时时间的策略来减轻服务交互中出现的故障的影响。在采用重试方法时，开发者要加倍谨慎，以免加重其他服务的故障。

（7）可以使用缓存、候选服务和默认值等后备方案（fallback）来返回成功的结果，即使服务依赖不可用。

（8）应该在服务交互中将超时时间传播到下游服务，这样不仅能够确保在整个系统内超时时间是一致的，还可以少做无用功。

（9）当错误量达到一定阈值时，服务之间的断路器会通过快速失败来避免连锁故障。

（10）服务可以使用限流策略来保护其免于受到突发的超过服务容量承载能力的负载请求高峰的影响。

（11）每个服务应该为负载均衡器和监控系统开放健康检查接口供其使用。

（12）可以通过压力测试和混沌测试来有效地验证系统可恢复性。

（13）可以采用一些标准——不管是通过框架还是代理——来帮助工程师快速（"fall into the pit of success"[①]）开发出默认具有容错性的服务。

---

① fall into the pit of success 这句话体现了一种最初应用于软件平台开发的设计理念——任何基础设施或平台的使用对用户而言应该是轻而易举的，用户甚至没有尝试。这意味着默认设置应该是可以直接使用的，而不是依靠专家用户更改和调整初始设置才能确保系统能正常工作。"the pit of success"的定义可参考杰夫·阿特伍德（Jeff Atwood）（他共同创建了计算机编程问答网站 Stack Overflow，是《高效能程序员的修炼》和《程序员的修炼——从优秀到卓越》两本著名图书的作者）的 coding Horror 博客。——译者注

第 7 章　构建可复用的微服务框架

本章主要内容

■ 构建一套微服务底座

■ 跨团队实施统一实践的优势

■ 在可复用框架中抽象公共关注点

在组织全面拥抱微服务以后，随着组织内的团队规模越来越大，其中的每一个团队都很可能开始专注于一组特定的编程语言和工具。有时候，即便使用同样的编程语言，不同团队也会在实现同一个目标时选择不同的工具组合。尽管这并没有错，但是这会导致开发者换到其他团队的难度增大。创建新服务的习惯以及代码结构会有很大差异。即使这些团队最终能够采用各种不同方式解决这个问题，我们仍然相信潜在的重复性要好于多出来一个信息沟通和同步的环节。

严格规定团队能够使用的工具和编程语言，并强制不同团队采用同一套标准方式来创建服务，会损害团队的工作效率和创新能力，最终导致所有问题都采用同样的工具。幸运的是，我们可以让团队在为服务自由选择编程语言的同时遵循一些通用的实践方案。我们可以针对所使用的每种语言封装一套工具集，同时确保工程师能够访问那些能够方便各个团队遵守实践的资源。如果团队 A 决定使用 Elixir 来创建通知管理服务，而团队 B 决定使用 Python 来开发一个图像分析服务，他们应该都有对应的工具来让这两个服务可以向通用的度量指标收集基础服务发送度量指标数据。

开发者应该以相同的格式将日志集中保存到同一个地方，像断路器、功能标志的功能以及共用相同的事件总线的能力也应该是现成可用的。这样，团队不仅可以做出选择，还可以使用这些工具来与运行其服务的基础设施保持一致。这些工具就组成了**服务底座**。我们可以在服务底座的基础之上构建新的服务，而不需要做太多的前期调查和准备工作。接下来，我们思考一下如何为服务构建一套底座——将普遍关注的内容和架构选型抽象化，同时还能够加快团队启动新服务的速度。

7.1 微服务底座

假设某组织有 8 个不同的工程师团队，每个团队有 4 名成员。这几个团队中各有一名工程师分别负责用 Python、Java 和 C#来启动一个新的服务。这些语言就像大部分主流语言那样，有很多可供选择的类库。从 http 客户端到日志类库，可选择的太多了。两个选择相同语言的团队最终采用相同类库组合的概率是多少呢？我觉得非常小！这个问题并不仅存在于微服务应用；在我曾经参与过的一个单体应用中，几位不同的程序员使用了 3 种不同的 http 客户端类库！

从图 7.1～图 7.3 中，读者可以看到在挑选新项目所使用的组件时团队所面对的众多选择。

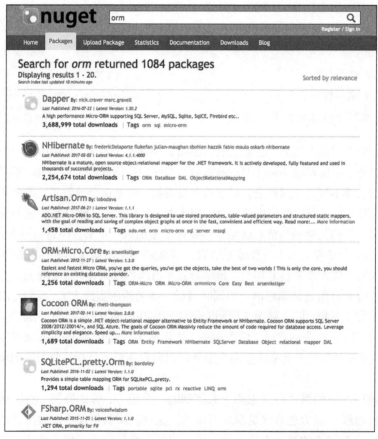

图 7.1　.NET 生态系统中对象关系映射（ORM）类库的查询结果

正如图 7.1～图 7.3 所示的那样，这并不是一个简单的选择！不管我们使用哪种语言，都有很多选项，所以挑选组件所花费的时间会越来越长，同时还要冒着选出来的类库不够理想的风险。一个组织很有可能根据它们所需要解决的问题来使用两到三种语言作为主要语言。因此，使用同一种语言团队是会同时存在的。一旦某个团队在某些类库上获得了一些经验，为什么不将这些经验造福于其他团队呢？大家可以提供一套已经应用于生产环境的类库和工具集合，这样，开发者在开发新服务时就可以直接从这些类库和工具中进行选择，而无须通过深入了解和挖掘每个类库的功能和特点来权衡它们的优缺点。

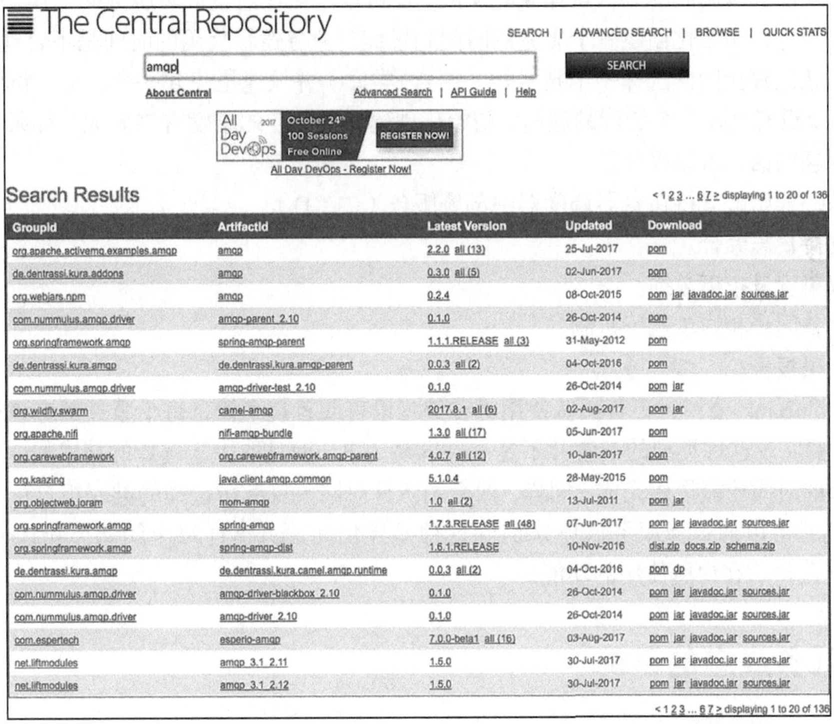

GroupId	ArtifactId	Latest Version	Updated	Download
org.apache.activemq.examples.amqp	amqp	2.2.0 all (13)	25-Jul-2017	pom
de.dentrassi.kura.addons	amqp	0.3.0 all (5)	02-Jun-2017	pom
org.webjars.npm	amqp	0.2.4	08-Oct-2015	pom jar javadoc.jar sources.jar
com.nummulus.amqp.driver	amqp-parent_2.10	0.1.0	26-Oct-2014	pom
org.springframework.amqp	spring-amqp-parent	1.1.1.RELEASE all (3)	31-May-2012	pom
de.dentrassi.kura.amqp	de.dentrassi.kura.amqp-parent	0.0.3 all (2)	04-Oct-2016	pom
com.nummulus.amqp.driver	amqp-driver-test_2.10	0.1.0	26-Oct-2014	pom jar
org.wildfly.swarm	camel-amqp	2017.8.1 all (6)	02-Aug-2017	pom jar
org.apache.nifi	nifi-amqp-bundle	1.3.0 all (17)	05-Jun-2017	pom
org.carewebframework	org.carewebframework.amqp-parent	4.0.7 all (12)	10-Jan-2017	pom
org.kaazing	java.client.amqp.common	5.1.0.4	28-May-2015	pom
org.objectweb.joram	mom-amqp	1.0 all (2)	13-Jul-2011	pom jar
org.springframework.amqp	spring-amqp	1.7.3.RELEASE all (48)	07-Jun-2017	pom jar javadoc.jar sources.jar
org.springframework.amqp	spring-amqp-dist	1.6.1.RELEASE	10-Nov-2016	dist.zip docs.zip schema.zip
de.dentrassi.kura.amqp	de.dentrassi.kura.camel.amqp.runtime	0.0.3 all (2)	04-Oct-2016	pom dp
com.nummulus.amqp.driver	amqp-driver-blackbox_2.10	0.1.0	26-Oct-2014	pom jar javadoc.jar sources.jar
com.nummulus.amqp.driver	amqp-driver_2.10	0.1.0	26-Oct-2014	pom jar javadoc.jar sources.jar
com.espertech	esperio-amqp	7.0.0-beta1 all (16)	03-Aug-2017	pom jar javadoc.jar sources.jar
net.liftmodules	amqp_3.1_2.11	1.5.0	30-Jul-2017	pom jar javadoc.jar sources.jar
net.liftmodules	amqp_3.1_2.12	1.5.0	30-Jul-2017	pom jar javadoc.jar sources.jar

< 1 2 3 ... 6 7 > displaying 1 to 20 of 136

图 7.2　java 生态系统中高级消息队列协议（AMQP）类库的查询结果

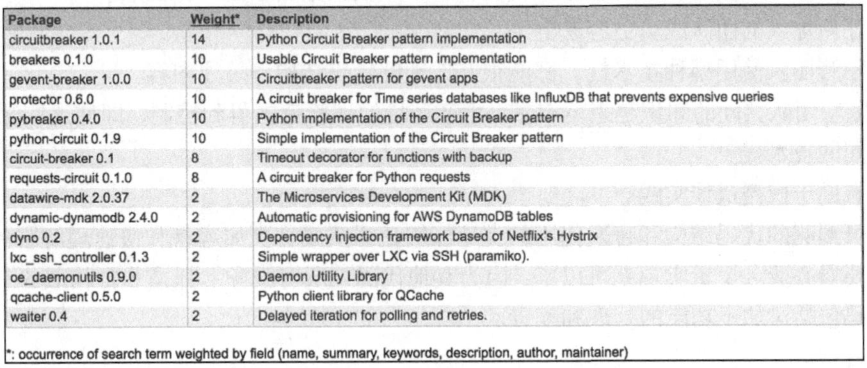

Package	Weight*	Description
circuitbreaker 1.0.1	14	Python Circuit Breaker pattern implementation
breakers 0.1.0	10	Usable Circuit Breaker pattern implementation
gevent-breaker 1.0.0	10	Circuitbreaker pattern for gevent apps
protector 0.6.0	10	A circuit breaker for Time series databases like InfluxDB that prevents expensive queries
pybreaker 0.4.0	10	Python implementation of the Circuit Breaker pattern
python-circuit 0.1.9	10	Simple implementation of the Circuit Breaker pattern
circuit-breaker 0.1	8	Timeout decorator for functions with backup
requests-circuit 0.1.0	8	A circuit breaker for Python requests
datawire-mdk 2.0.37	2	The Microservices Development Kit (MDK)
dynamic-dynamodb 2.4.0	2	Automatic provisioning for AWS DynamoDB tables
dyno 0.2	2	Dependency injection framework based of Netflix's Hystrix
lxc_ssh_controller 0.1.3	2	Simple wrapper over LXC via SSH (paramiko).
oe_daemonutils 0.9.0	2	Daemon Utility Library
qcache-client 0.5.0	2	Python client library for QCache
waiter 0.4	2	Delayed iteration for polling and retries.

*: occurrence of search term weighted by field (name, summary, keywords, description, author, maintainer)

图 7.3　Python 中断路器类库的查询结果

为了简化团队创建服务的工作，花些时间来为组织内构建和维护服务所使用的每种语言提供一套基本框架和经过审查的工具是很值得的。开发者同样应该确保这个框架遵循了可观测性标准以及对基础设施相关代码的抽象。同样，这个框架应该能够反映对服务通信方式的架构选型，比如，如果组织倾向于服务间采用异步通信，那么开发者就要提供使用现有的事件总线基础设施所必需的类库。

我们不仅能够以温和的方式遵循某些实践，还可以简化快速生成新服务的工作，并支持快速构建原型。毕竟，初始化创建一个服务的时间超过编写业务逻辑代码的时间是不合理的。

底座框架能够让团队选择一个技术栈（语言+类库）并快速搭建起一个服务。读者可以问一下自己：如果没有这样一个所谓的底座，初始化创建一个服务的难度有多大呢？如果我们不考虑下列这些问题的话，可以很容易。

（1）从一开始就支持在容器调度器中部署服务（CI/CD）。

（2）支持日志聚合。

（3）收集度量指标数据。

（4）具备同步和异步通信机制。

（5）错误报告。

在 SimpleBank 公司，不管团队使用哪种编程语言或者技术栈，每个服务都应该提供上面列出的功能。要实现这种类型的配置并不是一件容易的事，而且取决于选择的技术栈，可能需要花上不止一天的时间才能搭建完成。同样，两个团队针对同一目标所选择的类库组合可能也会有很大不同。读者可以通过微服务底座来消除这种差异化问题，这样每个团队就可以专注于交付 SimpleBank 公司的客户所使用的功能。

7.2　微服务底座的目的

微服务底座的目的是简化服务的创建过程，同时确保开发者拥有一套所有服务都要遵循的标准，而不管哪个团队负责相应的服务。我们看看采用微服务底座的一些优点。

（1）让新加入的团队成员更容易上手。

（2）不管团队使用哪种技术栈，都能很好地理解代码结构和关注内容。

（3）随着团队共同的知识越来越丰富，生产环境的试验范围得到控制，即便这些知识并不总是采用相同的技术栈。

（4）有助于遵循最佳实践。

拥有可预测的代码结构和普遍使用的类库能够让团队成员更加容易和快速理解服务的实现。他们只需要操心业务逻辑实现就可以了，因为其他代码在所有服务上都是非常相似的。比如，这些通用代码包括对如下功能的处理和配置。

（1）日志。

（2）配置获取。

（3）度量指标收集。

（4）数据存储设置。

（5）健康检查。

（6）服务注册和发现。

（7）与所选择的传输协议相关的样例代码（AMQP、HTTP）。

如果在有人创建新服务时，这些代码已经考虑了这些问题的话，那么编写样例代码的需要就减少或者消除了，开发者就不大需要重复"造轮子"了，组织内的优秀实践也更加容易推行和实施。

从知识共享的角度来讲，微服务底座还会降低不同团队的成员之间代码评审的难度。如果他们采用了同一套底座，就会对代码结构比较熟悉，也了解系统是如何执行的。这就可以提升系统的关注度，并能够从其他团队的工程师那里收集他们的想法和意见。多一个角度来看待一个专业团队要解决的问题是有意义的。

7.2.1　降低风险

提供微服务底座能够降低开发者所面对的风险，这是因为微服务底座能够降低开发者所选择的语言和类库组合并不适用于特定需求的可能性。设想一下，我们正在创建的一个服务需要完全通过已有的事件总线来和其他服务进行异步通信。如果我们的服务底座已经包含了这种使用场景，就不大可能出现服务搭建完成以后开发者还需要反复调整最终却不可用的情况。开发者可以把这种异步通信以及同步通信的用例包含到底座中，这样就不再需要花费更多精力来寻找一套可行的解决方案。

底座可以通过不断地包含进不同团队的新发现、新成果来持续演进，这样开发者就可以始终和组织内部的实践和经验保持同步更新，以应对不同的使用场景。总而言之就是，团队要面对其他所有团队之前都没有解决过的难题的可能性就降低。万一真的有一类问题还没有哪个团队解决过，那么也只需要一个团队来解决就可以，然后开发者就可以将对应的解决方案添加到服务底座中，降低其他团队未来所要承担的风险。

微服务底座已经挑选了一系列类库供开发者使用，这会减少工程师团队要处理的依赖管理的工作。回顾图 7.1～图 7.3，如果开发者已经分别为 ORM、AMQP 以及断路器选定了一个类库，那么这些类库最终肯定会为所有的团队所周知，如果有人发现这些类库存在漏洞，那么开发者就能够轻松地更新相应的类库。

7.2.2　快速启动

花一到两天的时间来启动一个服务是不合理的，尤其是在可以省下大量时间去实现业务逻辑的情况下。此外，将必需的组件连接起来组成一套服务是一项重复性的工作，并且很容易出错。为什么要让工程师们在每次创建新服务的时候都重走老路，然后一遍遍地搭建各种组件呢？持续地应用、维护和更新微服务底座，能够保证这些设置都是经过验证的、可靠的和可复用的。这也能够加快服务的启动速度。然后，开发者就可以用节省下来的时间来开发、测试和部署相应的功能。

团队内部有一套广泛使用且熟知的坚实基础,能够让开发者在不用过多担心初始工作的情况下进行更多的试验。如果开发者可以快速将一个想法转换成可部署的服务,就可以很容易地对想法进行验证并决定是继续推进还是完全放弃。核心理念就是要快、要让创建新功能的工作尽可能地容易。服务底座同样还能够显著降低团队新成员的进入门槛,因为对于新成员来说,一旦了解了每种语言下所有服务共同的结构,他们就可以很快地从一个项目换到另一个项目中。

7.3　设计服务底座

在 SimpleBank 公司,负责实现股票买卖功能的团队决定为大团队创建一套共用的服务底座——他们遇到过许许多多的难题,现在想把他们的宝贵经验分享给大家。我们在第 2 章介绍过出售股票的功能(图 2.7)。为了更好地理解这个过程,我们看一下它的流程图(图 7.4)。

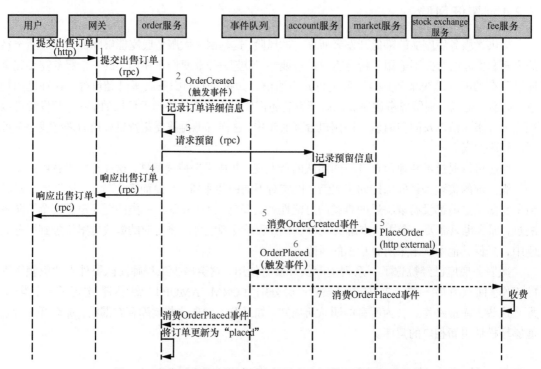

图 7.4　出售股票的流程涉及内部服务之间的同步和异步通信

为了出售股票,用户通过网页或者移动端应用发起一个请求。API 网关接收到这个请求后,会作为一个用户侧应用和所有内部服务之间的中介,这些内部服务会相互协作来提供相应的功能。

考虑到将订单发布到股票交易中心(stock exchange)是需要一些时间的,所以大部分操作都是异步的,开发者会向客户端返回一条消息来表示他们的请求会被尽快处理。我们观察一下服务之间的交互以及通信类型。

（1）网关将用户的请求传给 order 服务。

（2）order 服务会向事件队列发送一条 `OrderCreated` 事件消息。

（3）order 服务请求 account transaction 服务预留股票仓位。

（4）order 服务响应网关最初的调用，然后网关会告诉用户订单正在处理中。

（5）market 服务消费 `OrderCreated` 事件消息，将订单发布到股票交易中心。

（6）market 服务向事件队列发送一条 `OrderPlaced` 事件消息。

（7）fee 服务和 order 服务消费 `OrderPlaced` 事件，它们会分别对该出售操作收取手续费和将订单状态更新为 "placed"。

对于这个功能，有 4 个内部服务相互协作、一个外部实体（股票交易中心）调用，它们之间的通信既有同步的又有异步的。通过使用消息队列可以让其他系统对一些变化做出反应，比如，负责向顾客发送电子邮件或者实时通知的服务可以很容易地消费 `OrderPlaced` 事件，这样它就可以发送通知告知用户订单发布成功了。

假设负责这个功能的团队习惯使用 Python，他们用 nameko 框架创建了一个最初的原型。这个框架提供了一些开箱即用的功能：AMQP、RPC 和事件（发布-订阅）；HTTP GET、POST 和 Websocket；用于简化开发过程提高开发效率的命令行工具；用于单元测试和集成测试的实用工具类。

但是它也少了一些东西，如断路器、错误报告、功能标记以及度量指标发送，所以这个团队决定创建一个代码库来保存负责这些事情的类库。他们还创建了一个 Dockerfile 和 Docker compose 文件，这样既可以让大家可以以最小的代价来构建和运行这个功能，还为其他团队提供了一个在以 Python 语言开发服务时可以应用的基础。最初的 Python 服务底座以及所描述的功能代码可以在本书的配套资源中找到。

我们现在进一步了解下如何构建一套可以处理服务发现、可观测性、传输、负载均衡和限流的服务底座。

7.3.1 服务发现

在实现前面描述的功能的过程中，我们构建了相应的 Python 底座，其中的服务发现功能非常简单。各个服务之间的通信要么通过 RPC 调用同步来完成，要么通过发布事件异步来实现。SimpleBank 公司使用 RabbitMQ 作为消息代理，所以它间接地提供了一种同时适用于同步通信和异步通信两种场景的服务注册方式。RabbitMQ 支持基于队列实现同步的请求/响应形式的 RPC 通信，并且还会默认使用轮询算法来实现消费方的负载均衡。这样，开发者就可以使用基础的消息服务来实现服务注册的功能并自动将负载分发到同一个服务的不同实例上。各个服务所连接的 RPC 交换器（exchange）如图 7.5 所示。

所有运行中的服务会把自己注册到 exchange 中。这样它们就可以无缝地进行通信了，而不需要相互明确知道对方服务位于何处。这也就是通过 AMQP 协议进行 RPC 通信的方式，这样开发者就可以像使用 HTTP 那样相同的请求/响应行为。

我们来看看通过使用底座提供的功能来实现这个功能有多容易。在本例中，我们使用的是 nameko 框架，如代码清单 7.1 所示。

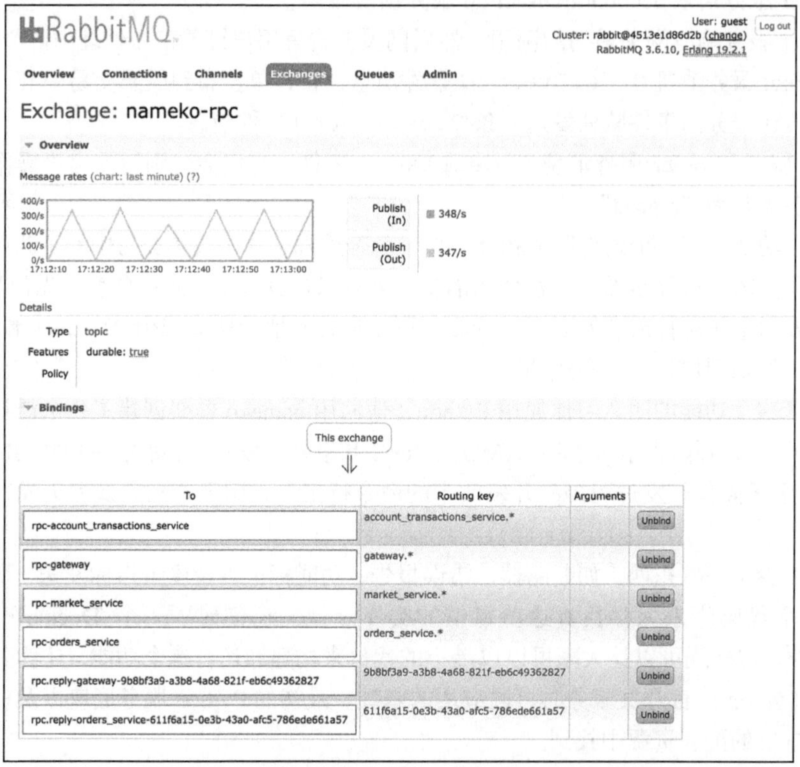

图 7.5　服务通过 exchange 中的 RPC 注册中心相互通信。同一服务的
不同实例使用同一个路由键（routing key），RabbitMQ 将到达的请求路由到这些实例

代码清单 7.1　microservices-in-action/chapter-7/chassis/rpc_demo.py

```python
from nameko.rpc import rpc, RpcProxy

class RpcResponderDemoService:
    name = "rpc_responder_demo_service"      ← 为服务名称分配一个变量——这是特定服
                                               务注册所使用的名称，以供其他人调用

    @rpc      ←
    def hello(self, name):                     允许 nameko 设置必要的 RabbitMQ 队列用以执行
        return "Hello, {}!".format(name)       请求/响应类型的调用——rpc 调用将同步执行

class RpcCallerDemoService:
    name = "rpc_caller_demo_service"

    remote = RpcProxy("rpc_responder_demo_service")    ←
                                                          为要通过 RPC 被调用的服务创
                                                          建一个 RPC 代理——我们会将
    @rpc                                                  远程服务的名称传给这个代理
```

```
def remote_hello(self, value="John Doe"):
    res = u"{}".format(value)
    return self.remote.hello(res) ◄────
```
　　　　　　　　　　　　　　　　　　　通过 RpcProxy 对象调用远程服务——它会执行
　　　　　　　　　　　　　　　　　　　RpcResponderDemoService 类中的 hello 函数

　　在本例中，我们定义了两个类：响应方 responder 和调用方 caller。在这两个类中，我们分别定义了一个 name 变量来标识对应的服务。我们使用@rpc 注解来装饰一个函数。这个装饰器就会将一个看起来很普通的函数转换成一个可以利用底层的 AMQP 基础设施（RabbitMQ 提供）来调用运行在其他地方的服务的方法的东西。调用类 RpcCallerDemoService 中的 remote_hello 方法会触发 RpcResponderDemoService 类调用 hello 函数，因为这个 RpcResponderDemoService 服务已经通过框架提供的 RpcProxy 类被注册为 remote 对象了。

　　运行这些代码后，RabbitMQ 就会展示出图 7.6 所示的内容。在图 7.6 中，读者可以观察到，在启动了 rpc_demo.py 所定义的两个服务后，这两个服务会分别注册到以服务名称命名的队列中：rpc-rpc_caller_demo_service 和 rpc-rpc_responder_demo_service。此外还出现了另两个队列 rpc.reply-rpc_caller_demo_service* 和 rpc.reply-standalone_rpc_proxy*。它们负责将响应结果传送会调用方服务。这是一种在 RabbitMQ 中实现阻塞式同步通信的方法。

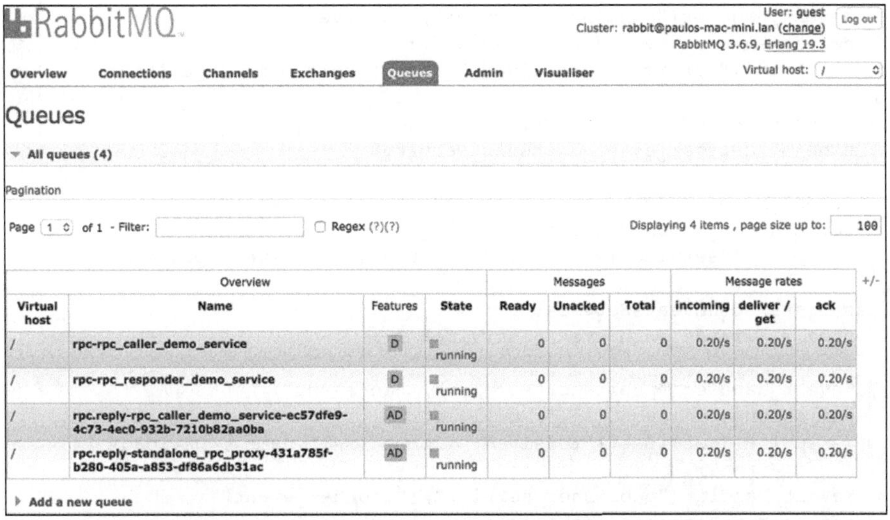

图 7.6　在 RabbitMQ 队列中注册的调用方和响应方服务

　　底座使得实现这一功能变得超级简单，所以我们可以使用相同的基础设施来用于实现服务间的同步和异步通信。这种方式能让我们在开发解决方案原型时的速度得到巨大提升，因为团队可以把这部分时间投入到新的功能开发中，而非从零开始搭建所有功能。无论我们是选择服务间阻塞调用的编配式功能，抑或完全异步通信的编排式功能，还是两者兼有的功能，我们都可以使用同一套基础设施和类库。

代码清单 7.2 展示了利用服务底座的功能来实现完整的异步服务通信的方法。

代码清单 7.2　microservices-in-action/chapter-7/chassis/events_demo.py

```
from nameko.events import EventDispatcher, event_handler
from nameko.rpc import rpc
from nameko.timer import timer

class EventPublisherService:                          注册服务名称供
    name = "publisher_service"  ◄────                其他服务引用

    dispatch = EventDispatcher()  ◄────
                                          提供该服务创建事件消息并发送到
    @rpc                                  RabbitMQ 的某个队列中
    def publish(self, event_type, payload):
        self.dispatch(event_type, payload)

class AnEventListenerService:
```

通过使用该注解，发布方服务发送事件消息后，ListenBothEventsService 就会执行该函数，
该注解的第一个参数是所要监听的事件所属的服务名称，第二个参数是事件的名称

```
    name = "an_event_listener_service"  ◄──────

    @event_handler("publisher_service", "an_event")
    def consume_an_event(self, payload):
        print("service {} received:".format(self.name), payload)

class AnotherEventListenerService:
    name = "another_event_listener_service"

    @event_handler("publisher_service", "another_event")
    def consume_another_event(self, payload):
        print("service {} received:".format(self.name), payload)

class ListenBothEventsService:
    name = "listen_both_events_service"  ◄──

    @event_handler("publisher_service", "an_event")
    def consume_an_event(self, payload):
        print("service {} received:".format(self.name), payload)

    @event_handler("publisher_service", "another_event")
    def consume_another_event(self, payload):
        print("service {} received:".format(self.name), payload)
```

注册服务名
称供其他服
务引用

　　正如前面的代码示例所示，Python 的 class 实现的这两个服务会分别声明了一个 name 变量
供框架用来创建服务通信所需要的底层队列。当运行本文件中的几个 class 所定义服务时，
RabbitMQ 会创建 4 个队列，每个队列对应一个服务。正如在图 7.7 看到的那样，发布服务会注
册一个 RPC 队列。和之前图 7.6 所展示的例子相比，少了 reply 队列。其他的监听服务为每种要
消费的事件注册一个队列。

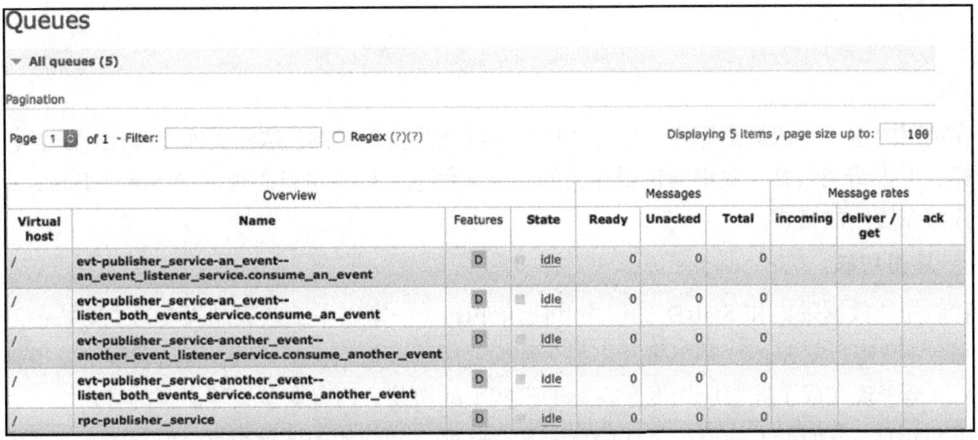

图 7.7　在运行 events_demo.py 文件定义的服务时，RabbitMQ 所创建的队列

团队之所以选择 nameko 作为微服务底座的一部分，是因为它可以简化在现有消息代理上实现和设置同步和异步两种通信类型的细节。在 7.3.3 节中，我们还将研究 nameko 的另一个开箱即用的优势，因为消息代理还实现了负载平衡。

7.3.2　可观测性

为了运行和维护服务，开发者需要时刻关注生产环境的运行状况。因此开发者会希望服务能够发送一些能反映它们的运行方式的度量指标、报告错误信息以及采用合适的格式来聚合日志。在本书的第四部分，我们会进一步详细讨论这些主题。但是现在，读者要记住的是，从一开始，服务就需要设法解决这些问题。服务的运行和维护与编写代码同等重要，而且大部分情况下，服务运行的时间要远远大于开发所需的时间。

我们的微服务底座有如代码清单 7.3 所示的依赖。

代码清单 7.3　microservices-in-action/chapter-7/chassis/setup.py

```
(...)

    keywords='microservices chassis development',

    packages=find_packages(exclude=['contrib', 'docs', 'tests']),

    install_requires=[
        'nameko>=2.6.0',            以 StatsD 格式发送度量指
        'statsd>=3.2.1',            标数据的类库
        'nameko-sentry>=0.0.5',     集成 Sentry 错误报告功能的类库
        'logstash_formatter>=0.5.16',  将日志处理为 logstash
        'circuitbreaker>=1.0.1',    格式的类库
        'gutter>=0.5.0',
```

```
        'request-id>=0.2.1',
    ],
```

(…)

在声明的这 7 个依赖类库中，有 3 个是用于可观测性目的的。这些类库能够让开发者收集度量指标、报告错误信息，收集与错误相关的上下文信息，以及将日志适配成 SimpleBank 公司所有服务都在使用的格式。

1. 度量指标

我们先从数据采集和 StatsD 的使用[①]讲起。Etsy（一家以手工艺成品买卖为主要特色的网络商店平台）最初开发 StatsD 是想将其作为一种聚合应用度量指标的方式，但是它很快变得越来越流行，以至于现在成了收集应用度量指标的事实上的协议，拥有众多编程语言的客户端。为了能够使用 StatsD，我们需要修改一下代码来采集所有能找到的相关度量指标。然后是客户端类库，在本例中我们使用 Python 的 `statsd` 库，它会收集这些度量指标并将其发送到一个代理服务器上，这个代理会监听来自客户端类库的 UDP 通信、聚合数据，并定期将数据发送到监控系统中。监控系统既有商业的解决方案，也有开源的解决方案。

在代码库中，读者可以找到一个运行在 Docker 容器中用来模拟度量指标收集的简单代理服务器。它是一个很短的 ruby 脚本，监听 8125 的 UDP 端口，然后将结果输出到控制台，如代码清单 7.4 所示。

代码清单 7.4　microservices-in-action/chapter-7/feature/statsd-agent/statsd-agent.rb

```ruby
#!/usr/bin/env ruby
#
# This script was originally found in a post by Lee Hambley
# (http://lee.hambley.name)
#
require 'socket'
require 'term/ansicolor'

include Term::ANSIColor

$stdout.sync = true

c = Term::ANSIColor
s = UDPSocket.new
s.bind("0.0.0.0", 8125)
while blob = s.recvfrom(1024)
  metric, value = blob.first.split(':')
  puts "StatsD Metric: #{c.blue(metric)} #{c.green(value)}"
end
```

这个简单的脚本可以供读者在开发服务时模拟度量指标收集的过程。图 7.8 展示了发布出售订单时服务所收集的度量指标，为每个服务的代码添加一段注解，它们就可以针对某些操作发送

---

① 参见伊恩·马尔帕斯（Ian Malpass）在 Code as Craft 网站发表的 *Measure Anything, Measure Everything*。

度量指标了。尽管这只是一个简单的发送计时数据的例子，我们的目的是说明如何配置代码来收集相关数据。下面我们通过其中一个服务来了解一下具体如何操作，如代码清单 7.5 所示。

```
2017-08-06T15:34:03.061181622Z StatsD Metric: simplebank-demo.market.place_order_stock_exchange 72.827101|ms
2017-08-06T15:34:03.066127133Z StatsD Metric: simplebank-demo.market.place_order_stock_exchange 74.574471|ms
2017-08-06T15:34:03.066544049Z StatsD Metric: simplebank-demo.fees.place_order 0.101805|ms
2017-08-06T15:34:03.091995584Z StatsD Metric: simplebank-demo.orders.request_reservation 84.543467|ms
2017-08-06T15:34:03.092277160Z StatsD Metric: simplebank-demo.orders.sell_shares 135.972023|ms
2017-08-06T15:34:03.092536845Z StatsD Metric: simplebank-demo.account-transactions.request_reservation 0.047684|ms
2017-08-06T15:34:03.092615610Z StatsD Metric: simplebank-demo.account-transactions.request_reservation 0.082254|ms
2017-08-06T15:34:03.094587037Z StatsD Metric: simplebank-demo.orders.create_event 63.513279|ms
2017-08-06T15:34:03.095981420Z StatsD Metric: simplebank-demo.orders.create_event 61.930418|ms
2017-08-06T15:34:03.097697761Z StatsD Metric: simplebank-demo.gateway.sell_shares 166.799784|ms
2017-08-06T15:34:03.099692478Z StatsD Metric: simplebank-demo.market.create_event 80.114603|ms
2017-08-06T15:34:03.100135682Z StatsD Metric: simplebank-demo.market.request_reservation 157.628059|ms
2017-08-06T15:34:03.102362996Z StatsD Metric: simplebank-demo.orders.create_event 66.290379|ms
2017-08-06T15:34:03.103641730Z StatsD Metric: simplebank-demo.orders.create_event 68.701506|ms
2017-08-06T15:34:03.105580072Z StatsD Metric: simplebank-demo.orders.place_order 0.069857|ms
2017-08-06T15:34:03.106025175Z StatsD Metric: simplebank-demo.orders.place_order 0.064850|ms
2017-08-06T15:34:03.110052692Z StatsD Metric: simplebank-demo.fees.place_order 0.042200|ms
2017-08-06T15:34:03.110966388Z StatsD Metric: simplebank-demo.fees.place_order 0.092030|ms
2017-08-06T15:34:03.114130988Z StatsD Metric: simplebank-demo.market.create_event 75.125694|ms
2017-08-06T15:34:03.114507121Z StatsD Metric: simplebank-demo.market.request_reservation 170.120478|ms
2017-08-06T15:34:03.119891138Z StatsD Metric: simplebank-demo.market.place_order_stock_exchange 86.928844|ms
2017-08-06T15:34:03.127947173Z StatsD Metric: simplebank-demo.market.place_order_stock_exchange 82.599401|ms
2017-08-06T15:34:03.132498358Z StatsD Metric: simplebank-demo.orders.request_reservation 85.164547|ms
2017-08-06T15:34:03.132530844Z StatsD Metric: simplebank-demo.market.place_order_stock_exchange 97.762585|ms
2017-08-06T15:34:03.133046016Z StatsD Metric: simplebank-demo.orders.sell_shares 178.215742|ms
2017-08-06T15:34:03.133705024Z StatsD Metric: simplebank-demo.account-transactions.request_reservation 0.060797|ms
2017-08-06T15:34:03.135355994Z StatsD Metric: simplebank-demo.account-transactions.request_reservation 0.036240|ms
2017-08-06T15:34:03.135917545Z StatsD Metric: simplebank-demo.orders.request_reservation 90.982914|ms
2017-08-06T15:34:03.136233106Z StatsD Metric: simplebank-demo.orders.sell_shares 151.567221|ms
2017-08-06T15:34:03.139329135Z StatsD Metric: simplebank-demo.gateway.sell_shares 205.009937|ms
2017-08-06T15:34:03.140012433Z StatsD Metric: simplebank-demo.gateway.sell_shares 172.596216|ms
2017-08-06T15:34:03.140286212Z StatsD Metric: simplebank-demo.account-transactions.request_reservation 0.033617|ms
2017-08-06T15:34:03.141460892Z StatsD Metric: simplebank-demo.account-transactions.request_reservation 0.032902|ms
2017-08-06T15:34:03.142613482Z StatsD Metric: simplebank-demo.orders.place_order 4.956722|ms
2017-08-06T15:34:03.143533674Z StatsD Metric: simplebank-demo.orders.place_order 0.093222|ms
2017-08-06T15:34:03.146497263Z StatsD Metric: simplebank-demo.market.place_order_stock_exchange 98.298788|ms
2017-08-06T15:34:03.152099483Z StatsD Metric: simplebank-demo.fees.place_order 0.044823|ms
2017-08-06T15:34:03.152432636Z StatsD Metric: simplebank-demo.fees.place_order 0.035286|ms
```

图 7.8 StatsD 代理收集出售订单提交过程中各个协作服务发出的度量指标数据

代码清单 7.5 microservices-in-action/chapter-7/feature/fees/app.py

```
import json
import datetime
from nameko.events import EventDispatcher, event_handler
from statsd import StatsClient

class FeesService:
    name = "fees_service"
    statsd = StatsClient('statsd-agent', 8125,
                         prefix='simplebank-demo.fees')

    @event_handler("market_service", "order_placed")
    @statsd.timer('charge_fee')
    def charge_fee(self, payload):
        print("[{}] {} received order_placed event ... charging fee".format(
            payload, self.name))
```

导入 StatsD 客户端供该模块使用

通过传递主机、端口和所发送的度量指标所使用的消息前缀 prefix 这 3 个参数来配置 StatsD 客户端

使用该注解，就可以收集“charge_fee”函数的执行耗时。StatsD 类库会使用该注解传递的参数值来作为度量指标名称。在本例中，charege_fee 函数会发送名称为“simplebank-demo.fees.charge_fee”的度量指标。我们上面所配置的前缀会追加到传给这个注解的度量指标名的前面

为了使用 StatsD 客户端类库收集度量指标，我们需要对客户端进行初始化，传的参数有主机名（在上面的例子中，对应的是 statsd-agent）、端口号以及可选的前缀用于标识是本服务范围内收集的度量指标。如果开发者对 charge_fee 方法添加 @statsd.timer('charge_fee') 注解，那么这个 StatsD 客户端类库就会将这个方法的执行包装到一个计时器中，然后收集计时器记录的数据，最后将数据发送到代理中。开发者可以收集这些度量指标并将其提供给监控系统，这样就可以观测系统的行为和设置告警甚至是对服务进行自动扩容。

假设 fee 服务处理的请求越来越多，StatsD 报告的执行时间超过了设定的阈值。系统就会自动向开发者发送告警信息，这样开发者就可以立刻进行检查米判断服务是否有出错或者是否需要增加更多的服务实例来扩容。图 7.9 中的仪表盘展示了 StatsD 收集的度量指标。

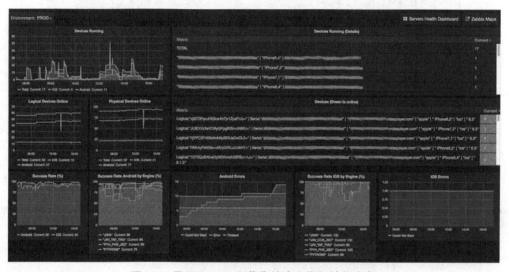

图 7.9　展示 StatsD 所收集的度量指标的仪表盘

2. 错误报告

度量指标使得开发者可以持续观察系统的行为，但遗憾的是，这并不是开发者唯一需要关心的内容。有时候，错误发生后，需要把错误信息以告警形式发送给开发者，如果可能的话，还需要收集一些错误发生时的上下文信息，比如，可以获取到堆栈跟踪记录，用于诊断、复现和解决错误。有些服务提供了错误聚合和告警功能。为服务集成错误报告功能是很简单的，如代码清单 7.6 所示。

代码清单 7.6　microservices-in-action/chapter-7/chassis/http_demo.py

```
import json
from nameko.web.handlers import http
from werkzeug.wrappers import Response
from nameko_sentry import SentryReporter        ⟵————————┤ 导入错误报告模块
```

```
class HttpDemoService:
    name = "http_demo_service"
    sentry = SentryReporter()  ←————————————┤初始化错误报告服务

    @http("GET", "/broken")
    def broken(self, request):
        raise ConnectionRefusedError()  ←————————┤产生一个异常用于测试错误报告服务

    @http('GET', '/books/<string:uuid>')
    def demo_get(self, request, uuid):
        data = {'id': uuid, 'title': 'The unbearable lightness of being',
                'author': 'Milan Kundera'}
        return Response(json.dumps({'book': data}),
                        mimetype='application/json')

    @http('POST', '/books')
    def demo_post(self, request):
        return Response(json.dumps({'book': request.data.decode()}),
                        mimetype='application/json')
```

在服务底座中，配置错误报告功能是很简单的。我们初始化一个错误报告器，它会负责捕获异常信息并将其发送到错误报告服务的后端。在错误报告器中，错误信息和堆栈跟踪记录等上下文信息一起发送是很常见的。图 7.10 所示的仪表盘展示了访问示例服务的/broken 接口生成的错误记录。

图 7.10　访问/broken 接口后，错误报告服务（Sentry）的仪表盘界面

3．日志

服务要么将信息输出到日志文件中，要么将信息输出到标准输出流。这些文件可以记录特定的交互（如一次 http 调用的结果和耗时）或者开发者认为需要记录的任何其他有用信息。有多个

服务进行记录意味着在整个组织内可能有多个服务日志信息。在微服务架构中，众多服务相互调用，所以开发者需要确保可以采用相同的方式来追踪和访问这些调用信息。

在任何组织中，日志都是所有团队都需要关注的内容，并且起着非常重要的作用。

之所以会这样，有合规的原因——开发者有时候需要记录特定的操作；也有方便理解的原因——开发者需要了解不同系统之间的执行流程。正因为日志如此重要，所以不管团队使用哪种编程语言开发服务，都要确保采用统一的方式来记录日志并且将日志聚合到共同的地方。

在 SimpleBank 公司，日志聚合系统能够让开发者对日志执行复杂的查找，所以开发者都愿意采用相同的格式将日志发送到同一个地方。开发者使用 logstash 格式保存日志，所以 Python 的服务底座包含了一个以 logstash 格式发送日志的类库。

Logstash 是一个开源的数据处理流水线工具，它能够从不同的日志源提取数据。由于 logstash 格式是一个的 json 消息并且拥有一些默认字段，所以变得特别流行和被广泛使用，如代码清单 7.7 所示。

代码清单 7.7　logstash json 格式化的消息

```
{
    "message"    => "hello world",
    "@version"   => "1",
    "@timestamp" => "2017-08-01T23:03:14.111Z",
    "type"       => "stdin",
    "host"       => "hello.local"
}
```

图 7.11 展示了网关服务在收到客户端的提交出售订单的请求后生成的日志结果。在这其中，它生成了两条消息。它们都包含了大量有价值的信息，如文件名、模块和执行代码的行数以及完成操作所耗费的时间。唯一明确传递给日志的是 message 字段中的内容。其他所有信息都是由我们所使用的类库插入日志中的。

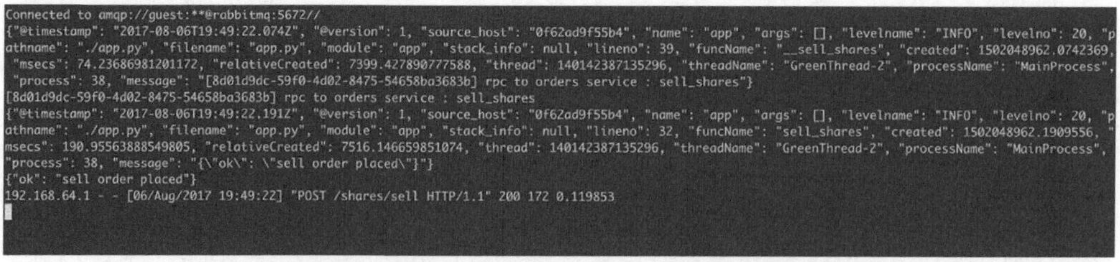

图 7.11　网关服务生成的 logstash 格式的日志消息

通过向日志聚合工具发送这些信息，读者就可以通过各种有趣的方式来关联这些数据。在本例中，一些查询示例包括：按模块和函数名分组、选择执行时间超过 x 毫秒的操作记录以及按主机分组。

最有意义的是 host、type、version 和 timestamp 字段会出现在所有使用服务底座的服务所生成的消息中，所以读者可以将不同服务的消息关联起来。

在 Python 服务底座中，代码清单 7.8 负责生成图 7.11 中的日志记录。

代码清单 7.8　Python 服务基底中 logstash 日志配置

```
import logging
from logstash_formatter import LogstashFormatterV1

logger = logging.getLogger(__name__)
handler = logging.StreamHandler()
formatter = LogstashFormatterV1()
handler.setFormatter(formatter)
logger.addHandler(handler)

(…)

# to log a message …
logger.info("this is a sample message")
```

该代码负责初始化 logging 并添加一个处理器（handler）用于将结果格式化成 logstash 的 json 格式。

通过使用微服务底座，读者可以建立出一套使用这些工具的标准方法，这样就能够实现运行服务具备可观测性的目标。通过选择某些类库，读者能够让所有团队使用相同的底层技术设施，却又不强迫任何团队选择特定的语言。

7.3.3　平衡和限流

我们在 7.3.1 节中提到，消息代理不仅提供了一种隐式的服务相互发现的方式，还提供了负载均衡的功能。

在对提交出售订单功能进行基准测试时，我们意识到系统在处理过程中存在瓶颈。market 服务需要和外部的股票交易中心系统进行交互，并且只有在收到成功的结果后才会创建 OrderPlaced 事件消息，而这个消息会被 fee 服务以及 order 服务消费使用。请求会不断积压，因为对外部服务的 HTTP 请求要慢于系统中的其他处理操作。因此，开发者决定增加运行 market 服务的实例数量。开发者部署了 3 台实例来弥补订单提交到股票交易市场所耗费的时间。这一变化是无缝的，因为一旦开发者增加了实例，这些实例就会注册到 RabbitMQ 的 rpc-market_ service 队列中。图 7.12 列出了 RabbitMQ 所连接的 3 个服务实例。

正如大家看到的那样，有 3 个实例连到了队列上。每个实例被设置为一旦有消息到达队列就从该队列中预获取 10 条消息。现在，我们有多个实例来消费同一个队列的消息，就需要确保一个请求只被一个实例处理。RabbitMQ 再次简化了我们的工作，因为它会处理负载均衡的工作。默认情况下，它使用轮询算法来将消息依次发给各个服务实例。这意味着，它会将前 10 条消息分配给实例 1，然后在分配 10 条消息给实例 2，最后再分配 10 条消息给实例 3。它会一直重复这个操作。这是一种很简单和天真的任务分配方式，因为某个实例的执行时间可能大于另一个实例。但是一般情况下，这种方式的效果还是很好的，并且易于理解。

图 7.12　注册到 RPC 队列上的多个 market 服务实例

　　我们唯一需要关注的内容是检查连接的服务是否健康，以确保它们不会积压消息了。读者可以通过使用 StatsD 和度量指标来监控每个实例正在处理的消息数量以及是否出现消息积压。在代码中，读者也可以实现健康检查功能，这样就可以把所有不响应健康检查请求的实例标记出来，然后重启这些实例。RabbitMQ 同样也会作为一个限流缓冲区来存储消息，直到服务实例能够把这些消息处理掉。按照图 7.12 中的配置，每个服务实例每次会收到 10 条消息进行处理，并且只有在实例处理完前面的 10 条消息后，才会被分配新的消息。

　　值得一提的是，在 market 服务和第三方系统交互的特定场景中，我们同样实现了断路器方案。调用股票交易系统的代码如代码清单 7.9 所示。

代码清单 7.9　microservices-in-action/chapter-7/feature/market/app.py

```
import json
import requests
(…)
from statsd import StatsClient
from circuitbreaker import circuit        ← 导入断路器功能
                                            供模块使用

class MarketService:
    name = "market_service"
    statsd = StatsClient('statsd-agent', 8125,
                    prefix='simplebank-demo.market')

    (…)
```

```
@statsd.timer('place_order_stock_exchange')
@circuit(failure_threshold=5, expected_exception=ConnectionError)
def __place_order_exchange(self, request):
    print("[{}] {} placing order to stock exchange".format(
        request, self.name))
    response = requests.get('https://jsonplaceholder.typicode.com/
posts/1')
    return json.dumps({'code': response.status_code, 'body': response.
text})
```

在断开断路器前所能容忍的异常次数以及视作失败的异常类型

读者可以使用断路器类库来配置能够容忍的连续失败的次数。在本示例中,如果连续出现 5 次生成 ConnectionError 异常的失败调用,我们就会断开断路器,30 秒内不会调用该方法。30 秒后,服务进入恢复阶段,允许一次测试调用。如果本次调用成功,那么它会再次闭合断路器,恢复正常操作并允许调用外部服务;否则,它会继续阻止调用 30 秒。

 注意 因为 30 秒是断路器给 recovery_timeout 参数设置的默认值,所以并不会在代码 7.9 中看到。如果用户想要调整该值,可以显式传递该参数。

读者不仅可以对外部调用使用这一技术,还可以将该其用于内部组件,这样就可以对服务进行降级处理。在 market 服务的案例中,使用这一技术意味着该服务从队列中收到的消息并不会被确认,而是会被积压到消息代理中。一旦外部服务的连接恢复,读者就能够开始处理队列中的消息。然后,读者就可以完成对股票交易系统的调用并创建 OrderPlaced 事件供 fee 服务和 order 服务完成下单购买股票请求。

7.4 探索使用底座实现的特性

在前面的小节中,读者见到了实现下单购买股票功能的示例代码。我们简单看一下借助服务底座而实现的最终功能原型。基于代码库中 chapter7/chassis 文件夹下的服务底座代码,假定读者创建了 5 个服务:网关服务、order 服务、market 服务、account transaction 服务和 fee 服务。

图 7.13 展示了整个项目的组织结构以及一个 Docker Compose 文件供读者在本地启动这 5 个服务组件以及前面提到过的 StatsD 代理服务器。Docker Compose 文件除了可以启动服务,还会启动必要的基础设施组件:RabbitMQ、Redis 和本地的用于模拟度量指标收集的 StatsD 代理服务器。

此刻,我们不会深入研究 Docker 和 Docker Compose,因为我们会在后续章节中展开介绍。但是如果读者已经安装好了 Docker 和 Docker Compose,可以进入该功能对应的文件夹运行 docker-compose up-build 命令来启动服务。它会为每个服务构建一个 Docker 容器并启动。

图 7.14 列出了所有运行中和正在处理对网关接口 shares/sell 的 POST 请求的服务。

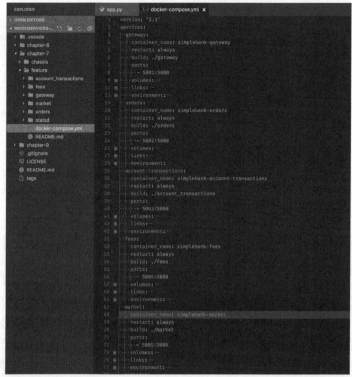

图 7.13　下单出售股票功能的项目结构以及用于启动服务和必需的基础设施组件的 Docker Compose 文件

图 7.14　本地运行用于下单出售股票的服务

虽然这个功能中的各个组件之间同时采用了同步和异步两种通信方式，服务底座也能够让我们快速搭建原型，并使用一些能够用于模拟并发请求的工具来运行初始的基准测试。测试结果如下所示（注意：这些测试是运行在本地开发环境的，仅仅是象征性的）。

```
$ siege -c20 -t300S -H 'Content-Type: application/json'
     'http://192.168.64.3:5001/shares/sell POST'

     (benchmark running for 5 minutes …)

     Lifting the server siege...
     Transactions:                 12663 hits
     Availability:                 100.00 %
     Elapsed time:                 299.78 secs
     Data transferred:             0.77 MB
     Response time:                0.21 secs
     Transaction rate:                   42.24 trans/sec
     Throughput:                   0.00 MB/sec
     Concurrency:                  9.04
     Successful transactions:            12663
     Failed transactions:          0
     Longest transaction:          0.52
     Shortest transaction:         0.08
```

这些数字看起来还不错，但是需要指出的是，在测试结束以后，market 服务还需要消息 3000 条消息，这几乎是网关处理的请求总和的四分之一。这个测试能帮助开发者发现我们之前在 7.3.3 节提到过的 market 服务的瓶颈。参考图 7.4，读者可以看到，网关服务会收到 order 服务的响应，但是在此之后，系统还会执行异步处理。

SimpleBank 公司的工程师团队会持续改进 Python 服务底座，使其能够体现团队持续学习的知识。不过就目前来看，已经可以用于实现一些重要功能了。

7.5 差异性是否是微服务的承诺

在前面的小节中，我们介绍了在 SimpleBank 为 Python 应用构建和使用服务底座的内容。读者可以将这些原则应用到自己组织内使用的任何编程语言中。在 SimpleBank 公司，有些团队还在使用 Java、Ruby 和 Elixir 开发服务。我们要为每种语言和技术栈搭建一套服务底座吗？如果这门语言在组织内被广泛采用并且不同的团队要启动和创建很多服务的话，那么我的答案是"当然"！但是创建服务底座并不是必要工作。唯一要牢记的是，不管有没有服务底座，我们都需要坚持可观测性等这些原则。

微服务架构的一大优势就是能够支持不同的编程语言、范式和工具。最后，微服务架构能够让团队为任务选择合适的工具。尽管从理论上讲选择是无穷无尽的，但事实是，团队都会为他们的日常开发工作专门选择一些技术栈。很自然地，他们会对一两门语言以及它们的生态系统有更深入的了解。生态系统很重要。独立的团队，比如成功运行微服务架构所需要的团队，也需要关注运维并了解运行他们的应用程序的平台，如 Java 虚拟机（JVM）或 Erlang 虚拟机（BEAM）。掌握这些基础设施知识有助于交付更高质量和更高效的应用。

Netflix 就是很好的例子，因为他们对 JVM 有非常深入的了解，这使得他们成为许多开源工具的专家贡献者，这样社区也受益于这些他们用来运行自己的服务的工具。Netflix 有太多以 JVM 为运行环境的工具，这也使得对他们的工程师团队而言，JVM 生态系统成为第一选择。某种程度上，有点类似于"开发者有充分的自由来选择任何开发者想要的语言和工具，只要它符合指定的规则并实现一些接口。或者开发者可以选择这个已经处理了所有问题的服务底座"。

为组织内已经采用的语言和技术栈提供一套服务底座，有助于指导团队选择语言和技术栈。这不但能够简化和加快服务的启动，而且从风险的角度看，也能够提升这些服务的可维护性。服务底座是一种间接加强工程团队的核心关注内容和实践的方式。

> **提示**　　DRY（don't repeat yourself）并不是强制的。服务底座不应该是包含在服务中并以中心化的形式进行更新的一系列的共享库或者依赖。我们应该使用服务底座来创建和启动新的服务，而不需要为了特定的功能而更新所有运行中的服务。相较于引入共享库来增大耦合，我们更倾向于适当地重复一些内容。如果能够保持系统的解耦以及独立维护和管理，就可以重复。

7.6　小结

（1）微服务底座能够加快新服务的启动速度，扩大试验领域和降低风险。

（2）使用服务底座能够让开发者将与某些基础设施相关的代码实现抽取出来。

（3）服务发现、可观测性以及不同的通信协议都是服务底座所关注的内容，服务底座需要提供这些功能。

（4）如果有适合的工具存在，我们可以为下单出售股票这样的复杂功能快速开发出原型。

（5）虽然微服务架构经常和使用任意语言开发系统的可能性联系起来，但是在生产环境中，这些系统需要保证并提供机制来让运行和维护都是可管理的。

（6）微服务底座能够实现上述这些保证，同时能够让开发者快速启动和开发以验证想法的正确性，如果验证通过，就可以部署到生产环境。

第三部分

部署

应用只有在部署完成并提供给用户后才是有用的。本部分将为读者介绍一些微服务的部署实践方面的知识。我们还会研究一些诸如持续交付和打包技术的部署技术以及 Google Cloud Platform 和 Kubernetes 等部署平台。在下面的章节中，读者将学到如何搭建一套部署流水线来安全且快速地将微服务的代码变更发布到生产环境中。

第 8 章　微服务部署

本章主要内容

■ 在微服务应用中，恰当的部署方案至关重要
■ 微服务生产环境的基本组成部分
■ 部署服务至公有云平台
■ 服务打包为不可变工件

成熟的部署方案对于构建可靠且稳定的微服务是至关重要的。微服务部署和单体应用部署是不同的。在单体应用中，读者可以针对单个用例优化部署方案，而微服务的部署方案需要扩展到多个服务中，而这些服务可能是用不同的编程语言实现的，并且可能各自有自己的外部依赖。部署流程需要得到开发者的充分信任，能够在不损害整体可用性或引入严重缺陷的情况下推出新特性和新服务。

由于微服务应用是以部署单元级别进行演进的，因此部署新服务的成本必须小到可以忽略不计，能够让工程师快速创新、引进新内容并向用户交付价值。如果读者不能快速且可靠地将微服务部署到生产环境中，那么微服务方案所提高的开发速度就会被浪费掉。自动化的部署方案对于大规模微服务开发而言是必不可少的。

在本章中，我们会探讨微服务生产环境的组成部分，然后着眼于一些部署方案的构建模块——比如工件和滚动升级——以及如何将其应用于微服务。在本章中，我们会通过一个简单的 market-data 服务并使用众所周知的云服务 Google 云平台来验证不同的打包和部署方法。读者可以从本书的配套资源中找到该服务。

8.1　部署的重要性

在软件系统的生命周期中，部署是风险最大的时刻。和现实世界最贴切的类比就是换轮胎——而且这辆车还在以约 160km/h 的速度飞驰着。没有哪个公司能够不受这一风险的影响：比如

Google 的网站可靠性（site reliability）团队认为大概有 70% 的服务不可用是由于对生产环境的修改导致的。

微服务极大地增加了系统中活动部件的数量，从而增大了部署的复杂性。在部署微服务时，开发者将面临四大挑战（图 8.1）：

（1）面对大量的发布和组件变更时应保持稳定性；

（2）避免会导致组件在构建阶段或者发布阶段产生依赖关系的紧耦合；

（3）服务 API 发布不兼容的变更可能会对客户端产生非常大的负面影响；

（4）服务下线。

如果做得好，部署方案都是基于简单性和可预测性而实现的。相同的构建流水线生成的工件都是可预测的，开发者可以将其自动应用到生产环境中。

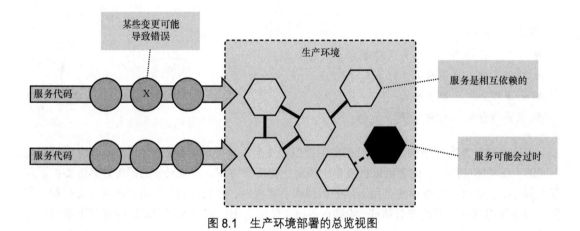

图 8.1　生产环境部署的总览视图

稳定性和可用性

在理想世界中，部署是"无聊的"，这里的"无聊"不是说这个过程不令人兴奋，而是说没有事故发生。我们已经见到过太多的团队——不管是单体应用的团队还是微服务的团队——他们部署软件的经历让人感到有难以置信的压力。如果采用微服务，这意味着开发者发布的组件数量更多、频率更快，这是否也意味着开发者正在将更多的风险和不稳定性引入到系统中呢？

1. 手工变更的管理代价昂贵

传统的变更管理方法论试图通过引入控制和流程规范来降低部署风险。变更必须通过大量的通常由人来驱动的质量检验和正式审批。尽管这么做的目的是确保只有正确的代码才能进入生产环境，但采用这种方法的代价是巨大的，并且难以推广到多个服务中。

2. 小版本发布降低风险和提高可预测性

发布的版本规模越大，引入故障的风险就越高。当然，微服务发布的版本规模都是比较小的，因为它们的代码库更小一些。这还是一个窍门——发布小版本的频率越高，开发者对每次变更产生的总体影响也就越小。不用为了部署而停止所有工作，开发者可以设计自己的服务和部署方案，并期望它们面临持续的变更。减少可能的暴露范围可以加快发布速度、简化监控工作，并且对应用的正常运行产生更小的干扰。

3. 自动化推动部署节奏和一致性

即便部署版本的规模更小，开发者仍需确保这些变更集尽可能没有缺陷。开发者可以通过将提交验证的过程（单元测试、集成测试、静待代码检查等）以及上线的过程（将这些变更应用到生产环境中）自动化来实现。这有助于开发者对所做的代码改动有足够的信心并对多个服务采用同一套方案。

 提示　　打造抗脆弱性或者出现故障时的恢复能力也是应用的整体稳定性的重要部分——不要忘记阅读第 6 章！

8.2　微服务生产环境

部署是流程和架构的组合体：获取代码，使其运行并保持其工作的过程；软件运行时环境的架构。

运行微服务的生产环境和运行单体应用的生产环境是有很大差别的。应用适合哪种运行环境可能取决于组织现有的基础设施、技术能力、对风险的态度以及法规要求。

8.2.1　微服务生产环境的特点

微服务应用的生产环境需要提供一些功能以支持平稳运行多个服务。图 8.2 展示了生产环境中各个功能的概览视图。

微服务生产环境具备以下六大基础功能。

（1）**部署目标**或者**运行平台**，也就是服务所运行的地方，比如虚拟机［理想情况下，工程师可以使用 API 来配置、部署和更新服务配置。开发者还可以将这种 API 称为控制面板（control pane）］。

（2）**运行时管理**，比如自动愈合和自动扩容。这样服务环境就可以动态地响应失败或者负载变化，而不需要人为干预（如果某个服务实例出现故障，它应该会被自动替换掉）。

（3）**日志和监控**，用来监测服务的运行情况并方便工程师对服务执行的过程有深入了解。

（4）支持**安全运维**，比如网络控制、密码凭据管理以及应用加固。

（5）负载均衡、DNS 以及其他**路由组件**可将用户侧的请求以及微服务之间的请求路由分发出去。

（6）**部署流水线**，安全地将服务从代码交付到生产环境中运行。

这些组件是微服务架构栈中**平台**层的组成部分。

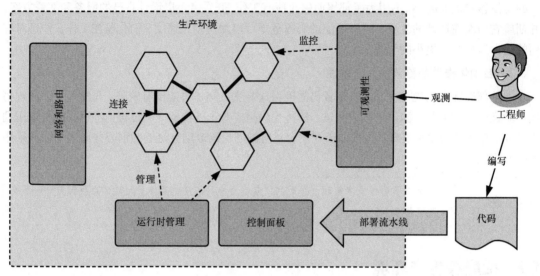

图 8.2　微服务生产环境

8.2.2　自动化和速度

除了这六大基础功能，在评估微服务应用部署平台的适用性时还有两大因素。

（1）**自动化**——大量的基础设施管理和配置（比如构建一个新的主机）应该高度自动化，理想情况下这应是由开发服务的团队自己来完成的。

（2）**速度**——如果每一次新的部署都伴随着极高的成本——不管是获得基础设施资源还是创建一次新的部署——那么微服务方案就会受到明显的阻碍。

尽管开发者并不总是有机会选择部署环境，但是一定要理解不同平台对这些特性以及微服务应用的开发方式的影响。我曾经在一家公司工作，该公司每次配置一台新服务器就要花费 6 周的时间。可以这样说，将新服务投入生产是一项令人筋疲力尽的工作！

微服务架构的流行、DevOps 实践（如**基础设施即代码，infrastructure as code**）的广泛采用以及使用云服务提供商来运行应用的情况日益增多，这三者同时存在并非巧合。这些实践能够让服务快速迭代和部署，从而使微服务架构成为一种可扩展和可行的方案。

在可能的情况下，读者应该使用公有 IaaS 云服务，比如 Google 云平台（GCP）、AWS 或 Microsoft Azure 来部署重要的微服务应用。这些云服务提供了各种各样的功能和工具，相较于更高层的部署解决方案（如 Heroku），这些功能和工具可以在较低的抽象层面上简单地开发出健壮的微服务平台，因此它们的灵活性更高。在 8.3 节中，我们将展示如何使用 GCP 部署、访问和扩展微服务。

8.3　部署服务的快捷方式

现在是动手部署服务的时候了。开发者需要获取代码，并将其运行在一台虚拟机上，然后让它能够从外部访问，如图 8.3 所示。

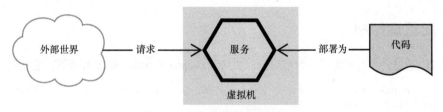

图 8.3　简单的微服务部署过程

读者将使用 Google 计算引擎（Google Compute Engine，GCE）作为生产环境。这是 GCP 的一个服务，可以用来运行虚拟机。读者可以注册一个免费的 GCP 试用订阅，它所提供的积分对于本章的实例而言已经足够了。虽然读者所执行的操作是特定于该平台的，但是所有主流云服务提供商（如 AWS 和 Azure）都提供了相似的抽象。

 警告　本示例**并不是**健壮的生产部署解决方案。

为了和 GCE 交互，读者需要使用 gcloud 命令行工具。这个工具会调用 GCE API 来对读者的云账号执行操作。读者可以在 GCP 文档中找到安装说明。这并不是唯一的办法，读者也可以使用 Ansible 或 Terraform 等第三方工具来代替。

假设读者按照安装说明已将其安装成功，并使用 gcloud init 命令登录了账号，就可以创建一个新项目了。

```
gcloud projects create <project-id> --set-as
-default --enable-cloud-apis    ◁────────────┤使用开发者选择的项目名称来替换掉<project-id>
```

这个项目会包含运行服务所需的资源。

 提示　不要忘记在安装完成以后将项目删除，运行 gcloud projects delete <project-id> 命令可以完成该工作。

8.3.1　服务启动

为了运行服务，读者需要使用一个启动脚本，Google 云在配置机器资源时会在启动阶段执行该脚本。我们已经编写完成了该脚本，可以在 chapter-8/market-data/startup-script.sh 中找到这部分脚本代码。

请花些时间阅读这段脚本。它执行了四大主要任务：第一，安装运行 Python 应用所需要的二进制依赖；第二，从 Github 下载服务代码；第三，安装代码依赖，比如 flask 类库；第四，配置一个 supervisor 监控应用来运行 Python 服务，该 Python 服务使用的 Web 服务器是 Gunicorn。

现在，让我们试一下。

8.3.2　配置虚拟机

读者可以通过命令行来配置一台虚拟机。切换到 chapter-8/market-data 目录下，运行下列命令：

```
gcloud compute instances create market-data-service \          ← 机器名称
  --image-family=debian-9 \
  --image-project=debian-cloud \        机器所使用的基础镜像
  --machine-type=g1-small \          ← 所配置的机器规格
  --scopes userinfo-email,cloud-platform \
  --metadata-from-file startup-script=startup
-script.sh \          使用开发者的启动脚本来启动
  --tags api-service \          ←
  --zone=europe-west1-b          ← 确定机器的负载
                   服务启动时所在的计
                   算时区或者数据中心
```

这条命令会创建一台机器并返回该机器的外部 IP 地址，如图 8.4 所示。

这种启动方式会耗费一些时间。如果想要查看启动进度，可以跟踪虚拟机串口输出的内容：

```
gcloud compute instances tail-serial-port-output market-data-service
```

一旦启动过程完成，应该会在日志上看到一条和下面内容相似的消息。

```
Mar 16 12:17:14 market-data-service-1 systemd[1]: Startup finished in
1.880s (kernel) + 1min 52.486s (userspace) = 1min 54.367s.
```

太棒了！开发者现在获得了一个处于运行状态的服务——尽管现在还不能调用该服务。读者需要打开防火墙来允许外部调用该服务。运行以下命令将为所有标签为 api-service 的服务开放 8080 端口的外部访问权限。

```
gcloud compute firewall-rules create default-allow-http-8080 \
  --allow tcp:8080 \          ← 允许对 8080 端口进行 TCP 查询
  --source-ranges 0.0.0.0/0 \          ← 来自所有 IP 地址
  --target-tags api-service \          ←
  --description "Allow port 8080 access to api-service"          标签为 api-service
                   的机器
```

读者可以通过 curl 命令访问虚拟机外部 IP 来测试服务。外部 IP 地址是在创建虚拟机实例时返回的（图 8.4）。如果读者没有注意到的话，可以运行 gcloud compute instances list 命令来获取所有的实例。curl 命令如下：

```
curl -R http://<EXTERNAL-IP>:8080/ping          ← 使用服务自己的 IP 地址来代替 EXTERNAL-IP
```

如果一切顺利的话，读者收到的响应内容应是虚拟机的名称`market-data-service`。

```
Created [https://www.googleapis.com/compute/v1/projects/market-data-1/zones/europe-west1-b/instances/market-data-service].
NAME                 ZONE           MACHINE_TYPE  PREEMPTIBLE  INTERNAL_IP  EXTERNAL_IP     STATUS
market-data-service  europe-west1-b  g1-small                  10.132.0.2   35.187.126.221  RUNNING
```

图 8.4 新创建的虚拟机的信息

8.3.3 运行多个服务实例

一个微服务不太可能只运行一个实例。

（1）读者需要通过部署相同服务的多个副本来实现水平扩容（ X 轴可扩展），每个实例处理一部分请求。虽然开发者**可以**使用性能更加强大的机器来处理更多的请求，但最终有可能还是需要更多的机器来进一步扩容。

（2）为了确保故障隔离，冗余部署也是非常重要的。在故障发生时，一个服务只有一个实例并不能最大限度地保证可恢复性。

图 8.5 展示了一个服务组。分发给逻辑服务 market-data 的请求会被下层的 market-data 实例均衡掉。这是无状态微服务的典型生产配置。

 注意　　消费事件队列或者消息总线的服务同样是可以水平扩展的——消息负载会被分发给运行中的各个消息消费者。

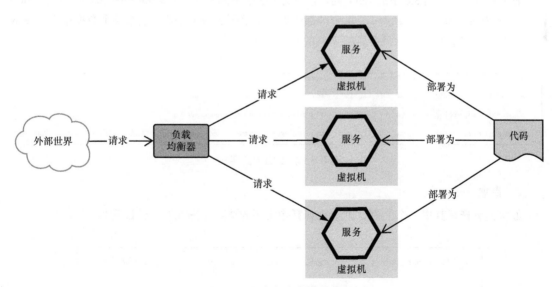

图 8.5 服务组和负载均衡器

读者可以试试以下情况。在 GCE 中，一组虚拟机被称作**实例组**（instance group）（在 AWS 中，被称为 auto-scaling group）。为了创建一个组，首先需要创建一个实例模板（instance template）。

```
gcloud compute instance-templates create market-data-service-template \
  --machine-type g1-small \
  --image-family debian-9 \
  --image-project debian-cloud \
  --metadata-from-file startup-script=startup-script.sh \
  --tags api-service \
  --scopes userinfo-email,cloud-platform
```

运行以上代码，会产生一个模板来创建多个 market-data-service 实例，这些实例同前面创建的实例一样。在配置完模板后，创建一个组。

```
gcloud compute instance-groups managed create market-data-service-group \    ← 新实例的名称前缀
  --base-instance-name market-data-service \    ←
  --size 3 \    ←————————————————————————— 该组的实例数目
  --template market-data-service-template \←    所使用的模板
  --region europe-west1 ←    实例的启动地区
```

这个命令将启动 3 个 market-data 服务实例。如果打开 Google 云控制台并导航到 Compute Engine > Instance Groups，读者应该会看到类似于图 8.6 所示中的列表。

当使用实例模板搭建一个实例组时，它能够为开发者提供一些令人关注的开箱即用的功能：故障分区和自愈。这两个功能对于具有可恢复能力的微服务的运行而言是至关重要的。

1. 故障分区

首先，请看一下图 8.6 中的 Zone 列，它列出了 3 个不同的值：europe-west1-d、europe-west1-c 和 europe-west1-b。每个区都代表一个不同的数据中心，如果某个数据中心出现故障，则这个故障会被隔离，只会影响 33%的服务功能。

	Name	Creation time	Template	Zone	Internal IP	External IP	Connect
☐ ✓	market-data-service-86w0	16 Mar 2018, 13:25:09	market-data-service-template	europe-west1-d	10.132.0.2	35.205.158.180	SSH ▾
☐ ✓	market-data-service-l1js	16 Mar 2018, 13:25:10	market-data-service-template	europe-west1-c	10.132.0.5	130.211.86.76	SSH ▾
☐ ✓	market-data-service-nrrh	16 Mar 2018, 13:25:10	market-data-service-template	europe-west1-b	10.132.0.4	35.195.39.131	SSH ▾

图 8.6　实例组中的实例

2. 自愈

如果读者选择其中一个实例，则会看到删除实例的选项（图 8.7）。试试看！

图 8.7　删除一个 VM 实例

　　删除一个实例会导致实例组启动一个新的实例来代替它，从而确保承载能力保持不变。如果读者查看该项目的操作记录（Compute Engine > Operations），会看到删除操作导致 GCE 自动重新创建了一个新的实例（图 8.8）。

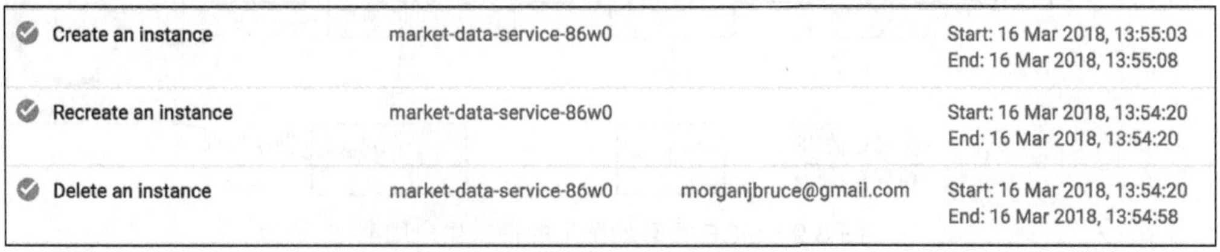

✓ Create an instance	market-data-service-86w0		Start: 16 Mar 2018, 13:55:03 End: 16 Mar 2018, 13:55:08
✓ Recreate an instance	market-data-service-86w0		Start: 16 Mar 2018, 13:54:20 End: 16 Mar 2018, 13:54:20
✓ Delete an instance	market-data-service-86w0	morganjbruce@gmail.com	Start: 16 Mar 2018, 13:54:20 End: 16 Mar 2018, 13:54:58

图 8.8　删除实例组中的实例会导致重新创建实例来保持目标服务的承载能力（自底向上）

　　实例组会尝试通过自愈来响应所有会导致服务实例停止运行的事件，如底层机器故障。读者可以通过为应用添加健康检查来改进这一功能：

```
gcloud compute health-checks create http api-health-check \
  --port=8080 \
  --request-path="/ping"              健康检查会向:8080/ping 发起 HTTP 调用

gcloud beta compute instance-groups managed set
  -autohealing \
  market-data-service-group \          将该健康检查与已有的实例组关联起来
  --region=europe-west1 \
  --http-health-check=api-health-check
```

添加了健康检查之后，只要应用不再响应该健康检查，虚拟机就会被回收。

3. 容量增加

由于服务现在是通过模板部署的，因此扩大容量就变得非常容易了。读者可以通过如下命令行来重新设置实例组的大小：

```
gcloud compute instance-groups managed resize market-data-service-group \
  --size=6 \                  新的实例数量
  --region=europe-west1
```

如果所监测的实例组度量指标（如 CPU 平均利用率）超过指定阈值，还可以添加一些自动扩容规则来自动增大服务的承载能力。

8.3.4　添加负载均衡器

　　这些功能非常令人激动，以至于我们都忘记了将服务对外公开！在本例中，GCE 将提供负载均衡器功能，它由几个相互关联的组件组成，如图 8.9 所示。负载均衡器使用这些路由规则、代理和映射，将外部请求转发到一组健康的内部服务实例中。

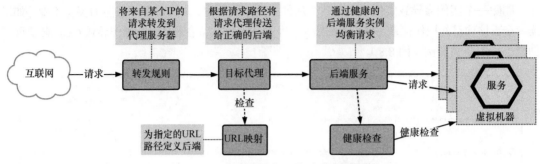

图 8.9　GCE 负载均衡下的请求生命周期

 注意　　托管的负载均衡器是所有主流云服务提供商的一个关键功能, 在这些环境之外, 读者可以使用其他的软件负载均衡器, 比如 HAProxy。

首先, 读者需要添加一个后端服务 (backend service), 它是负载均衡器中最重要的组件, 因为它负责将请求以最适宜的方式指向底层实例:

```
gcloud compute instance-groups managed set-named-ports \
  market-data-service-group \
  --named-ports http:8080 \
  --region europe-west1

gcloud compute backend-services create \          后端服务的
  market-data-service \                           名称
  --protocol HTTP \
  --health-checks api-health-check \              之前创建的健康检查器
  --global
```

这段代码会创建两个实体: 一个是 named-port, 它用来标识服务所开放的端口; 另一个是后端服务, 它会使用前面创建的 http 健康检查来验证我们自己服务的健康情况。

接下来, 读者需要一个 URL 映射和一个代理:

```
gcloud compute url-maps create api-map \
  --default-service market-data-service \          为后端服务创建一个 URL 映射

gcloud compute target-http-proxies create api-proxy \
  --url-map api-map                                创建一个使用该新 URL 映射的代理
```

如果读者有多个服务, 则可以使用这个映射来将不同子业务领域路由到不同的后端服务。在本例中, URL 映射会将所有请求都指向到前面创建的 market-data-service 中, 不管请求的 URL 是什么。

最后, 读者需要为服务创建一个静态 IP 地址以及一个转发规则以将该 IP 与所创建的 HTTP 代理连接起来, 代码如下:

```
gcloud compute addresses create market-data-service-ip \
  --ip-version=IPV4 \
  --global

export IP=`gcloud compute addresses describe market
  -data-service-ip --global --format json | jq -raw
  -output '.address'`         获取 IP 地址

gcloud compute forwarding-rules create \
  api-forwarding-rule \
  --address $IP \
  --global \                                   添加一条转发规则以将请求
  --target-http-proxy api-proxy \              从 IP 地址转发到 HTTP 代理
  --ports 80

printenv IP          输出所创建的 IP 地址
```

这段代码会创建一个公网 IP 地址,并配置为将发给该 IP 地址的请求转发给 HTTP 代理以及底层的后端服务。运行后,这些规则要等待几分钟才能生效。过一段时间后,用 curl 命令试一下这个服务 "curl "http://$IP/ping?[1-100]""。它会发起 100 个请求,如果读者看到不同名字的 **market-data** 节点被输出到终端控制器——太好了——那么表明我们已经部署了一个经过负载均衡的微服务。

 注意　　在现实世界中,读者不大会将微服务直接开放给外部世界。我们在此处这么做只是为了方便测试。GCE 同样支持内部负载均衡、Cloud Endpoints 和托管的 API 网关。

8.3.5　开发者学到了什么

在这些例子中,读者已经搭建了微服务部署流程中所需的一些关键元素。

(1)使用实例模板完成了基本的部署操作,简化了为特定服务扩大或缩小服务容量的过程。

(2)综合应用实例组、负载均衡器以及健康检查,实现微服务部署的自动扩容和自动修复。

(3)将服务部署到相互独立的区域来有助于搭建壁垒以减少故障的影响范围。

但是这还遗漏了一些内容。由于开发者是在机器上拖取最新代码并进行编译的,所以这会导致服务发布是不可预测的。新提交的代码可能导致不同的服务实例运行不一致的代码版本(图 8.10)。如果没有任何显式的版本控制或打包功能,很难将代码前滚或后滚。

服务器的启动是很慢的,因为我们将依赖项的工作也放到了启动流程中,而非将它们集成到实例模板中。这种方式同时意味着不同实例上的依赖项也可能不一致。

最后,我们并没有将任何工作实现自动化。手动的流程不但不能扩展到多个微服务上,而且很容易出现错误。在阅读完后面部分的内容后,我们可以把部署工作做得更好。

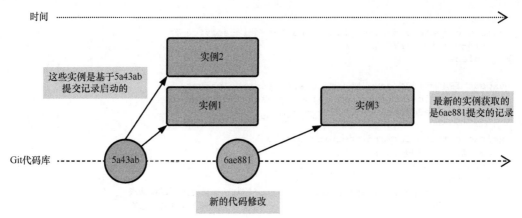

图 8.10　服务发布没有版本号导致部署的代码不一致

8.4　构建服务工件

在前面的部署案例中，读者并没有在部署阶段将代码打包。读者是在每台服务器上运行启动脚本，启动脚本会从 Git 代码库拉取代码，安装一些依赖项，然后启动应用。这种方式是可行的，但也存在一些缺陷：应用启动特别慢，因为每台服务器都要并行执行相同的代码拉取和构建步骤，无法保证每台服务器运行的是相同版本的服务。

这就导致部署结果不可预测且很脆弱。为了消除这些缺陷并从中获益，开发者需要构建一个**服务工件**（service artifact）。服务工件是服务中一个确定的、不可修改的软件包。如果开发者对同一个代码提交记录执行构建流程，会生成相同的工件。

大部分技术栈都提供某种部署工件（比如 Java 的 JAR 文件、.NET 的 DLL 文件、Ruby 的 gem、Python 的 package）。这些工件的运行时特性可能各有不同。比如，开发者需要使用 IIS 服务器来运行.NET 的 Web 服务，而 JAR 文件可以内嵌到 Tomcat 这样的服务进程中自动执行。

图 8.11 展示了工件的创建、存储和部署过程。一般来说，自动化构建工具（如 Jenkins 或

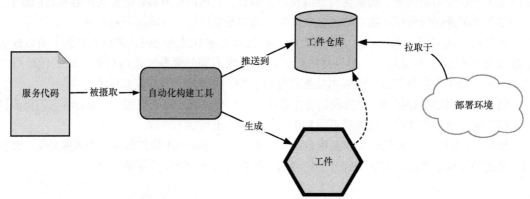

图 8.11　自动化工具创建的服务工件存储至工件仓库以供开发者在之后的部署阶段进行拉取

CircleCI）负责构建服务工件并将其推送到工件仓库。工件仓库可能是专门的工具（比如，Docker 提供了存储镜像的 registry），也可能是通用的文件存储工具（如 Amazon S3）。

8.4.1　工件的组成

一个微服务并不仅包括代码，还包括许多组成部分。

（1）编译后的或者未编译的（取决于编程语言）应用代码；

（2）应用类库；

（3）安装到操作系统中的二进制依赖项（如 ImageMagick 或 libssl）；

（4）辅助进程，如 logging 或 cron；

（5）外部依赖，如数据存储、负载均衡器或其他服务。

某些依赖项（如应用类库）是显式定义的。其他依赖可能是隐式的，比如特定于语言的包管理器通常会忽略二进制依赖项。图 8.12 展示了这些组成部分。

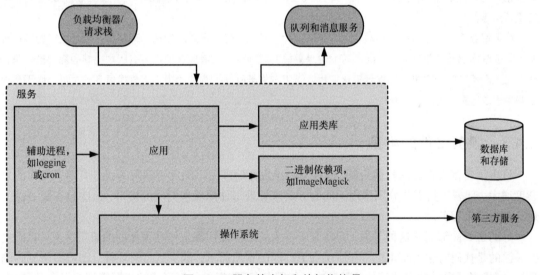

图 8.12　服务的内部和外部依赖项

理想的微服务部署工件允许开发者打包特定版本的已编译代码，指定任何二进制依赖项，并为启动和停止该服务提供标准的操作抽象概念。这应该是与环境无关的：开发者应该能够在本地、测试和生产中运行相同的工件。通过将不同语言在运行时的差异抽取出来，开发者可以降低认知负担，并为管理这些服务提供通用的抽象概念。

8.4.2　不可变性

到目前为止，我们已经多次提到不可变性，现在花些时间来了解一下它的重要性。不可变工件封装了尽可能多的服务依赖项，这使得开发者可以最大限度地确信，在整个部署流水线中，测试所使用的包与部署到生产环境中的是一样的。不可变性还使得开发者可以将服务实例视为一次性用品——如果服务出现问题，开发者可以轻松地用一个具有最新状态的正常新实例替换它。在 GCE 上，这个自愈过程是由开发者所创建的实例组自动完成的。

如果相同代码构建出的是不同的工件——比如，拉取了不同版本的依赖项——那么开发者在部署阶段就会面临更大的风险，而且代码的脆弱性也会增大，因为无意的变更会包含在版本中。不可变性提高了系统的可预测性，因为开发者更易于理解系统的状态和重建应用的历史状态——这对于回滚操作是至关重要的。

不可变性与服务器管理

不可变性不仅是面向服务工件的，同时还是高效管理虚拟服务器的重要原则。

一种管理服务器状态的方式是随着时间的推移采用累积性修改——安装补丁、升级软件及修改配置。这通常意味着没有地方定义服务器当前的理想状态——也就没有已知的正确状态用于搭建一套新的服务器。这种方法还鼓励对服务器进行线上现场修复，但这却增大了出现故障的风险。这些服务都在遭受配置漂移之苦。

如果每台服务器主机都是稀缺资源，那么这种方式也许还说得通。但在云环境中，每台主机的运行成本和替换成本都是非常低的，因此不可变性是更好的选择。开发者应该使用具有版本控制的基础模板来构建主机，而不是管理主机。开发者应该使用以新版本为基础模板构建的主机来替换掉老的主机，而不是对这些主机进行更新。

8.4.3　服务工件的类型

许多语言都有自己的打包机制，这种差异导致在处理由不同语言编写的服务时部署工作的复杂度增大。部署工具需要分别采用不同的方式来处理每种部署包提供的接口，这些包在服务器上运行或者结束服务。

好的工具能够弱化这种差异，但特定于技术的工件往往都工作在很低的抽象层次上。它们主要关注的是代码打包，而非应用程序层面更广泛的本质需求：缺少运行时环境，如前面所见到的那样，开发者需要单独安装其他依赖项来运行服务；不能提供任何形式的资源管理或者资源隔离，这导致在一台主机上运行多个服务非常困难。

幸运的是，读者还有一些选择：操作系统软件包、服务器镜像或者容器（图 8.13）。

1. 操作系统软件包

开发者可以使用目标操作系统的包格式，如 Linux 上的 apt 或者 yum。这种方式可以将工件的安装过程标准化，且不管是什么内容。这是因为开发者可以采用标准的操作系统工具来实现自动化安装。当启动一台新主机时，开发者可以拉取适当版本的服务包。此外，包还可以指定对其他包的依赖关系——例如，Rails 应用可以指定依赖某些常见的 Linux 包，如 libxml、libmagic 或 libssl。

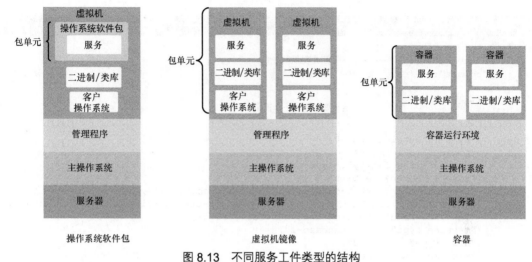

图 8.13　不同服务工件类型的结构

 注意　　如果读者对这种方式有兴趣，想进一步了解的话，可以尝试用 py2deb 和示例服务来构建一个 deb 包。

操作系统软件包方案有如下 3 个不足。

（1）它额外增加了对基础设施的需求：开发者需要创建和维护一个软件包仓库。

（2）这些软件包通常与特定的操作系统高度耦合，导致在将软件包部署到不同的操作系统上时灵活性不足。

（3）由于开发者仍然需要在主机环境中执行这些包，因此软件包并不特别合适在抽象级别上执行。

2. 服务器镜像

在典型的虚拟环境中，开发者所运行的每台服务器都是利用镜像或者模板构建而来的。8.3 节中创建的实例模板就是一个服务器镜像的例子。

读者可以用这个镜像本身作为部署工件。这样就不再需要将包拉取到一台普通机器上了，而是可以为每个想要部署的服务版本创建一个镜像。标准的创建有 4 步。

（1）为新镜像选择一个模板镜像作为基础；

（2）根据模板镜像启动一台虚拟机；

（3）将虚拟机配置成所期望的状态；

（4）为新的虚拟机创建一个快照并将其保存为新的镜像模板。

读者可以使用 Packer 来尝试一下。

 提示　　读者需要配置一下 Packer 来通过 GCE 的认证。

首先，将配置文件保存为 instance-template.json 文件，如代码清单 8.1 所示。

代码清单 8.1　instance-template.json 文件

```
{
  "variables": {  <————————————| 用户提供的变量
    "commit": "{{env `COMMIT`}}"
  },
  "builders":  <————————————| 定义如何构建一个镜像
  [
    {
      "type": "googlecompute",
      "project_id": "market-data-1",
      "source_image_family": "debian-9",
      "zone": "europe-west1-b",
      "image_name": "market-data-service-{{user `commit`}}",
      "image_description": "image built for market-data-service {{user `commit`}}",
      "instance_name": "market-data-service-{{uuid}}",
      "machine_type": "n1-standard-1",
      "disk_type": "pd-ssd",
      "ssh_username": "debian",
      "startup_script_file": "startup-script.sh"
    }
  ]
}
```

现在，在 chapter-8/market-data 文件夹中运行 `packer build` 命令：

```
packer build \
-var "commit=`git rev-parse head`" \  <————————————| 获取最新提交记录的散列值
instance-template.json  <————————————| 使用代码清单 8.1 中定义的实例模板
```

如果查看控制台的输出，就会发现它体现了上面提到的 4 个步骤：Packer 会使用 GCE API 启动一个实例，运行启动脚本，然后将该实例保存为新的模板镜像，并使用源代码的 Git 提交记录散列值作为标签。开发者可以使用 Git 提交记录散列值来显式区分不同版本的代码。

 注意　在本例中，开发者仍然可以直接从 Git 中拉取代码到机器镜像中。在像 Java 这种编译型语言中，编译可执行程序应该是自动化构建工具要单独执行的一个步骤。

这种方式构建出来的工件具有不可变性、可预测性，而且装备齐全自成一体。这种不可变服务器模式结合 Packer 这样的配置工具可以让开发者以代码形式保存可复制的基础状态，但也有如下不足。

（1）镜像绑定在一个云服务提供商上。无法迁移到其他云服务提供商上，并且开发者也无法在自己的机器上重新创建所部署的工件。

（2）由于启动机器并创建快照需要很长时间，因此镜像构建过程通常都很慢。

（3）难以采用单主机多服务的模式。

3. 容器

不同于分发整个机器，像 Docker 或者 rkt 这样的容器化工具提供了一种更加轻量级的封装应用及其依赖的方式。开发者可以在一台机器上运行多个容器，它们之间相互隔离，且具有比虚拟机更低的资源开销，因为这些容器共享同一套操作系统内核。容器还避免了每台虚拟机的硬盘虚拟化以及操作系统的开销。

快速试用一下 Docker（读者可以在 Docker 网站上找到 Docker 的安装说明）。读者可以通过 Dockerfile 构建一个 Docker 镜像。向 chapter-8/market-data 文件夹中添加如代码清单 8.2 所示的文件。

代码清单 8.2　market-data 服务的 Dockerfile 文件

```
                        ┌─ 为 Python 应用启动一
                        │  个公共的基础镜像
FROM python:3.6 ◄───────┘
ADD . /app ◄──────┐
                  │ 将应用代码添加到容器
WORKDIR /app
RUN pip install -r requirements.txt ◄────┐ 安装服务依赖
CMD ["gunicorn", "-c", "config.py", "app:app", "--bind"
  , "0.0.0.0:8080"] ◄───────┐
                            │ 设置服务的启动命令
EXPOSE 8000
          ┌─ 将服务的端口
          │  暴露给容器
```

然后，使用 `docker` 命令行工具来构建容器。

```
$ docker build -t market-data:`git rev-parse head` .
Sending build context to Docker daemon 71.17 kB
Step 1/3 : FROM python:3.6
  ---> 74145628c331
Step 2/3 : ADD . /app
  ---> bb3608d5143f
Removing intermediate container 74c250f83f8c
Step 3/3 : WORKDIR /app
  ---> 7a595179cc39
Removing intermediate container 19d3bffa4d2a
Successfully built 7a595179cc39
```

它会创建一个容器镜像并使用 market-data:<commit ID>作为标签。

现在，开发者为应用构建了一个镜像，它可以本地运行，试一下：

```
$ docker run -d -p 8080:8080 market-data:`git rev-parse head`
```

开发者会在终端看到 gunicorn 的启动日志。如果愿意的话，可以试着使用 curl 工具访问服务的 8000 端口。读者可能注意到了，容器的启动和构建时间要远远小于 GCE 上虚拟机执行的时间。这也是使用容器的一大优势。

经过简单几步，开发者就可以在 GCE 上运行这个容器镜像了。首先，开发者需要将镜像推送到容器注册中心。幸好，GCE 已经提供这个了。

```
TAG="market-data:$(git rev-parse head)" ┐ 用开发者的 GCE 项
PROJECT_ID=<your-project-id> ◄──────────┘ 目 ID 来替换

docker tag $TAG eu.gcr.io/$PROJECT_ID/$TAG ◄──────┤ 重命名开发者创建的 Docker 镜像

gcloud docker -- push eu.gcr.io/$PROJECT_ID/$TAG ◄──────┤ 将 Docker 镜像推送到 GCE
```

这个注册中心起到的是工件仓库的作用，开发者可以将之后要用到的 Docker 镜像保存在里面。在推送完成后，启动一个实例运行该容器：

```
gcloud beta compute instances create-with-container \
  market-data-service-c \
  --container-image eu.gcr.io/$PROJECT_ID/$TAG ◁
  --tags api-service
```

设置项目 ID
和标签值

大功告成！现在我们已经部署了一台容器，并且也亲眼见证了相较于虚拟机镜像，容器更加灵活和易于使用。

除了充当一种打包机制，容器还提供了一套将应用执行相互隔离的运行环境，从而有效地简化了在一台机器上对不同容器执行的操作。这是最令人激动的，因为它在单台主机之上提供了非常明智的抽象。

不同于虚拟机镜像，容器镜像是可移植的，开发者可以在任何支持容器运行环境的基础设施上运行容器。在需要将服务部署到多个不同环境的场景（例如，公司需要同时在云环境和内部环境中运行负载）时，容器镜像可以简化部署工作。容器镜像同时还简化了本地开发的工作，在标准的开发机上运行多个容器要比构建和管理多个虚拟机容易得多。

8.4.4　配置

根据部署环境（预发布环境、开发环境、生产环境等）的不同，服务的配置信息一般也会有所不同。由于各种原因，开发者不能将服务的所有内容都放到工件中。

（1）开发者不能将密码凭据或者敏感的配置数据（比如数据库密码）以明文形式保存，也不可以将这些信息保存到源代码控制系统中。开发者可能希望保留独立于服务部署更改这些数据的能力（例如，作为证书自动轮换的一部分，或者在出现安全漏洞时）。

（2）特定于环境的配置数据（比如数据库 URL、日志等级或者第三方服务端点等）都会不同。

十二要素应用宣言中的第三个原则声称，开发者应该将部署配置信息严格地从代码中剥离出来，并采用环境变量的方式来提供配置信息（图 8.14）。实际上，开发者所选择的部署机制决定了存储和提供特定于环境的配置信息的方式。我们建议将配置信息保存到如下两个位置。

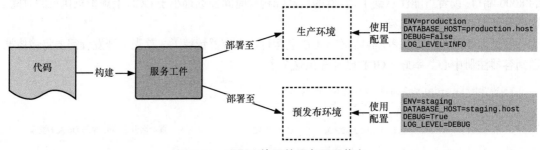

图 8.14　不同环境下的服务配置信息

（1）将非敏感配置数据保存到源代码管理系统中，和服务一起进行版本控制（通常以.env 文件保存）。

（2）将密码凭据信息保存到一个单独的、受到访问限制的"保险库"中（如 HashiCorp 中最为出名的 vault）。

启动服务工件的进程应该拉取这些配置信息并将其注入应用的环境变量中。

遗憾的是，分别管理配置信息会增加风险，因为人们可以修改不可变工件之外的生产环境，从而影响部署的可预测性。开发者宁可过分约束，也要尝试在工件中包含尽可能多的配置，并依赖于部署流水线的速度和健壮性来快速更改配置。

8.5　服务与主机关系模型

在本节中，我们会回顾将服务部署到底层主机的 3 种常见模型：单服务主机、多服务主机和容器调度。

8.5.1　单服务主机

在前面的例子中，我们采用过服务和底层主机之间一对一部署的方式。这种方式易于理解并且在资源需求和多个服务运行时环境之间提供了清晰和显式的隔离，如图 8.15 所示。使用此模型，读者可以随意使用这些服务器：可以通过命令启动、停止和销毁这些别无二致的单元。

这种模型并不完美。根据每个服务的需求适当调整虚拟实例的大小需要持续的跟进和评估。如果不是在云环境中运行，则开发者可能会受到数据中心或虚拟化解决方案的限制。正如我们前面提到的，虚拟机启动时间相对较慢，通常需要数分钟时间。

图 8.15　单服务主机模型

8.5.2　单主机多静态服务

在一台主机上运行多个服务是可行的（图 8.16）。在这种模型的静态化方案中，服务分配到哪些主机上都是通过手动控制和静态化的。服务所有者在部署之前要有意识地选择每个服务应该在哪些主机上运行。

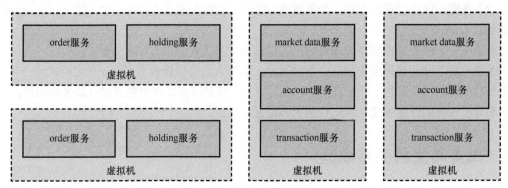

图 8.16 一台虚拟机可以运行多个服务

乍看上去，这种方法似乎是可取的。如果主机比较稀缺或者获取新主机的成本很高，那么在生产环境中最简单的方法就是最大限度地使用现有的有限数量的主机。

但这种方法同样存在一些不足。它提高了服务之间的耦合度：将多个服务部署到同一台主机将使服务之间产生耦合，从而导致无法独立发布服务。它还提高了依赖项管理的复杂度：如果一个服务需要 1.1 版本的包，而另一个服务需要 2.0 版本的包，那么这种差异是很难协调的。没人能说清楚哪个服务拥有部署环境，因此也就没人清楚哪个团队负责管理这些配置信息。

这种方式同时会导致在对服务进行独立监控和扩容时面临巨大挑战。服务器中一个服务出现问题可能会对其他服务产生不利影响，并且这也会导致难以独立地监控各个服务的资源利用率（CPU、内存）。

8.5.3 单主机多调度化服务

如果开发者可以不必考虑那些运行服务的底层主机而完全关注每个应用的独特运行时环境，就简单多了。这是平台即服务（PaaS）解决方案（如 Heroku）最初的承诺。PaaS 会提供一些用于部署和运行服务的工具，只需要很少的操作配置或者基本不暴露底层基础设施资源。尽管这些平台易于使用，但它们常常难以在自动化和控制权之间实现平衡——简化部署，但是禁止开发者定制——且高度特定于供应商。

容器提供了更加优雅的抽象。

（1）工程师可以定义和分发完整的应用工件。

（2）虚拟机可以运行多个单独的容器，它们之间相互隔离。

（3）容器提供了运维 API，可供开发者使用更高级的工具来实现自动化。

这 3 个方面使得容器调度或编排成为可能。容器调度器是一种软件工具，通过管理共享资源池不可拆分的、容器化的应用程序的执行，将底层主机抽离出去。通常，调度器由一个主节点和一个工作节点集群组成，主节点将应用的工作任务分发给工作节点集群。开发者或自动化部署工具向此主节点发送指令执行容器部署。图 8.17 展示了这一配置方式。

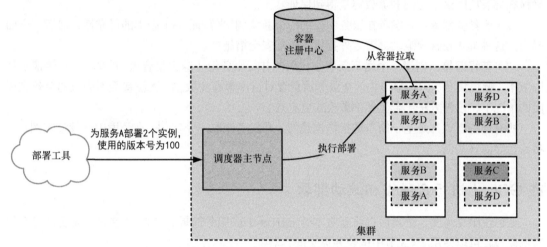

图 8.17　容器调度器负责在这些服务器集群上运行容器，并平衡这些服务器的资源需求

1. 调度模型的优点

不同于单主机多静态服务的部署方式，采用调度模型的服务所分配的主机是动态的，取决于每个应用所定义的资源需求（CPU、硬盘、内存）。这避免了静态化模型的不足，因为调度器的目标就是持续优化集群内服务器的资源使用率，同时容器模型还保持了服务的独立性。

通过将调度器作为部署平台来试用，服务开发者可以更加关注服务的运行环境，并与相应的机器配置的底层需求区分开。运维工程师可以关注底层调度器平台的运行并为服务运行定义一些通用的运维标准。

2. 复杂的容器调度器

像 Kubernetes 这样的容器调度器是非常复杂的软件，需要有相当的专业知识来才能操作，特别是这些工具本身都还是比较新的。我们强烈建议将调度器作为微服务的理想部署平台，但前提是读者具备能力使用托管调度器（如谷歌的 Kubernetes 引擎）或内部拥有维护资源来运行容器调度器。如果没有的话，那么单主机单服务模型结合容器工件会是一个非常好且很灵活的备用方案。

8.6　不停机部署服务

到目前为止，我们只部署了一次 market-data 服务，但是在现实应用中，开发者会频繁地部署服务，并需要能够在不停机的情况下部署新版本服务来保持应用的整体稳定性。因为每个服务的正常运行依赖于其他服务，所以还需要最大限度地提高每个服务的可用性。

不停机部署有 3 种常见的部署模式。

（1）**滚动部署**：在启动新实例（版本为 $N+1$）时，逐步将旧实例（版本为 N）从服务中剔除，确保在部署期间最小比例的负载容量得到保证。

（2）**金丝雀部署**：开发者在服务中添加一个新实例[①]来验证 $N+1$ 版本的可靠性，然后再全面推出。这种模式在常规滚动部署之外提供了附加安全措施。

（3）**蓝绿部署**：创建一个运行新版本代码的并行服务组（绿色集合），开发者逐步将请求从旧版本（蓝色集合）中转移出去。在服务消费者对错误率高度敏感、无法接受不健康的金丝雀风险的情况下，这种方法比金丝雀部署模式更有效。

所有这些模式都是基于简单的操作构建的。开发者获取一个实例，在环境中运行该实例，并将流量导向该实例。

在 GCE 上进行金丝雀和滚动部署

俗话说眼见为实，读者可以将新版本的 market-data 服务部署到 GCE。首先，需要创建新的实例模板，可以使用 8.4.3 节中构建并提交的容器：

```
gcloud beta compute instance-templates create-with-container \
  market-data-service-template-2 \
  --container-image eu.gcr.io/$PROJECT_ID/$TAG
  --tags=api-service
```

然后，启动金丝雀更新：

```
gcloud beta compute instance-groups managed rolling-action start-update \
  market-data-service-group \
  --version template=market-data-service-template \
  --canary-version template=market-data-service
  -template-2,target-size=1 ◁               滚动更新一个使用新模板
  --region europe-west1                      的实例
```

GCE 会向实例组中添加一个金丝雀实例，后端服务开始接受请求（图 8.18）。这需要花费几分钟的时间才能完成。同样，还可以在 GCE 控制台上看到新实例（图 8.19 中的 Compute Engine > Instance Groups）。

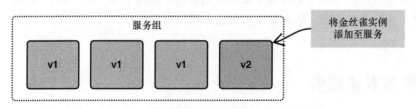

图 8.18　向服务组中添加金丝雀服务实例

---

① 在较大规模的服务组（比如实例数大于 50）中，开发者可能需要更多的金丝雀实例来获取有代表性的反馈。

	Name	Creation time	Template	Zone	Internal IP	External IP	Connect
☐ ✓	market-data-service-fwqr	17 Mar 2018, 15:18:06	market-data-service-template	europe-west1-d	10.132.0.4	35.205.51.221	SSH ▾
☐ ✓	market-data-service-gfp9	18 Mar 2018, 09:45:57	market-data-service-template-2	europe-west1-b	10.132.0.3	35.205.138.120	SSH ▾
☐ ✓	market-data-service-rp98	16 Mar 2018, 14:19:24	market-data-service-template	europe-west1-c	10.132.0.8	104.199.107.141	SSH ▾
☐ ✓	market-data-service-t8pv	16 Mar 2018, 14:19:24	market-data-service-template	europe-west1-b	10.132.0.7	35.195.188.36	SSH ▾

图 8.19　实例组包含初始的实例以及新版本的金丝雀实例

如果没有问题的话，可以继续执行滚动更新。

```
gcloud beta compute instance-groups managed rolling-action start-update \
  market-data-service-group \
  --version template=market-data-service-template-2 \
  --region europe-west1
```

更新速度取决于在滚动更新时期望保留多大的服务能力。读者可以选择在滚动部署期间超出当前容量，以确保始终保持目标实例数不变。图 8.20 展示了对 3 个实例进行滚动更新的各个阶段。

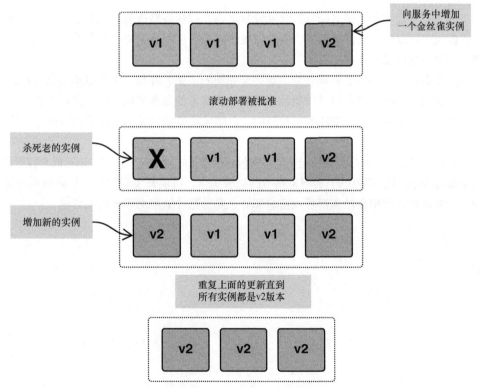

图 8.20　以金丝雀实例为例说明，滚动部署的各个阶段

如果不满意的话，读者可以将金丝雀实例回滚：

```
gcloud beta compute instance-groups managed rolling-action start-update \
  market-data-service-group \
  --version template=market-data-service-template \ ←──────────────
  --region europe-west1                                              初始版本
```

　　回滚命令和滚动部署命令是相同的，不过它用的是之前的版本。在现实世界中，回滚可能并不是原子化的。比如，对新实例执行错误操作可能会导致数据处于不一致的状态，这就需要人为干预和协调。发布小规模的变更并积极监控新发布版本的功能能够降低这些情况的发生和范围。

　　在本章中，我们介绍了很多内容，包括手动将服务部署到云服务提供商，将服务分别打包为容器和虚拟机，并实践了安全进行滚动更新的方法。通过构建不可变服务工件和执行安全、不停机的部署方式，可以构建跨多个服务可靠工作的部署流程。最终，部署过程越稳定、可靠和无缝，也就越容易将服务标准化，也就可以更快地发布新服务和在不产生摩擦或风险的情况下交付有价值的新功能。

8.7　小结

　　（1）部署新的应用和变更必须标准化和简单明确，以免在微服务开发过程中出现摩擦。

　　（2）微服务可以运行在任何地方，但是理想的部署平台需要支持一系列功能，包括安全、配置管理、服务发现以及冗余。

　　（3）开发者将一个典型服务部署为一组完全相同的实例，并与一个负载均衡器连接。

　　（4）实例组、负载均衡器以及健康检查能够让所部署的服务实现自愈和自动扩容。

　　（5）服务工件必须是不可变的和可预测的，以将风险控制到最小，降低认知难度，简化部署抽象。

　　（6）开发者可以将服务打包为特定于语言的包、操作系统软件包、虚拟机模板或者容器镜像。

　　（7）添加/删除微服务的单个实例是基本的初级操作，可供开发者组合成更高级别的部署。

　　（8）开发者可以使用金丝雀部署或蓝绿部署来降低意外缺陷对可用性的影响。

第9章 基于容器和调度器的部署

本章主要内容

- 使用容器将微服务打包为可部署工件
- 如何在容器调度器 Kubernetes 中运行微服务
- Kubernetes 的核心概念: pod、服务 (service) 和复制集 (replicaset)
- 在 Kubernetes 上执行金丝雀部署和回滚

对于微服务部署和运行而言, 容器是一种非常优雅的抽象, 它提供了跨语言的统一打包方案、应用级隔离以及快速的启动时间。

相应地, 容器调度器通过编排和管理底层基础设施资源池中不同工作负载的执行, 为容器提供更高级的部署平台。调度器还提供 (或紧密集成) 其他工具 (如网络、服务发现、负载均衡和配置管理), 来为基于服务的应用交付一套完整的环境。

容器并不是使用微服务的必要条件。开发者可以使用许多方法来部署服务, 比如使用我们在第 8 章中提到的单虚拟机单服务模型。但是借助调度程序, 容器提供了一种特别优雅和灵活的方法来满足我们的两个部署目标: 速度和自动化。

尽管还有一些其他容器运行时环境 (如 CoreOS 的 rkt), 但 Docker 是最常用的容器工具。一个活跃的团体——开放容器倡议 (Open Container Initiative) ——也在致力于将容器规范标准化。

目前流行的容器调度器有 Docker Swarm、Kubernetes 和 Apache Mesos, 不同的工具和发行版构建在这些平台之上。其中, Kubernetes 是谷歌的开源容器调度程序, 拥有最广泛的市场份额, 并获得了微软等其他组织和开源社区的重要实现支持。由于它流行广泛并且本地安装设置简单, 因此在本书中, 我们将使用 Kubernetes。

我们通过使用 Kubernetes 显著提高了自己公司的部署速度。如果采用以前的方法, 可能需要几天时间才能顺利地将一个新服务部署成功, 但是如果使用 Kubernetes, 任何工程师现在都可以在几小时内部署一个新的服务。

在本章中，我们将介绍 Docker 和 Kubernetes。我们将使用 Docker 为 SimpleBank 中的新服务构建、存储和运行容器。我们将使用 Kubernetes 把该服务投入生产环境。除了这些示例，我们还将演示调度器如何执行和管理不同类型的工作负载，以及如何将大家熟悉的生产环境概念映射到调度器平台。我们还将研究 Kubernetes 的高级架构。

9.1　服务容器化

现在开始吧！本章的目标是选择 SimpleBank 中的某个 Python 服务（market-data）并将其运行在生产环境中。图 9.1 展示了整个过程。Docker 将服务代码打包到容器镜像中，然后将其存储到存储库中。读者可以使用部署指令告诉调度程序在底层主机集群上部署和运行打包后的服务。

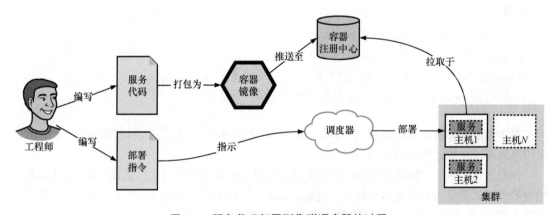

图 9.1　服务代码部署到集群调度器的过程

正如大家所知道的，成功的部署不仅是运行一个实例。对于每个新版本，我们都想要构建一个可以多次部署的工件，以实现冗余、可靠性和水平扩展的目的。在本节中，我们将学习如何执行以下操作：为服务构建一个镜像；运行多个镜像实例或容器；把镜像推送到共享的存储库或注册中心。

事有先后：如果我们想要交付服务，需要先搞清楚如何把服务封装到容器里。在本节中，我们需要提前安装好 Docker。读者可以在线查找最新的使用说明。

9.1.1　镜像使用

为了将应用打包到容器中，我们需要构建一个镜像。这个镜像包含运行该应用所需的文件系统（包括代码、依赖）以及其他元数据（比如启动应用的命令文件）。在运行应用时，会启动该镜像的多个实例。

最为强大的一点是，镜像它可以继承其他镜像。这意味着应用镜像可以分别针对不同技术栈继承公开的、标准化的不同镜像。开发者也可以构建自己的基础镜像，以将各个服务都会应用到的标准和工具封装进去。

若要亲自感受一下镜像的用法，我们可以打开命令行工具，尝试拉取一个公开的 Docker 镜像：

```
$ docker pull python:3.6
3.6: Pulling from library/python
ef0380f84d05: Pull complete
24c170465c65: Pull complete
4f38f9d5c3c0: Pull complete
4125326b53d8: Pull complete
35de80d77198: Pull complete
ea2eeab506f8: Pull complete
1c7da8f3172e: Pull complete
e30a226be67a: Pull complete
Digest:
    sha256:210d29a06581e5cd9da346e99ee53419910ec8071d166ad499a909c49705ba9b
Status: Downloaded newer image for python:3.6
```

拉取命令会将镜像下载到本地机器上。这个镜像是可以直接运行的。在本例中，我们从 Docker 镜像默认的公共注册中心（或者仓库）Docker Hub 上拉取了一个 Python 镜像。运行如下命令会启动一个镜像实例，会进入新创建容器的 Python 可交互 Shell 中：

```
$ docker run --interactive --tty python:3.6
Python 3.6.1 (default, Jun 17 2017, 06:29:46)
[GCC 4.9.2] on linux
Type "help", "copyright", "credits" or "license" for more information.
>>>
```

读者应该注意到了一些东西。--interactive（或者-i）参数表示容器应该是可交互的，能够接受 STDIN 的输入，而-tty（或者-t）参数会将接受用户输入的终端与 Docker 容器连接起来。在启动容器后，它执行了镜像中默认的命令集。我们可以通过检查镜像的元数据来确认命令内容。

```
$ docker image inspect python:3.6 --format="{{.Config
  .Cmd}}"
[python3]
```
　　　　　　　　　　　Docker 镜像配置信息是以 JSON 格式输出
　　　　　　　　　　　的，可以使用 Go 文本模板来解析

我们可以指定 Docker 执行容器内的其他命令，比如，为了使容器进入操作系统 shell，而非 Python，在使用 bash 启动映射实例时，可以在使用的命令后面加上扩展名。

在观察前面的拉取命令的输出结果时，读者可能已经注意到 Docker 下载了多个条目，每个用一个散列值来标识——它们是层。镜像就是多个层的集合；当开发者构建镜像时，所运行的每个命令（apt-get update、pip install、apt-get install -y 等）都会创建一个新层。

读者可以将构建 python:3.6 镜像所用到的命令列出来：

```
$ docker image history python:3.6
```

脚本返回的每行内容都代表一条构成 Python 镜像的命令。反过来，某些层是从其他基础镜像继承而来的。在 Dockerfile 中的命令定义使用一种轻量级领域特定语言（DLS）来指定镜像中的层。如果要查看这个镜像的 Dockerfile，读者可以在 Github（http://mng.bz/JxDj）上找到。该文件的第一行是：

```
FROM buildpack-deps:jessie
```

这表明镜像应该继承于 buildpack-deps:jessie 镜像。如果读者在 Docker Hub 上按着这条线索查下去的话，则会发现 Python 容器有很深的继承层次——该层次是基于 Debian 操作系统的，并安装了常见的二进制依赖，如图 9.2 所示。

图 9.2　Docker Hub 中构建 Python:3.6 容器所使用的镜像继承层次

其他容器生态系统采用了不同的机制（比如，rkt 使用的是 acbuild 命令行工具），但最终输出是相似的。

除了实现可复用性，镜像分层还优化了容器的启动时间。如果机器上两个衍生镜像共用一个父层，那么只需要从注册中心拉取一次就够了，而不需要两次。

9.1.2　构建镜像

这个 Python 镜像是我们构建自己的应用镜像的优选起点。我们快速查看一下 market-data 服务的依赖项：它需要运行在操作系统中——任何 Linux 发行版应该都可以；它需要依赖 python 3.6.x；它通过 Python 的包管理器 pip 从 PyPi 中安装一些开源依赖项。

事实上，上面列出的内容和所要构建的镜像结构非常接近。图 9.3 展示了 market-data 服务镜像与我们目前所使用的 Python 基础镜像的关系。

为了构建 market-data 服务镜像，我们首先需要在 market-data 服务根目录下创建一个 Dockerfile 文件，如代码清单 9.1 所示。

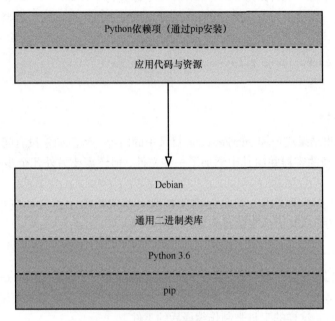

图 9.3 market-data 容器镜像结构及其与 Python:3.6 基础镜像的关系

代码清单 9.1 应用容器的 Dockerfile 文件

这并不是全部的配置信息，但可以试着构建这个镜像，看看是什么样子的。读者可以使用 docker build 命令来从 Dockerfile 文件中构建一个镜像：

```
$ docker build -t market-data:first-build .
Sending build context to Docker daemon 71.17 kB
Step 1/3 : FROM python:3.6
 ---> 74145628c331
Step 2/3 : ADD . /app
 ---> bb3608d5143f
Removing intermediate container 74c250f83f8c
Step 3/3 : WORKDIR /app
 ---> 7a595179cc39
Removing intermediate container 19d3bffa4d2a
Successfully built 7a595179cc39
```

上述命令会构建出一个名称为 market-data、标签为 first-build 的镜像。我们在本章后面的内容中会进一步使用标签功能。检查一下开发者是否可以启动这个容器以及容器是否包含所需要的文件：

```
$ docker run market-data:first-build bash -c 'ls'
Dockerfile
app.py
config.py
requirements.txt
```

上述命令的输出结果应该和 market-data 目录中的内容一致。如果没有问题，就太好了。我们已经构建了一个新的容器并向其中添加了一些文件，但还需要另外几个步骤才能够使用该容器运行应用。

虽然已经添加了应用代码，但是还需要拉取一些依赖项才能启动应用。首先，可以在Dockerfile 文件中使用 RUN 命令来执行任意的 shell 脚本：

```
RUN pip install -r requirements.txt
```

读者是否还记得，pip 工具已经安装在 Python 基础镜像中。如果使用的是 Ruby 或者 Node，这时候就需要调用 bundle install 或者 npm install 命令了。如果使用的是编译型语言，还可能需要使用 make 这样的工具来制作编译后的工件。

 注意　　对于更加复杂的应用，特别是编译型语言，读者可能需要使用建造者模式或者多阶段构建方式来将开发过程的 Docker 镜像和运行时 Docker 镜像分开。

接下来，需要设置启动应用时所用到的命令。在 Dockerfile 文件中再添加以下内容：

```
CMD ["gunicorn", "-c ", "config.py", "app:app"]
```

最后一步，需要告诉 Docker 开放应用所使用的端口。在本例中，Flask 应用是在 8000 端口接收数据请求的。将这些信息聚合到一起，就得到了最终的 Dockerfile 文件，如代码清单 9.2 所示。读者可以再次构建这个镜像，这一次使用 latest 标签来标记。

代码清单 9.2　market-data 服务完整的 Dockerfile 文件

```
FROM python:3.6
ADD . /app
WORKDIR /app
RUN pip install -r requirements.txt
CMD ["gunicorn", "-c ", "config.py", "app:app"]
EXPOSE 8000
```

公共镜像和安全

我们目前所使用的 python:3.6 镜像源于 debian:jessie 镜像，它具有良好的口碑，一直维护得很好并且对于披露的漏洞能够快速发布修补程序。

不管使用哪种软件，很重要的一点就是要意识到使用公开的 Docker 镜像会潜在地增加安全风险。许多镜像，特别是那些非官方维护的镜像，并不会定期更新或者修复漏洞，这会增加系统的风险。

对此，已经出现的一些安全扫描工具（如 Clair）能够对 Docker 容器的安全状况进行分析。读者可以在特定的情况下使用这些工具或者将其集成到持续集成流水线中。

维护自己的基础镜像也是一种选择，但是这会增加时间成本。如果确定走这条路的话，需要认真考虑团队的能力以及在安全领域拥有的专业知识。

9.1.3 运行容器

我们已经为应用构建了一个镜像，现在可以执行以下命令将其运行起来：

```
$ docker run -d -p 8000:8000 --name market-data market-data:latest
```

这个命令会在终端返回一个很长的散列字符串。这是容器的 ID——是以 detached 后台模式启动的，而非前台模式。我们也使用-p 参数将容器端口映射到 Docker 主机端口，这样就可以通过 Docker 主机访问容器服务了。如果尝试调用服务——它在/ping 下有一个健康检查端点——则会收到一个成功的响应：

```
$ curl -I http://{DOCKER_HOST}:8000/ping
HTTP/1.0 200 OK
Content-Type: text/plain
Server: Werkzeug/0.12.2 Python/3.6.1
```

DOCKER_HOST 取决于开发者是以何种方式在环境中安装 Docker 的

我们可以很轻松地运行多个实例并实现负载均衡。尝试一下使用 NGINX 作为负载均衡器的基本示例。读者可以从公共注册中心拉取一个 NGINX 容器，要让它运行起来并非难事。图 9.4 展示了所要运行的容器。

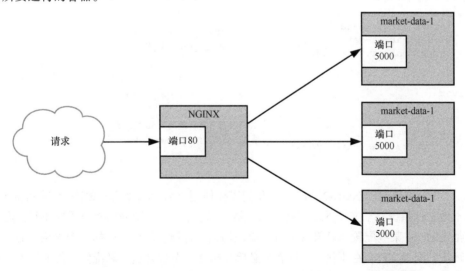

图 9.4　NGINX 将收到的请求负载均匀地分发到 3 个 market-data 容器

首先，启动 3 个 market-data 服务实例。在终端运行如下代码：

```
$ docker network create market-data ◄───────────┤创建一个名称为 market-data 的容器网络

$ for i in {1..3} ◄─────────┐基于前面创建的 market-data:latest
  do                         镜像运行 3 个容器
    docker run -d \
      --name market-data-$i \
      --network market-data \
      market-data:latest
  done
```

如果读者运行 `docker ps -a` 命令，则会看到 market-data 服务的 3 个实例已经启动起来并运行正常。

提示　　　　如果不采用命令行方式，则可以使用 Docker Compose 用一个 YAML 文件以声明式方式定义一组容器，然后运行这些容器。但是在本例中，我们最好从底层开始，这样可以了解具体的运行情况。

和前面的方式不同，读者不需要将每个容器的端口映射到主机上。这是因为我们只会通过 NGINX 来访问这些容器。反之，我们创建了一个网络。在相同的网络中运行能够让 NGINX 很容易地使用容器名作为主机名来发现 market-data 实例。

现在，可以配置 NGINX 了。和之前不同，我们不需要构建自己的镜像，只需要从公共的 Docker 注册中心拉取官方的 NGINX 镜像。首先，我们需要配置 NGINX 来对 3 个服务实例实现负载均衡。使用代码清单 9.3 创建名称为 nginx.conf 的文件。

代码清单 9.3　nginx.conf

```
upstream app {
    server market-data-1:8000; ◄─────────┐读者使用容器名和端口
    server market-data-2:8000;            配置 upstream 应用
    server market-data-3:8000;
}

server {
    listen 80;
                                ┌NGINX 服务器代理端口 80 接收的
    location / {                 请求，然后发给 upstream 应用
        proxy_pass http://app; ◄─┘
    }
}
```

然后，我们可以启动 NGINX 容器了。我们需要使用 `volume` 参数（或者`-v`）来将 nginx.conf 文件以本地文件系统共享文件的形式挂载到容器中。这种方式对于分享密码凭据和部分配置信息是很有帮助的——某些配置信息没有或者不应该构建到容器镜像中，比如加密密钥、SSL 证书和特定于环境的配置文件。在本例中，读者不必单独构建一个包含这个新配置文件的容器。通过如下命令启动容器：

```
$ docker run -d --name=nginx \
--network market-data \
--volume `pwd`/nginx.conf:/etc/nginx/conf.d/
  default.conf \
-p 80:80 \
nginx
```

采用和 market-data 容器相
同的网络来运行容器

将配置文件挂载到容器
内对应的位置

将 nginx 容器的端口 80 映
射到主机的端口 80 上

这样就可以了。使用 curl 工具调用 `http://localhost/ping` 应该返回主机名——默认是
响应请求的容器实例的容器 ID。NGINX 采用轮询方式将请求分发给 3 个服务节点来对服务实例
实现简单的负载均衡。

9.1.4 镜像存储

目前为止已经很棒了——我们构建了一个镜像，并且看到了运行应用的多个独立实例是多么
简单的事情。遗憾的是，从长远来看，如果只在开发者的机器上使用该镜像，那么它没有多大用
处。在部署此镜像时，开发者应该从 Docker 注册中心拉取该镜像。这可以是大家已经见过的
Docker Hub，也可以是一个托管注册中心［如 AWS EC R 或 Google 容器注册中心（Google
Container Registry）］，还可以是自己管理的项目（例如，使用 Docker 分发开源项目）。在构建一
套持续交付流水线后，该流水线将会把每次有效提交推送到容器注册中心。

注意 　　使用 `docker save` 命令将 Docker 镜像保存为 tarball 文件是可行的，尽管这在镜像分
发中并不常用。与此相反，rkt 原生使用 tarball 文件用于容器分发。这意味着可以将镜像存
储到标准的文件存储系统中（比如 S3），而不必使用定制的注册中心。

现在，我们可以将开发者的镜像推送到 dockerhub 官网。首先，需要创建一个账号并选择一
个 Docker ID。这是存储容器所使用的命名空间。用户登录进入后，需要通过网页界面创建一个
仓库——一个用于存储不同版本镜像的仓库（图 9.5）。

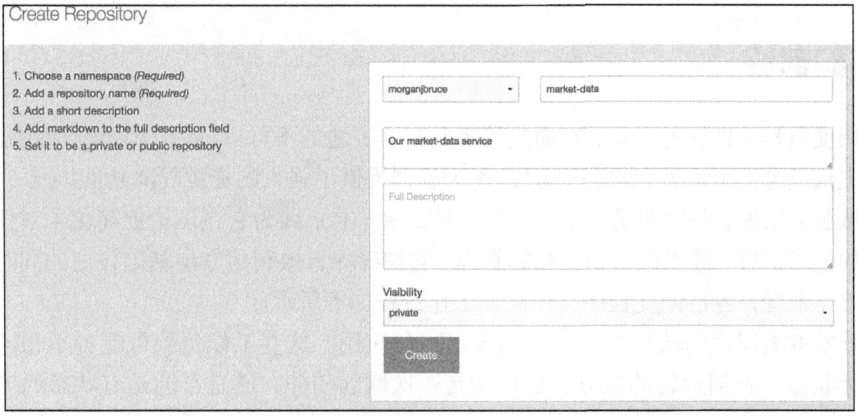

图 9.5　使用 Docker Hub 的 Create Repository 页面为 market-data 镜像创建一个仓库

为了将镜像推送到该仓库，我们需要使用合适的名称为 market-data 镜像打标签。Docker 镜像名称遵循的格式为<registry>/<repository>:<tag>。完成这些工作后，简单的 docker push 命令就可以将镜像上传到注册中心。执行以下命令：

```
$ docker tag market-data:latest <docker id>/market-data:latest
$ docker login
$ docker push <docker id>/market-data:latest
```

就是这样！我们已经成功地将镜像推送到公共仓库，如图 9.6 所示。其他工程师（如果镜像仓库是私有的，则需要开发者授予他们访问权限）可以使用 docker pull [image name] 拉取该镜像。

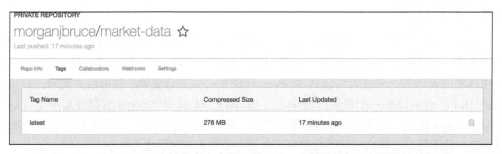

图 9.6 Docker Hub 上的私有仓库页面展示了一条推送的打了标签的镜像记录

回顾一下已学的内容：我们已经学会了如何将简单应用打包成一个轻量级跨平台工件，即容器镜像；研究了如何利用多个层来构建 Docker 镜像，从而支持继承基础通用容器以及加快启动速度；为一个应用容器运行了多个相互隔离的实例；将构建的镜像推送到 Docker 注册中心。

不管底层使用哪种编程语言，在构建流水线时采用这些技术能够确保这一系列的服务都具备更好的一致性和可预测性，同时这些技术也有助于简化本地开发的工作。接下来，我们会使用 Kubernetes 来完成部署一个容器化应用，以此来研究容器调度器是如何工作的。

9.2 集群部署

容器调度器是一种软件工具，它通过管理共享资源池的不可拆分的、容器化应用程序的执行来将底层主机概念抽离出去。这是可能的，因为容器提供了强大的资源隔离功能以及一致性 API。

对于微服务来说，调度器是一个引人注目的部署平台，因为它在理论上简化了对任意数量的独立服务的伸缩扩容、健康检查和发布的管理。它在确保有效利用底层基础设施的同时做到了这一点。从整体来看，容器调度程序工作流的工作过程如下所示。

（1）开发者编写声明式指令来指明所要运行的应用。这些工作负载可能各不相同：可能想运行一个无状态、长期运转的服务，也可能是一次性的任务，还有可能是有状态的应用，比如数据库。

（2）指令到达主节点。

（3）主节点执行这些指令，将工作负载分发到底层的工作节点集群。

（4）工作节点从相应的注册中心拉取容器并按照指定方式运行这些应用。

图9.7展示了调度器的架构。对于工程师来说，在哪里执行应用以及如何执行应用根本不重要——调度器会承担这个工作。除了运行容器，Kubernetes还提供了一些其他功能来支持应用运行，如服务发现和密码凭据管理。

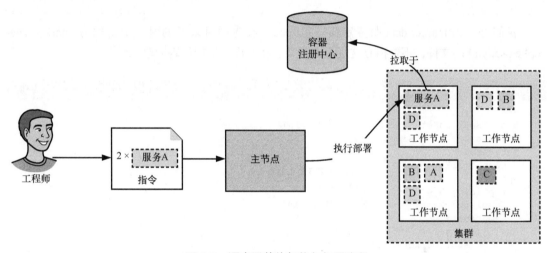

图 9.7　调度器整体架构与部署流程

有许多众所周知的集群管理工具可以使用，但是在这个例子中，我们会使用从 Google 内部的 Borg 和 Omega 演进而来的开源项目 Kubernetes。几乎在任何地方都可以运行 Kubernetes（公共云、私有数据中心）或者作为被托管服务（如 Google Kubernetes Engine，GKE）。

在下面的几节中，我们会涉及很多内容。读者会学习 Kubernetes 所使用的部署单元 pod，为 market-data 微服务定义和部署多个 pod 副本，使用服务对象将请求路由到 pod，部署一个新版本的 market-data 微服务，了解 Kubernetes 中的微服务如何进行通信。

我们会从使用 Minikube 来起步，我们会先在本地主机的虚拟机中运行该应用。在现实的部署环境中，主节点和工作节点应该在不同的虚拟机上，但是在本地环境中，我们将使用同一台机器来承担这两个角色。读者可以在 Minikube 的 Github 页面中找到安装指南。

 提示　　如果读者使用 9.1.4 节中的个人仓库，则需要配置一下 Minikube，这样它才可以访问该仓库。运行 `minikube addons configure registry-creds` 命令按照屏幕提示完成操作。

9.2.1　pod 的设计与运行

Kubernetes 最基本的组成部件是 pod：单个容器或者联系紧密的要一起调度到同一台机器上

的一组容器。pod 是部署的基本单元并且代表的是一个服务实例。由于它是部署的单元，因此也是水平扩展（复制）单元，在扩大或者缩小容量时，开发者就会增加或者移除 pod。

> 💡 **提示**　有时候，一个服务会部署多个容器——复合容器（composite container）。比如，运行在 Gunicorn Web 服务器上的 Flask 服务一般是放在 NGINX 之后的。在使用 Kubernetes 时，pod 就会包含该服务容器以及 NGINX 容器。其他复合容器模式的例子在 Kubernetes 博客上有所讨论。

我们可以为 market-data 服务定义一组 pod。在应用目录下创建一个名称为 market-data-replica-set.yml 的文件，不要担心这是否有意义。在文件中添加代码清单 9.4。

代码清单 9.4　market-data-replica-set.yml

```
---
kind: ReplicaSet    ◁────────── 定义一组 pod
apiVersion: extensions/v1beta1
metadata:
  name: market-data
spec:                            应该包含 3 个 market-data
  replicas: 3    ◁───────────── pod 副本
  template:    ◁───────────── 使用该模板创建 pod
    metadata:
      labels:
        app: market-data
        tier: backend            在 Kubernetes 中根
        track: stable            据标签区分 pod
    spec:
      containers:
      - name: market-data
        image: <docker id>/market-data:latest    ◁───── 包含一个从 Docker 注册中
        ports:                                           心拉取的容器
        - containerPort: 8000
```

在 Kubernetes 中，我们一般用 YAML 文件（或者 JSON，但 YAML 更加易读）向调度器声明指令。这些指令定义了一些 Kubernetes 对象，而 pod 就是其中一种。这些配置文件代表了所期望的集群状态。在将这些配置信息应用于 Kubernetes 后，调度器会持续工作来维持这一理想状态。在本文件中，我们定义了一个 `ReplicaSet`，这是一个用来管理一组 pod 的 Kubernetes 对象。

> 🪐 **注意**　我们偶尔会在*.yml 文件中使用点符号来指代路径。比如，在代码清单 9.4 中，指向 market-data 容器定义的路径是 spec.template.spec.containers[0]。

为了将该文件应用于本地集群，我们可以使用 `kubectl` 命令行工具。在启动 Minikube 后，它应该会自动配置 `kubectl` 命令以操作集群。这个工具会和由集群主节点开放的 API 进行交互。

```
$ kubectl apply -f market-data-replica-set.yml
```

```
replicaset "market-data" configured
```

Kubernetes 会异步创建所定义的对象。我们可以使用 `kubectl` 来观察操作进度。运行 `kubectl get pods`（或者 `kubectl get pods -l app=market-data`）命令会列出已经创建的 pod（图 9.8）。第一次启动会耗费几分钟的时间，因为节点要下载 Docker 镜像。

NAME	READY	STATUS	RESTARTS	AGE
market-data-dv023	1/1	Running	0	16m
market-data-fwnlt	1/1	Running	0	16m
market-data-gdkms	1/1	Running	0	16m

图 9.8　创建一个新的复制集后 kubectl get pod 命令的执行结果

读者已经在前面看到了自己并没有创建单独的 pod。直接创建或者销毁 pod 都是不正常的；相反，pod 是由控制器管理的。控制器负责接受某些期望的状态（比如，总是运行 3 个 market-data pod 实例）然后执行一系列操作来达到这一状态。这种观测-比较-执行的循环会持续执行。

读者已经见过了最常见的控制器类型：ReplicaSet。如果读者曾经在 AWS 或者 GCP 上遇到过实例组，则会发现它们的功能是比较相似的。复制集的目标是确保在任何时间都有指定数量的 pod 处于运行状态。比如，假设某个 pod 消失了——可能是集群中某个节点出现了故障——复制集会察觉到集群的当前状态和期望状态不一致，然后尝试在集群的其他地方重新分配一个 pod 以进行替换。

可以操作一下看看效果。删除一个之前创建的 pod（pod 是按名称区分的）：

```
$ kubectl delete pod <pod name>
```

复制集会重新创建一个新的 pod 来代替已被删除的那个 pod（图 9.9）。

NAME	READY	STATUS	RESTARTS	AGE
market-data-1p0z3	1/1	Running	0	7s
market-data-dv023	0/1	Terminating	0	41m
market-data-fwnlt	1/1	Running	0	41m
market-data-gdkms	1/1	Running	0	41m

图 9.9　复制集中的某个 pod 被删除后，pod 的运行状态

这就和我们在第 8 章中提出的理想相符了：部署微服务实例应该建立在单个基本操作之上。通过控制器和不可变容器的结合，读者可以随意处理 pod，并依赖自动化来维持服务容量，即使是在底层基础设施不可靠的情况下。

 警告　集群本身并不是一个完整的冗余解决方案；基础设施设计也决定了这一点。例如，如果在单个数据中心（或 AWS 中的一个可用性区域）中运行集群，并且整个数据中心宕机，那么所谓的冗余就不存在了。尽可能地在多个区域运行集群来隔离故障是非常重要的。

9.2.2　负载均衡

现在，我们在 Kubernetes 上运行了一个微服务。其速度非常快，但坏消息是，我们还不能访问这些 pod。与前面使用 NGINX 时一样，我们需要将它们链接到一个负载均衡器，由负载均衡器来将请求路由至底层实例中，并将服务功能开放给集群内外的其他协作者。

在 Kubernetes 中，服务定义了一组 pod，并提供了一种访问这些 pod 的方法以供集群内外的其他应用所使用。实现这一壮举的网络技术超出了本书的范围，但是图 9.10 演示了服务连接到现有 pod 的过程。

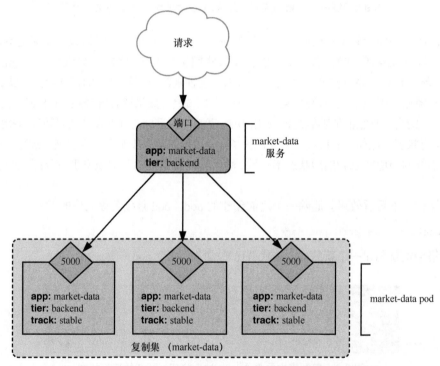

图 9.10　发到服务的请求会被转发到与服务的标签选择器相一致的 pod

现在，我们正在运行一个包含 3 个 market-data pod 的复制集。回想一下代码清单 9.4 可知，开发者的 market-data pod 有标签 `app:market-data` 和 `tier:backend`。这很重要，因为服务是根据 pod 标签把它们合成一组的。

要创建一个服务，读者需要还有另一个 YAML 文件，如代码清单 9.5 所示。这一次，我们称之为 market-data-service.yml（很棒的命名约定）。

代码清单 9.5　market-data-service.yml

```
---
apiVersion: v1
```

```
kind: Service
metadata:
  name: market-data
spec:
  type: NodePort
selector:
  app: market-data
  tier: backend                    定义服务要访问哪些 pod
ports:
  - protocol: TCP                  服务会路由到指定 pod 的
    port: 8000 ◁                   这个端口
    nodePort: 30623 ◁
                                   这个服务会开放集群指定的端口，没有这一行的
                                   话，会随机分配一个 30000～32767 之间的端口
```

与前面创建复制集的过程相同，使用 $kubectl apply -f 命令来应用这一配置，只是需要替换为新的 YAML 文件名。它会创建一个可以通过集群的 30623 端口来访问的服务，这个服务会将请求路由到 market-data pod 的 8000 端口。

读者应该能够使用 curl 工具来访问服务并将请求发送到 pod。服务将返回处理该请求的 pod 名称：

```
$ curl http://`minikube ip`:30623/ping ◁
                                            `minikube ip` 命令返回本地集群的 IP 地址
```

Kubernetes 中的服务类型如表 9.1 所示。在本例中，使用的是 NodePort 类型来将服务映射到集群的外部可用端口上，但是如果只有其他集群服务会访问这个微服务，那么使用 ClusterIP 来保持对集群的本地访问通常更合理。

表 9.1　Kubernetes 中的服务类型

服 务 类 型	功　　能
ClusterIP	在集群本地的 IP 地址上开放服务
NodePort	在集群 IP 地址的可访问的静态端口上开放服务
LoadBalancer	配置外部云服务负载均衡器来开放服务（如果读者正在使用 AWS，则会创建一个 ELB）

服务监控集群的事件并在 pod 组发生变化后动态更新。如果开发者终止了一个 pod，则它会被从该组中移除，而服务会将请求路由到复制集新创建的 pod 上。

9.2.3　快速揭秘

到目前为止，这是无缝转换的：发送一条指令，Kubernetes 执行它！让我们花点时间来学习 Kubernetes 是如何运行 pod 的。

如果深入研究的话，则可以了解到 Kubernetes 上的主节点和工作节点运行了几个专用组件，如图 9.11 所示。

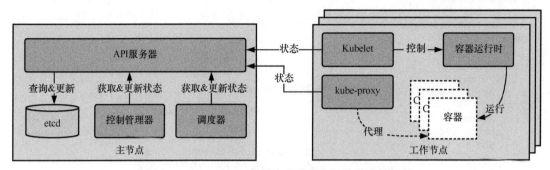

图 9.11 Kubernetes 集群中主节点与工作节点的组件

1. 主节点的组件

主节点包含以下 4 个组件。

（1）**API 服务器**——当通过 `kubectl` 运行命令时，它是通过和 API 服务器通信来执行某些操作。API 服务器为外部用户以及集群内其他组件开放 API。

（2）**调度器**——负责根据给定的优先级、资源需要和其他限制来选择供 pod 运行的合适节点。

（3）**控制管理器**——负责控制循环的执行：这一持续的"观测–比较–执行"操作支撑着 Kubernetes 的运行。

（4）**分布式键值数据存储 etcd**——存储集群的底层状态，并确保在节点出现故障或者需要重启时数据仍然存在。

这些组件合到一起作为集群的控制面板。可以把它想象成飞机的驾驶舱，这些组件共同提供了对节点集群进行编排操作所需的 API 和后端。

2. 工作节点组件

每个工作节点使用如下组件来运行和监控应用。

（1）**容器运行时环境**——在本例中是 Docker。

（2）**Kubelet**——通过与 Kubernetes 主节点交互来启动、结束和监控节点上的容器。

（3）**kube-proxy**——提供了一个网络代理，用于将请求直接发送到集群中的不同 pod，以及在 pod 之间发送请求。

这些组件相对很小并且耦合度低。Kubernetes 的一个关键设计原则就是将关注分离并确保组件可以自主操作——有点像微服务！

3. 监控状态变化

API 服务器负责记录集群状态，并接收客户端的指令，但是它并不明确告诉其他组件要做什么，而是在某些事件发生或者出现变化时，让每个组件独立工作来编排集群功能。为了了解状态变化，每个组件会监控 API 服务器：这些组件会请求 API 服务器在某些感兴趣的内容发生时给它发送通知，这样，它就可以执行相应的行动来尝试匹配所期望的状态。

因为调度器需要知道应该在什么时候为节点分配一个新的 pod，所以它会连接到 API 服务器来接收和 pod 资源相关的源源不断的事件。当它接收到新创建 pod 的通知时，会为 pod 查找合适的节点。图 9.12 展示了这一过程。

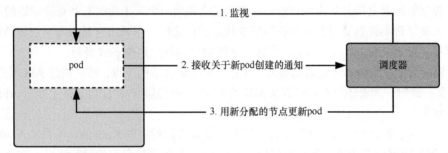

图 9.12　调度器监控 API 服务器上是否有新 pod 被创建并决定 pod 要运行在哪个节点上

相应地，Kubelet 监控 API 服务器检查 pod 是否已经被分配到自己的节点上，然后启动相应的 pod。每个组件监控它感兴趣的资源和事件，比如控制管理器监控复制集和服务（其他内容一起）。

4. 了解 pod 的运行

在创建复制集时，会发生什么事情呢？我们在前面已经看到了，这会导致一定数目的 pod 开始运行，从读者的角度看起来，这很简单！但是实际上，通过 `kubectl` 命令创建的复制集会在多个组件上触发复杂的事件消息链。这条链路如图 9.13 所示。

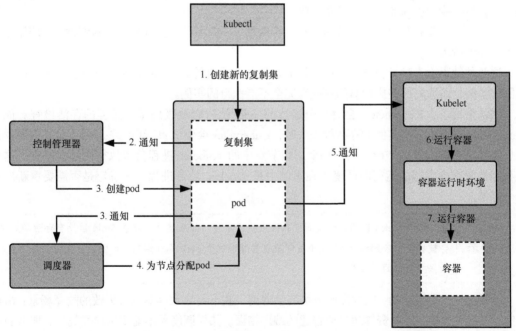

图 9.13　在 Kubernetes 上创建复制集并运行 pod 过程中的一系列事件

我们一步步来看。

（1）读者使用 `kubectl` 工具向 API 服务器发送指令来创建一个新的复制集。API 服务器将这个新资源保存到 etcd 中。

（2）控制管理器监视复制集的创建和修改。它会收到一个关于新的复制集被创建的通知。

（3）控制管理器将集群当前的状态与新的状态进行比较，判断出它是否需要创建新的 pod。它会根据提供给 `kubectl` 工具的模板来通过 API 服务器创建这些 pod 资源。

（4）调度器接收到新 pod 创建的通知，并将其分配给合适的节点，然后通过 API 服务器更新 pod 的定义。此时，读者还没有运行任何真正的应用——控制器和调度器只是更新了 API 服务器所存储的状态。

（5）一旦 pod 被分配给某个节点，API 服务器就会通知对应的 Kubelet，然后 Kubelet 就会指示 Docker 运行容器。下载镜像和容器启动后，Kubelet 开始监控它们的运行情况。这时，pod 才真正运行起来。

正如读者看到的那样，尽管每个组件独立运行，但放到一起，它们就可以编排完成复杂的部署工作。希望这节内容能够帮助开发者揭开 pod 的冰山一角。现在，我们回到微服务运行上来。

9.2.4　健康检查

我们遗漏了某些东西。不同于标准的云负载均衡器，Kubernetes 服务自己并不对底层应用执行健康检查。反之，服务通过检查集群的共享状态来判断 pod 是否准备就绪并能够处理请求。但是我们如何才能知道 pod 是否已准备好呢？

在第 6 章，我们介绍了两种健康检查：**存活性**——应用是否正确启动；**就绪性**——应用是否准备好处理请求。

这两种健康检查对于服务的可恢复性而言是至关重要的。它们能确保流量都被路由到健康的微服务实例，而远离那些执行有问题或者完全不能执行的实例。

默认情况下，Kubernetes 会对每个运行的 pod 执行轻量级的基于进程的存活检查。如果 market-data 容器中某个实例的存活检查失败，Kubernetes 会尝试重新启动该容器（只要该容器的重启策略没有被设置为 `Never`）。每个工作节点中的 Kubelet 进程负责执行该健康检查。这个进程会持续查询容器的运行时环境（在本例中是 Docker 后台进程）来确定是否需要重新启动一个容器。

> 提示　　Kubernetes 以指数退避调度算法来执行重启。如果某个 pod 在 5min 后没有存活，则它会被标记出来删除。如果某个复制集负责管理这个 pod，那么控制器会尝试分配一个新的 pod 来保持所需的服务容量。

单凭这一点是不够的，因为微服务可能会遇到一些不会导致容器本身失败的故障场景：由请求饱和引起的死锁、底层资源超时或普通的编码错误。如果调度器不能识别此类场景，那么服务的性能可能会由于服务路由请求到没有响应的 pod 而下降，这可能导致级联故障。

为了避免这种情况，我们需要调度器不断检查容器中应用的状态，确保它处于存活状态并准备就绪。在 Kubernetes 中，我们可以通过配置探针来实现这一点，可以将其定义为 pod 模板的一部分。图 9.14 演示了如何运行这些检查以及前面提到的进程检查。

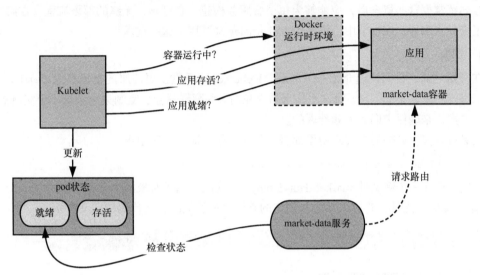

图 9.14　在 Kubernetes 中，每台工作节点上的 Kubelet 进程运行健康检查或
就绪型探针结果以供服务控制路由

尽管添加探针是很简单的，但仍需要添加一些配置信息，详见 market-data-replica-set.yml 文件中所声明的容器说明书。探针可以是 HTTP GET 请求、容器中执行的脚本或 TCP 套接字检查。在本例中，我们将使用 GET 请求，如代码清单 9.6 所示。

代码清单 9.6　market-data-replica-set.yml 中的存活探针

再次使用 kubectl 来应用这一配置以更新复制集的状态。Kubernetes 会尽最大能力使用这些探针来确保微服务实例的健康和活跃。在本例中，存活检查和就绪检查都是同一个端点，但是如果开发者的微服务有外部依赖（比如队列服务），确保服务的就绪检查就依赖于应用与那些依赖之间的联通性是有意义的。

9.2.5 部署新版本服务

现在读者应该已经了解了如何在 Kubernetes 中使用复制集、pod 以及服务来运行无状态微服务。在熟练掌握这些概念后，应能够为每个微服务构建一套可靠、无缝的部署流程。在第 8 章，学习了金丝雀部署；在本节中，将使用 Kubernetes 来试用下这一技术。

1. 部署

在开始之前，我们快速介绍一下部署。Kubernetes 提供了更高层的抽象概念 Deployment 对象来编排新复制集的部署。每次更新部署对象时，调度器就会在复制集中编排一个实例的滚动式更新方案，来确保它们是无缝部署的。

读者可以修改最初的方案来使用部署。首先，删除最初的复制集：

```
$ kubectl delete replicaset market-data
```

其次，创建一个新文件 market-data-deployment.yml。除了对象的类型是 Deployment 而不是 ReplicaSet 之外，它应该和之前创建的复制集是类似的，如代码清单 9.7 所示。

代码清单 9.7 market-data-deployment.yml

```
---
apiVersion: extensions/v1beta1
kind: Deployment          <———————————定义一个 Kubernetes 部署对象
metadata:
  name: market-data
spec:
  replicas: 3    ┌── 所期望部署的 pod 数量
template: <
  metadata:                └── 创建 pod 所使用的模板
    labels:
      app: market-data
      tier: backend
      track: stable
  spec:
    containers:
    - name: market-data
      image: <docker id>/market-data:latest
      resources:
        requests:
          cpu: 100m
          memory: 100Mi
      ports:
      - containerPort: 8000
      livenessProbe:
        httpGet:
          path: /ping
          port: 8000
        initialDelaySeconds: 10
        timeoutSeconds: 15
      readinessProbe:
        httpGet:
```

```
    path: /ping
    port: 8000
initialDelaySeconds: 10
timeoutSeconds: 15
```

使用 `kubectl` 命令将该文件应用于集群。这会创建一个部署对象，而这个部署对象又会创建一个复制集与 3 个 market-data pod 实例。

2. 金丝雀部署

在金丝雀部署中，读者只部署一个微服务实例来确保在面对真实的生产环境流量时新的应用是足够稳定的。这个实例应与现有生产实例一起运行。金丝雀发布有 4 个步骤。

（1）发布一个新版本的实例与之前版本的一起运行。

（2）将一定比例的流量路由到新实例。

（3）通过监控错误率或观察具体功能表现评估新版本的健康状况。

（4）如果新版本是健康的，则开始全面展开以替换其他实例，如果新版本有问题，则删除金丝雀实例，停止发布。

在 Kubernetes 中，读者可以使用标签来区分金丝雀 pod。在第一个例子中，我们在复制集中为每个 pod 声明了一个标签 `track:stable`。为了部署一个金丝雀实例，读者需要部署一个新的 pod 并使用 `track:canary` 进行区分。因为之前创建的服务只选择了两个标签（`app` 和 `tier`），所以它会将请求同时路由到标签为 `stable` 和 `canary` 的 pod 中，如图 9.15 所示。

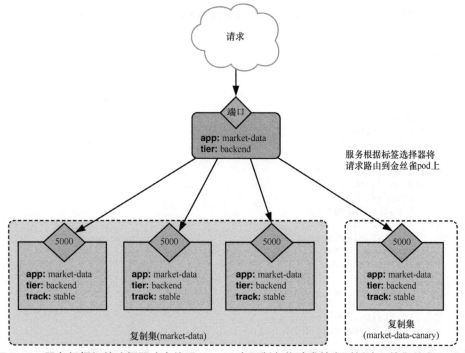

图 9.15 服务根据标签选择器（未使用 `track` 来限制）将请求转发到新建立的金丝雀 pod 上

首先，我们应该为新发布的版本构建一个新容器。我们可以使用标签来标识新版本，不要忘记换成开发者自己的 Docker ID：

```
$ docker build -t <docker id>/market-data:v2 .
$ docker push <docker id>/market-data:v2
```

这个版本被标记为 v2，在实践中服务不适合采用数字版本号格式的标签。我们发现用提交 ID 标记服务也很有效。（对于 Git 存储库，我们使用 git rev-parse--short HEAD。）

在推送完新镜像后，创建一个 yml 文件来指定金丝雀部署：它应该创建 1 个副本，而不是 3 个；它应该发布标签为 v2 的容器，而不是标签为 latest 的容器；它应该有代码清单 9.8 所示的配置。

代码清单 9.8 market-data-canary-deployment.yml

```
---
apiVersion: extensions/v1beta1
kind: Deployment
metadata:
  name: market-data-canary
spec:
  replicas: 1 ◁──────────── 创建一个金丝雀实例
  template:
    metadata:
      labels:
        app: market-data ┐
        tier: backend     ├── 金丝雀部署有单独的标签集
        track: canary    ┘
    spec:
      containers:
      - name: market-data
        image: <docker id>/market-data:v2 ◁──────── 该部署会发布 market-data:v2
        resources:
          requests:
            cpu: 100m
            memory: 100Mi
        ports:
        - containerPort: 8000
        livenessProbe:
          httpGet:
            path: /ping
            port: 8000
          initialDelaySeconds: 10
          timeoutSeconds: 15
        readinessProbe:
          httpGet:
            path: /ping
            port: 8000
          initialDelaySeconds: 10
          timeoutSeconds: 15
```

使用 kubectl 工具将该文件应用于集群。它会创建一个新的复制集，其中只包含一个 v2

版本的金丝雀 pod 实例。

我们进一步查看一下集群的状态。如果在命令行中运行 `minikube dashboard` 的话，则会在浏览器窗口打开一个仪表盘界面以展示集群信息（见图 9.16）。在这个仪表盘的 Workloads 选项下面，读者能够看到以下内容。

（1）刚创建的金丝雀部署，以及之前的部署。

（2）4 个 pod：3 个原始 pod，再加上 1 个金丝雀 pod。

（3）2 个复制集：分别对应于 track 标签值为 stable 和 canary 的复制集。

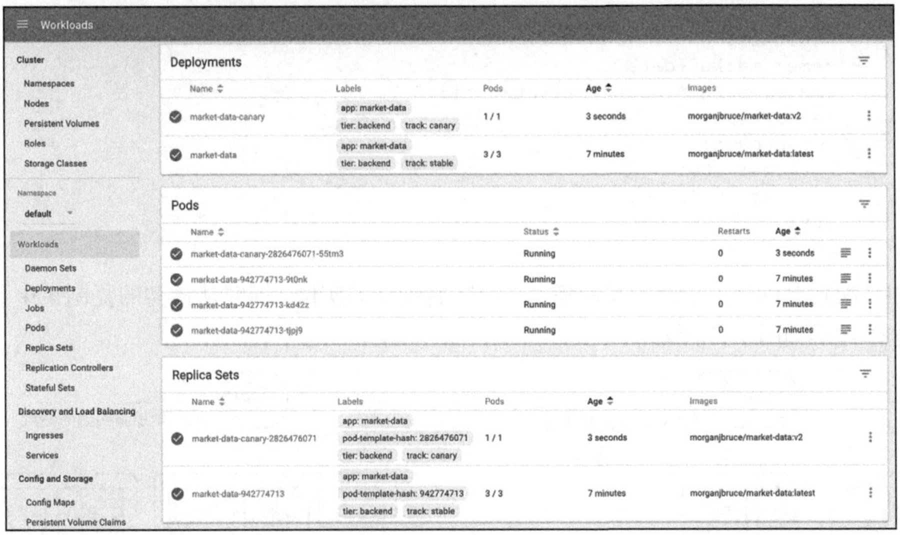

图 9.16　market-data 微服务多次部署后的 Kubernetes 仪表盘界面

目前为止一切顺利！在此阶段，对于真正的微服务，开发者可能会运行一些自动化测试，或者检查服务的监控输出，以确保处理工作符合预期。现在，可以放心地假设开发者的金丝雀实例是健康的，并且执行情况符合预期，这意味着开发者可以安心地推出这个新版本，替换掉所有旧的实例。

编辑 market-data-deployment.yml 文件，并给出两处修改：一是将容器修改为使用 `market-data:v2`；二是添加一个 strategy 字段来指定如何更新 pod。

更新后的部署文件应该如代码清单 9.9 所示。

代码清单 9.9　更新后的 market-data-deployment.yml

```
---
apiVersion: extensions/v1beta1
kind: Deployment
metadata:
  name: market-data
spec:
  replicas: 3
```

```
strategy:
  type: RollingUpdate
  rollingUpdate:
    maxUnavailable: 50%
    maxSurge: 50%
template:
  metadata:
    labels:
      app: market-data
      tier: backend
      track: stable
  spec:
    containers:
    - name: market-data
      image: morganjbruce/market-data:v2
      resources:
        requests:
          cpu: 100m
          memory: 100Mi
    ports:
    - containerPort: 8000
```

该 strategy 字段描述的是 Kubernetes 如何执行新 pod 的部署

应用该配置会创建一个新的复制集，并依次启动新的实例，同时从最初的复制集中移除旧的实例。这个过程如图 9.17 所示。

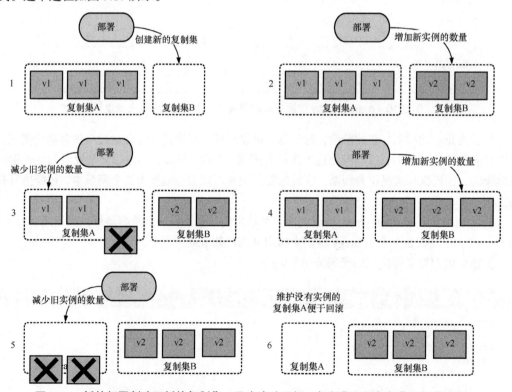

图 9.17　新的部署创建了新的复制集，逐步滚动更新旧复制集和新复制集之间的实例

同样可以运行 kubectl describe deployment/market-data 命令（图 9.18）来在控制器的事件历史记录中观察到这一点。

17m	17m	1	deployment-controller	Normal	ScalingReplicaSet	Scaled up replica set market-data-2045614036 to 2
17m	17m	1	deployment-controller	Normal	ScalingReplicaSet	Scaled down replica set market-data-942774713 to 2
17m	17m	1	deployment-controller	Normal	ScalingReplicaSet	Scaled up replica set market-data-2045614036 to 3
16m	16m	1	deployment-controller	Normal	ScalingReplicaSet	Scaled down replica set market-data-942774713 to 1
16m	16m	1	deployment-controller	Normal	ScalingReplicaSet	Scaled down replica set market-data-942774713 to 0

图 9.18 在滚动部署期间 Kubernetes 发送的事件

通过查看历史记录，读者可以了解到 Kubernetes 是如何基于简单的操作来实现更上层部署操作的。在本例中，调度器根据所期望的状态以及一系列约束来决定合适的部署路径，但是读者可以使用复制集和 pod 来构建任何与服务相适应的部署方案。

9.2.6 回滚

大功告成！已经顺利地部署了新版本的微服务。如果中间出现问题的话，还可以使用部署对象撤销所有工作。首先，检查推送历史：

```
$ kubectl rollout history deployment/market-data
```

它应该返回两个版本，最初的部署以及 v2 版本的部署。为了回滚，指定目标修订版本：

```
$ kubectl rollout undo deployment/market-data --to-revision=1
```

它会执行与前面滚动更新相反的操作，从而将底层的复制集恢复到最初状态。

9.2.7 连接多个服务

微服务本身并没有多大用处，SimpleBank 中的一些服务依赖于 market-data 服务所提供的功能。为了引用每个协作方服务的相关端点而将端口号或 IP 地址硬编码到每个服务中，是非常愚蠢的行为，任何服务都不应该与另一个内部网络位置紧密耦合在一起。相反，开发者需要通过某种已知名称的方式来访问合作者。

Kubernetes 集成了本地 DNS 服务来实现这一点，它在 Kubernetes 主节点上作为一个 pod 运行。当创建新的服务时，DNS 服务会以 {my-svc}.{my-namespace}. svg .cluster.local 格式为该服务分配一个名称，例如，开发者能够在所有其他 pod 中使用 market-data.default. svg .cluster.local 名称来解析 market-data 服务。

读者可以使用 kubectl 工具在集群中运行任意容器——试一下 busybox，这是一个非常优秀的轻量级镜像，包含一些常见的 Linux 实用程序，比如 nslookup。运行以下命令，在 Minikube 上启动容器，打开容器的命令提示符：

```
$ kubectl run -i --tty lookup --image=busybox /bin/sh
```

然后运行 `nslookup` 命令：

```
/ # nslookup market-data.default.svc.cluster.local
```

读者会收到如下结果：

```
Server:     10.0.0.10
Address 1: 10.0.0.10 kube-dns.kube-system.svc.cluster.local

Name:       market-data.default.svc.cluster.local
Address 1: 10.0.0.156 market-data.default.svc.cluster.local
```

最后一条记录的 IP 地址应该和分配给 market-data 服务的集群 IP 相同。（如果不相信的话，可以调用 `kubectl get services` 命令进一步确认。）如果两者一样的话，我们就成功了！我们已经介绍了很多内容：为微服务构建和存储镜像、在 Kubernetes 上运行镜像、在多个实例中实现负载均衡、部署（和回滚）新版本以及将微服务连接到一起。

9.3　小结

（1）将微服务打包为不可变的、可执行的工件能够让开发者通过基本操作（增加或移除容器）来对部署过程进行编排。

（2）为了方便服务开发和部署，调度器和容器会将底层的机器管理概念抽离出去。

（3）调度器的工作是设法将应用的资源需求与集群机器的资源使用情况匹配起来，同时对运行中的服务进行健康检查以确保它们正确运行。

（4）Kubernetes 具备了微服务部署平台的理想特性，包括密码凭据管理、服务发现和水平扩容。

（5）Kubernetes 用户定义了所期望的集群服务状态（或者规格），而 Kubernetes 会不停地执行"观测-比较-执行"这一循环操作来计算如何达到所期望的状态。

（6）Kubernetes 的逻辑应用单元是 pod：一个容器或者在一起执行的多个容器。

（7）复制集管理 pod 组的生命周期。如果现有的 pod 出现故障，复制集会启动新的 pod。

（8）Kubernetes 中的部署对象被设计用来通过对复制集中的 pod 执行滚动更新来保持服务可用性的。

（9）开发者可以使用服务对象来对底层的 pod 进行分组并供集群内外的其他应用访问。

第 10 章　构建微服务交付流水线

本章主要内容

■ 为微服务设计一套持续交付流水线
■ 使用 Jenkins 和 Kubernetes 实现部署任务自动化
■ 管理预发布环境和生产环境
■ 使用功能标记和暗发布来区分部署和发布

　　快速、可靠地将新的微服务和新功能发布到生产环境对于成功维护微服务应用是至关重要的。微服务部署和单体应用部署是不同的。在单体应用中，我们可以针对单个用例来优化部署方案，而微服务的部署方案需要扩展到多个服务中，而这些服务可能是使用不同编程语言实现的，并且有自己的依赖关系。在部署工具和基础设施的一致性和健壮性上加大资源投入将有助于微服务项目在成功之路上走得更远。

　　我们可以运用持续交付的一些原则来实现微服务的可靠发布。部署流水线是构建持续交付的核心基石。将其想象成工厂的生产线：一条传送带把软件从提交的代码制作成可部署的工件再到运行中的软件，并在每个阶段持续评估产出物的质量。这样做可以提高部署频率，减小部署规模，并且不会出现将爆炸性的大量改动部署到生产环境中的情况。

　　到目前为止，我们已经使用 Docker、Kubernetes 和命令行脚本构建和部署了一个服务。在本章中，我们会应用广泛使用的开源自动化构建工具 Jenkins 将这些步骤合并到端到端的部署流水线中。在此过程中，我们将研究这种方法是如何降低应用风险，并提升整个应用的稳定性的。最后，我们会探讨一下代码部署与新功能发布之间的区别。

10.1　让部署变得平淡

　　软件部署应该是平淡的。开发者应该能够将所做的变更或者新功能推出去，而不会出现心里战战兢兢却又祈祷一切顺利或者死死盯着监控界面以防出现错误的情况。

遗憾的是，正如我们在第 8 章提到的那样，人为错误是生产环境中大部分问题的主要源头，而微服务部署更是有太多的机会可以导致人为错误。从整体考虑，团队按照自己的进度开发和部署数十个（假设还没达到数百个）独立服务，而团队之间没有任何明确的协调或者协作。那么对服务的任何一次不太好的修改都可能会对其他服务和整个应用的执行产生大范围的影响。

理想的微服务部署流程应该满足两大目标。其一，**节奏安全**——新服务和变更的部署速度越快，开发者迭代开发和向终端用户交付成品的速度也就越快。部署工作应该尽可能提高安全性，开发者应该尽一切可能对给定的变更进行验证，确保其不会对服务的稳定性产生负面影响。其二，**一致性**——不管底层采用哪种技术栈，各个服务都采用同一套部署流程有助于降低技术隔离，并使操作更具有可预测性和可扩展性。

在安全性和速度之间保持平衡并不容易。开发者可以不考虑安全性而快速推进直接将代码变更部署到生产环境，但是这种行为太疯狂了。同样，开发者可以通过引入耗费大量时间的变更控制和审批流程来保证稳定性，但是，这种方案并不能很好地扩展到在大型、复杂微服务应用中存在大量变更的场景中。

部署流水线

持续交付在降低风险和加快速度之间达到了一种理想状态下的平衡：通过减少每次的改动量，发布更小规模的版本能够提高版本的安全性。改动越小也就越容易分析；自动化的提交验证流水线提高了每次改动内容没有缺陷的可能性。

发布少量的变更并系统地验证它们的质量，能够让团队在快速发布功能的过程中信心更强。版本的规模越小，相应的风险也就越低。持续交付的方法使团队能够快速独立地交付服务。

单体开发的一个弱点是，发布版本通常会变得很大，在发布时，一些毫不相干的功能相互耦合在一起。同样，在大型应用中即使是一个小的改动也可能会在无意中造成大范围的影响，特别是跨领域修改问题时。最坏的情况是，在等待部署的过程中，单体开发提交的内容会过时；当客户能够访问这些内容时，它们已经不再满足应用或业务的相关需求。

> **注意**　　持续交付并不完全等同于持续部署。对于后者，只有每次验证后的变更才会被自动部署到生产环境。而对于前者，读者可以将每次变更都部署到生产环境，但是否部署取决于工程师团队和业务需求。

我们看一下图 10.1 中的例子。流水线的大部分步骤都是相似的。

（1）工程师将某些代码提交到微服务代码仓库。

（2）自动化构建服务器开始构建代码。

（3）如果构建成功，自动化服务器会运行单元测试以验证代码。

（4）如果测试通过，自动化服务器会将服务打包用于发布并将其保存到一个工件库中。

（5）自动化服务器将代码部署到预发布环境，我们可以通过其他线上协作服务来测试所发布的服务。

（6）如果测试顺利通过，自动化服务器会将代码部署到生产环境。

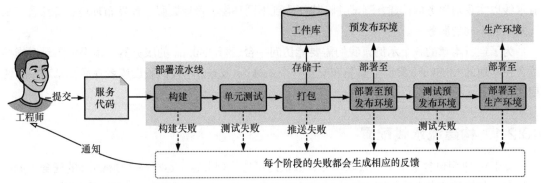

图 10.1 部署流水线示例图：构建、验证和部署到生产环境，并向工程师提供反馈

流水线中的每个步骤都会向工程师团队反馈代码是否正确。如果第三步执行失败的话，开发者会收到一组失败的测试断言以修正问题。

要实现上述流水线，应该保证部署过程高度可见且透明——这对于审查跟踪或者调查问题是非常重要的。不论底层语言或技术如何，所部署的每个服务都应该能够遵循类似的流程。

10.2　使用 Jenkins 构建流水线

在前面的章节中，我们运行了一些命令行脚本来执行部署工作：构建容器、发布工件和部署代码。现在我们可以使用一款自动化构建工具 Jenkins 来将这些步骤连接成一个内聚的、可复用的和具备扩展性的部署流水线。我们选择 Jenkins 的主要原因是，它是开源软件，易于运行、支持脚本化的构建任务，并且已经被广泛采用。

遗憾的是，并不存在完美的开箱即用的部署解决方案。任何流水线通常都是众多工具的结合体，这些工具依赖于服务所采用的技术栈以及所要部署的环境平台。在这个案例中，我们将使用 Jenkins 把大部分已经使用过的工具聚集到一起。图 10.2 展示了部署流水线的各个组成部分。

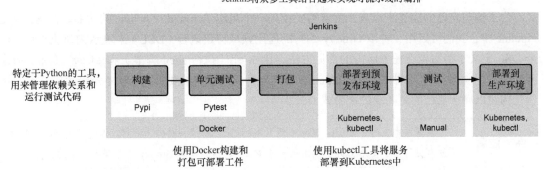

图 10.2 部署流水线集成了众多工具，这些工具依赖于开发者所使用的技术栈和目标部署平台

在后续几节中，我们将涉及很多领域：使用 Jenkins 将复杂的部署流水线脚本化；搭建一套流水线以实现对服务的构建、测试并将其部署到不同环境；管理微服务预发布环境；将部署流水线复用到不同的服务中。

为了运行本章的各个示例，我们需要能访问一台运行 Jenkins 的服务器。本书的附录会指导读者在本地的 Minikube 集群上安装和配置一个 Jenkins 服务——我们假设读者在后续章节中会使用这一方案。

10.2.1　构建流水线配置

Jenkins 应用包含一个主节点以及任意数量的可选代理节点。运行一个 Jenkins 的**任务**（job）就是在这些代理节点上执行脚本（使用常见的工具，如 make 或者 Maven）来执行部署活动。job 是在 **workspace** 内运行的，workspace 是代码库的一份本地副本。这一架构如图 10.3 所示。

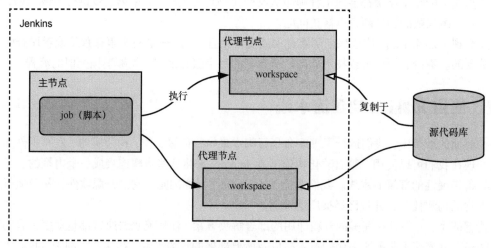

图 10.3　Jenkins 部署包括一个管理任务执行的主节点，以及一组执行
workspace（所要构建的代码库的副本）中任务的代理节点

为了编写自己的构建流水线，读者需要使用一个叫作 Scripted Pipeline 的功能。在 Scripted Pipeline 中，我们可以用一种以 Groovy 编写的通用领域特定语言（DSL）来表示构建流水线。这个 DSL 定义了编写构建任务所需的常见方法，比如 sh（执行 shell 脚本）和 stage（标识构建流水线的不同部分）。这种 Scripted Pipeline 方案比开发者想象的要强大，在本章结束时，我们将用它构建出属于自己的更高级的声明式 DSL。

 注意　在编写本书时，Jenkins 流水线还只支持 Groovy 这一种脚本语言。但是不要担心，如果开发者更习惯于使用 Java、Python 或者 Ruby 的话，理解 Groovy 并不需要太多的精力。

Jenkins 会通过 Jenkinsfile 文件中定义的流水线脚本来执行构建任务。试试看！首先，将

chapter-10/market-data 文件夹中的内容复制到新的目录中，然后将其推送到 Git 代码库中。如果可将代码推送到 Github 等公开的代码库中，那么是最简单的。这就是本章我们将要部署的服务。

然后，我们需要在代码库的根目录中创建一个 Jenkinsfile 文件，它的内容如代码清单 10.1 所示。

代码清单 10.1　一个基本的 Jenkinsfile 文件

区分流水线
的不同阶段

将闭包（或函数）作为参数，指示 Jenkins
要在构建节点上执行此代码

```
stage("Build Info") {
  node {
    def commit = checkout scm
    echo "Latest commit id: ${commit.GIT_COMMIT}"
  }
}
```

从源代码版本控制
系统中下载代码

在 Jenkins 运行该脚本时，该脚本会从代码库中下载代码并作为 workspace，然后在控制台上输出最新的提交 ID。

我们可以试着为服务配置一个流水线任务。提交所创建的 Jenkinsfile 文件，然后将这些修改推送到远程代码库。现在，打开 Jenkins 界面（记住，可以使用 `minikube service jenkins` 命令来完成此操作）。按照如下步骤创建一个多分支流水线任务。

（1）导航至 Create New Jobs 页面。

（2）输入名称 market-data，任务类型（job type）选择 Multibranch Pipeline；然后单击 OK。

（3）在下一页（图 10.4）选择 Branch Source 为 Git，并将代码库的备份 URL 添加到 Project Repository 字段。如果读者使用的是私有 Git 代码库，则需要配置相应的认证信息。

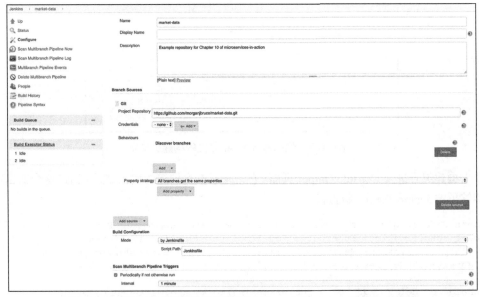

图 10.4　新建项目的配置界面展示了 Branch Sources 下的各个选项

（4）选择每分钟定时扫描流水线，如果检测到有代码更改，则触发构建。

（5）保存这些更改。

保存修改后，Jenkins 就会扫描代码库中包含 Jenkinsfile 文件的分支。多分支类型的流水线任务会为代码库中的每个分支创建一个唯一的构建任务——然后，读者就可以采用不同于 master 分支的方式来处理各个功能特性分支。

 提示　　除了通过界面操作创建流水线任务，读者也可以使用 Jenkins Job DSL 来生成流水线任务。这是 Jenkins 中另一种基于 XML 格式的 Groovy DSL。

在索引建立完成后，Jenkins 会为 master 分支启动一个构建任务。单击分支名称，可以查看该分支的构建历史（图 10.5）。

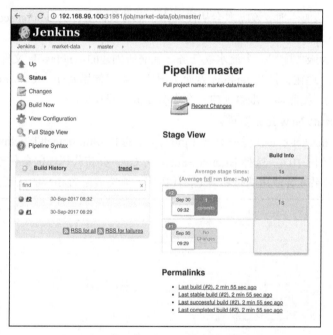

图 10.5　代码库 master 分支的构建历史

单击构建编号进入 Console Output 页面，它记录了本次构建的输出结果。通过这个输出结果，读者能够了解 Jenkinsfile 的执行过程。

```
Agent default-q3ccc is provisioned from template Kubernetes Pod Template
Agent specification [Kubernetes Pod Template] (jenkins-jenkins-slave):
* [jnlp] jenkins/jnlp-slave:3.10-1(resourceRequestCpu: 200m, resourceRequest
  Memory: 256Mi, resourceLimitCpu: 200m, resourceLimitMemory: 256Mi)

Running on default-q3ccc in /home/jenkins/workspace/market-data_master
  -27MDVADAYDBX5WJSRWQIFEL3T7GD4LWPU5CXCZNTJ4CKBDLP3LVA
```

```
[Pipeline] {
[Pipeline] checkout
Cloning the remote Git repository
Cloning with configured refspecs honoured and without tags
Cloning repository https://github.com/morganjbruce/market-data.git
 > git init /home/jenkins/workspace/market-data_master
[CA}-27MDVADAYDBX5WJSRWQIFEL3T7GD4LWPU5CXCZNTJ4CKBDLP3LVA # timeout=10
Fetching upstream changes from https://github.com/morganjbruce/
 market-data.git
 > git --version # timeout=10
 > git fetch --no-tags --progress https://github.com/morganjbruce/
 market-data.git +refs/heads/*:refs/remotes/origin/*
 > git config remote.origin.url https://github.com/morganjbruce/
 market-data.git # timeout=10
 > git config --add remote.origin.fetch +refs/heads/*:refs/remotes/origin/
 * # timeout=10
 > git config remote.origin.url https://github.com/morganjbruce/
 market-data.git # timeout=10
Fetching without tags
Fetching upstream changes from https://github.com/morganjbruce/
 market-data.git
 > git fetch --no-tags --progress https://github.com/morganjbruce/
 market-data.git +refs/heads/*:refs/remotes/origin/*
Checking out Revision 80bfb7bdc4fa0b92dcf360393e5d49e0f348b43b (master)
 > git config core.sparsecheckout # timeout=10
 > git checkout -f 80bfb7bdc4fa0b92dcf360393e5d49e0f348b43b
Commit message: "working through ch10"
First time build. Skipping changelog.
[Pipeline] echo
Latest commit id: 80bfb7bdc4fa0b92dcf360393e5d49e0f348b43b
[Pipeline] }
[Pipeline] // node
[Pipeline] }
[Pipeline] // stage
[Pipeline] End of Pipeline
Finished: SUCCESS
```

[Pipeline]步骤记录了代码的执行过程。太神奇了！——我们部署了一个自动化构建工具，根据服务代码库的地址完成了对构建工具的配置，并运行了第一个构建流水线！接下来，我们看一下流水线的第一阶段：构建。

10.2.2 构建镜像

我们可以使用 Docker 来构建和打包镜像。首先，我们修改一下 Jenkinsfile 文件，如代码清单 10.2 所示。

代码清单 10.2　Jenkinsfile 的构建步骤

```
                              定义一个 pod 模
                              板来运行任务
def withPod(body) { ◄───┘
  podTemplate(label: 'pod', serviceAccount: 'jenkins', containers: [
```

```
    containerTemplate(name: 'docker', image: 'docker', command: 'cat',
ttyEnabled: true),
    containerTemplate(name: 'kubectl', image: 'morganjbruce/kubectl',
command: 'cat', ttyEnabled: true)
  ],
  volumes: [
    hostPathVolume(mountPath: '/var/run/docker.sock', hostPath:
'/var/run/docker.sock'),
  ]
) { body() }
}

withPod {
  node('pod') {         ◀───── 根据 pod 模板请求
                               一个 pod 实例
    def tag = "${env.BRANCH_NAME}.${env.BUILD_NUMBER}"
    def service = "market-data:${tag}"

    checkout scm  ◀───────────┤ 从 Git 上下载最新的代码

    container('docker') { ◀───────────┤ 进入 pod 的 Docker 容器中
      stage('Build') { ◀─                              启动一个新的
        sh("docker build -t ${service} .") ◀─          流水线阶段
      }                                   运行 docker 命令
    }                                     构建服务镜像
  }
}
```

　　这个脚本会构建服务并使用当前的构建编号对生成的 Docker 容器打标签。这明显要比前面的版本复杂得多，所以我们快速浏览一遍所做的工作。

　　（1）为构建工作定义了一个 pod 模板，Jenkins 会使用这个模板在 Kubernetes 上创建一个 pod 作为构建代理。这个 pod 包含两个容器——Docker 和 kubectl。

　　（2）在这个 pod 中，从 Git 服务器中下载最新版本的代码。

　　（3）启动一个新的流水线阶段，称为 Build。

　　（4）在该阶段，我们进入 Docker 容器并运行 docker 命令来构建服务镜像。

 提示　　Jenkins 同样为 Docker 提供了 Groovy DSL，这样读者就不需要使用之前的 shell 命令了。比如，开发者可以在代码清单 10.5 中调用 sh 命令的位置使用 docker.build (imageName)。

　　将新的 Jenkinsfile 文件提交到 Git 代码仓库，打开 Jenkins 的构建任务页面。读者可以等待 Jenkins 重新运行该任务，也可以手动触发该任务，然后应该就能够在控制台的输出结果中看到容器镜像构建成功了。

10.2.3　运行测试

　　下一步，我们应该运行测试。这应该和其他持续集成任务一样：如果测试通过，则部署可以继续；如果测试失败，则停止构建流水线。在这个阶段，我们的目标是为变更集的质量提供快速且精确的反馈。快速的测试套件有助于工程师快速迭代。

　　在构建流水线的代码提交阶段，构建代码和执行单元测试只是一系列可能执行的活动中的两项而已。表 10.1 列出了其他可能的活动。

表 10.1　部署流水线的提交阶段可能有的活动

活　　动	描　　述
单元测试	代码层面的测试
编译	将代码编译成可执行工件
依赖解析	解决外部依赖——比如开源包
静态分析	根据度量指标评估代码
代码检查	检查代码的语法和风格准则

　　现在，读者应该运行单元测试了。在 Jenkinsfile 中添加一个 Test 阶段，它紧跟在 Build 阶段的后面，如代码清单 10.3 所示。

代码清单 10.3　测试阶段

```
stage('Test') {
  sh("docker run --rm ${service} python setup.py test")
}
```

　　提交该 Jenkinsfile 文件，然后运行构建。这会添加一个新阶段到流水线中，它会执行/test 文件夹中定义的测试用例（图 10.6）。

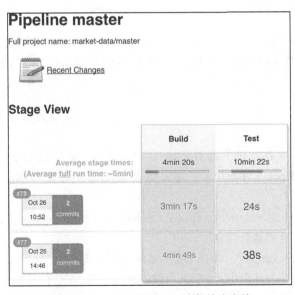

图 10.6　Build 和 Test 阶段的流水线

遗憾的是，这段代码并不会将测试结果以可视化形式显示到本次构建中，只会显示成功还是失败。读者可以在 Jenkinsfile 中添加代码清单 10.4，从而归档保存生成的 XML 格式的测试结果。

代码清单 10.4 将测试阶段的结果归档保存

```
stage('Test') {
  try {
    sh("docker run -v `pwd`:/workspace --rm ${service}python setup.py test")   ◁
                                                      将当前的工作空间作为数据卷挂载到容器中
  } finally {
    step([$class: 'JUnitResultArchiver', testResults:'results.xml'])   ◁
                                                      将测试任务生成的结果归档保存
  }
}
```

这段代码会将当前的工作空间作为一个数据卷挂载到 Docker 容器中。python 测试进程会将结果写入到数据卷的/workspace/results.xml 文件中，这样读者就可以在 Docker 停止和服务容器被删除后继续访问这些测试结果。使用 try-finally 语句可以确保不管测试是通过还是失败，这些结果都会被保存下来。

> 💡 **提示**　　高质量的构建流水线会直接将结果反馈给对此负责的相应工程师团队。如果流水线的某个阶段执行失败，Onfido 上的部署流水线会通过 Slack 和电子邮件向提交代码的工程师发送通知。我们同时还会从流水线向监控工具（如 PagerDuty）发送事件消息以用于消费。想要了解更多关于通知发送功能的信息，可以查看 Jenkins 文档。

提交修改后的 Jenkinsfile 文件，运行新的构建，它会将测试结果保存到 Jenkins 中。读者可以在构建页面查看这些信息。很棒！我们现在已经验证通过了上述代码。现在基本准备好开始部署了。

10.2.4　发布工件

读者需要将工件——在本例中是 Docker 容器镜像——发布出去用于部署。如果读者使用的是第 9 章中的私有 Docker 注册中心，则需要在 Jenkins 中配置 Docker 认证信息。具体步骤如下。

（1）导航至 Credentials > System > Global Credentials > Add Credentials。

（2）添加用户名和密码认证信息。

（3）设置 ID 为"dockerhub"，单击 OK，保存这些认证信息。

如果读者使用的是公开注册中心，那么可以跳过这一步。不管使用哪种方式，在准备就绪后，在 Jenkinsfile 中添加第三步，如代码清单 10.5 所示。

代码清单 10.5　发布工件

```
                                         目标公共镜像标签——用开发
                                         者的账号来代替
def tagToDeploy = "[your-account]/${service}"  ◄

stage('Publish') {                       使用保存的认证信息登录到 Docker 注册中心
  withDockerRegistry(registry: [credentialsId:'dockerhub']) {  ◄
    sh("docker tag ${service} ${tagToDeploy}")  ◄
    sh("docker push ${tagToDeploy}")          使用开发者的 Docker 账号
  }                                          名为镜像打标签
}
```

在一切准备就绪后，提交代码，然后运行构建。Jenkins 会将容器发布到公开的 Docker 注册中心。

10.2.5　部署至预发布环境

此刻，我们已经在内部测试了服务，但使用的是完全隔离的方式，没有与该服务的任何上游或者下游协作方进行交互。我们可以直接将服务部署到生产环境，并祈祷一切顺利，但是我们也许不应该这么做；相反，我们也可以先将服务部署到预发布环境，在该环境中，我们可以针对真正的协作方来进一步运行自动化测试程序和执行手动测试。

我们可以使用 Kubernetes 命名空间来从逻辑上将预发布环境和生产环境隔离开来。为了部署服务，我们需要使用 kubectl 命令，方法和第 9 章中使用的方法相似。区别在于，我们不需要在 Jenkins 上安装该工具，而是可以使用 Docker 来将这个命令行工具封装起来。这是一个非常实用的技巧。

> ⏰ **警告**　在现实世界中，逻辑隔离并不总是合适的。合规和安全标准（如 PCI DSS）通常强制要求在生产环境和开发环境间实现网络层面的隔离，而 Kubernetes 命名空间这个方案当前并不满足这一要求。除此之外，将预发布基础设施与生产基础设施完全隔离能够降低预发布环境中某个"吵闹的邻居"（比如某个资源匮乏的服务）影响生产环境可靠性的风险。

首先，看一下在 Kubernetes 中部署（deployment）和服务（service）的定义。我们应该将代码清单 10.6 保存到 market-data 代码库的 deploy/staging/market-data.yml 文件中。

代码清单 10.6　market-data 服务的部署说明

```
---
apiVersion: extensions/v1beta1
kind: Deployment
metadata:
  name: market-data
spec:
  replicas: 3
  strategy:
    type: RollingUpdate
    rollingUpdate:
      maxUnavailable: 50%
```

```
        maxSurge: 50%
  template:
    metadata:
      labels:
        app: market-data
        tier: backend
        track: stable
    spec:
      containers:
      - name: market-data
        image: BUILD_TAG ◄─────────────      所要部署的镜像的占位符
        resources:
          requests:
            cpu: 100m
            memory: 100Mi
        ports:
        - containerPort: 8000
        livenessProbe:
          httpGet:
            path: /ping
            port: 8000
          initialDelaySeconds: 10
          timeoutSeconds: 15
        readinessProbe:
          httpGet:
            path: /ping
            port: 8000
          initialDelaySeconds: 10
          timeoutSeconds: 15
```

如果读者已在第 9 章见到过这个文件，则会注意到一个关键区别：我们并没有设置所要部署的特定的镜像标签，只是使用了占位符 BUILD_TAG。读者应在流水线中用所要部署的版本来替换掉这个占位符。这有些复杂，随着所构建的部署越来越复杂，读者可能想要探索一下更高层的模板工具，如 ksonnet。

我们还将在同一路径下添加 market-data-service.yml 文件，内容如代码清单 10.7 所示。

代码清单 10.7　market-data 的服务定义

```
---
apiVersion: v1
kind: Service
metadata:
  name: market-data
spec:
  type: NodePort
  selector:
    app: market-data
    tier: backend
  ports:
    - protocol: TCP
      port: 8000
      nodePort: 30623
```

在部署之前，使用 `kubectl` 工具来创建几个不同的命名空间以隔离不同的工作环境。

```
kubectl create namespace staging
kubectl create namespace canary
kubectl create namespace production
```

现在，向流水线添加一个 `Deploy` 阶段，如代码清单 10.8 所示。

代码清单 10.8 部署至预发布环境（Jenkinsfile）

```
stage('Deploy') {
  sh("sed -i.bak 's#BUILD_TAG#${tagToDeploy}#' ./deploy/staging/*.yml")
```
使用 sed 命令来用新的 Docker 镜像名称替换 BUILD_TAG 占位符

```
container('kubectl') {
  sh("kubectl --namespace=staging apply -f deploy/staging/")
  }
}
```
将 deploy/staging 文件夹中的所有配置文件应用到
本地集群，使用 staging 命名空间

再次，提交代码并运行该构建。这一次会触发一个 Kubernetes 的部署任务。我们可以使用 `kubectl rollout status` 命令来查看部署状态：

```
$ kubectl rollout status -n staging deployment/market-data
Waiting for rollout to finish: 2 of 3 updated replicas are available...
deployment "market-data" successfully rolled out
```

可以看到，尽管构建被标记为已完成，但是部署工作本身还需要花一些时间才能完成。这是因为 `kubectl apply` 命令是异步执行的，并不会一直等到集群完成更新显示新的状态后才返回。如果需要的话，读者可以在 Jenkinsfile 中添加 `kubectl rollout status` 方法调用，这样 Jenkins 会一直等到所有更新完成以后才会做进一步的处理。

不管使用哪种方式，更新完成后，读者就可以访问这个服务了：

```
$ curl `minikube service --namespace staging --url market-data`/ping
HTTP/1.0 200 OK
Content-Type: text/plain
Server: Werkzeug/0.12.2 Python/3.6.1
```

这个示例服务并没有做太多工作。对于自己的服务而言，读者可能会进一步地触发自动化测试或者对刚部署的服务和代码变更执行更深入的探索测试。表 10.2 列出了在部署流水线阶段可以执行的一些活动。现在，我们的第一次微服务部署实现了自动化！

表 10.2 验证微服务的预发布版本可以执行的活动

验收测试	非功能测试
自动化测试 手动测试	安全测试 负载/容量测试
运行自动化测试来检查所期望的结果，不管是回归测试还是验收测试 某些服务可能需要手动验证或者探索测试	测试服务的安全状况 验证服务的容量和负载期望

10.2.6　预发布环境

我们讨论一下预发布环境。服务的每个新版本都应该先发布到预发布环境中。微服务需要在一起测试，而生产环境并不应该是执行这种测试的第一场所。

除了没有真实流量，预发布环境的基础设施配置应该和生产环境中的基本相同。它不需要以和生产环境相同的规模来运行。为了考察服务的能力所采用的测试类型以及测试规模决定了预发布环境所需要的规模。除了执行各种类型的自动化测试，读者还可以在预发布环境中采用手动方式来验证服务，以确保它们满足验收标准。

除了共享型预发布环境，读者可能还想要为单个服务或者关联特别紧密的几个服务运行一套隔离化的预发布环境。与全预发布环境（full staging）不同，这些环境可能是短期的并在测试期间随需应变。在相对隔离的情况下，我们可以更严格地控制环境状态，这对于测试特性是非常有帮助的。图 10.7 比较了这两种预发布环境的区别。

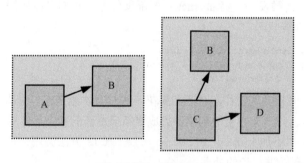
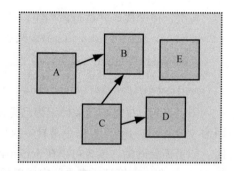

隔离化预发布环境可能　　　　　　　　　　　　　　　　全预发布环境包含
包含小的服务子集　　　　　　　　　　　　　　　　　　应用内所有的服务

图 10.7　隔离化预发布环境与全预发布环境

尽管预发布环境很重要，但是在微服务应用中，预发布环境是很难管理的，此外，它们也是团队之间重大争论的根源。一个微服务可能有许多依赖项，这些依赖项都应该在全预发布环境中存在并保持稳定。尽管预发布环境中的服务需要通过测试、代码评审以及其他质量检查，但预发布环境中的服务有可能比在生产环境中的服务在稳定性上要差一些，而且这些服务可能会造成环境混乱。任何将服务部署到共享环境中的工程师都需要成为一个好邻居来确保他们负责的服务产生的问题不会大幅影响其他团队顺利测试（以及顺利交付）其他服务的能力。

 提示　　　为了进一步降低预发布环境的脆弱性，考虑一下，构建的部署流水线如何才能让工程师很容易地回滚上一次部署，而不管他们是否负责这个服务。

10.2.7　部署生产环境

读者可以使用目前所学到的知识将该服务部署到生产环境。表 10.3 列出了在该流水线阶段所能执行的一些活动。

表 10.3　部署过程中所能执行的一些活动

代码部署	回滚	冒烟测试
将代码部署到运行环境	如果有错误或者异常行为出现,则将代码回滚到上一个版本	使用一些宽松的测试来验证系统功能

在本例中,如果我们能成功地将服务部署到预发布环境,那么接下来要做的事情如下所示。

(1)流水线应该等待批准后才可以继续将服务部署到生产环境。

(2)在审批通过后,首先发布一个金丝雀实例。这有助于验证新版本在面对真正的生产环境请求时是否能保持稳定。

(3)如果金丝雀实例运行正常,那么流水线可以继续将剩下的实例部署到生产环境。

(4)如果金丝雀实例的运行未达预期,则回滚该金丝雀实例。

首先,应该添加一个审批阶段。在持续交付中——不同于持续部署——读者不需要将每次提交立刻推送到生产环境。在 Jenkinsfile 中添加如代码清单 10.9 所示的代码。

代码清单 10.9　生产环境发布的审批

```
stage('Approve release?') {
  input message: "Release ${tagToDeploy} to production?"
}
```

在 Jenkins 中运行此代码后,会在构建流水线界面上弹出一个对话框,其上面有两个选项:Proceed 和 Abort。单击 Abort 会取消本次构建;就目前而言,单击 Proceed 后,本次构建会顺利结束——我们还没有添加任何部署步骤!

首先,尝试部署一个没有金丝雀实例的生产环境。将前面创建的 YAML 文件(见代码清单 10.6 和代码清单 10.7)复制到新的 deploy/production 目录下。可以放心大胆地增加所要部署的副本数量。

接下来,将代码清单 10.10 添加到 Jenkinsfile 的审批阶段后面。这和预发布阶段使用的代码非常相似。现在不要担心代码重复的问题——我们很快就会处理这个问题。

代码清单 10.10　生产环境发布阶段

```
stage('Deploy to production') {
  sh("sed -i.bak 's#BUILD_TAG#${tagToDeploy}#' ./deploy/production/*.yml")

  container('kubectl') {
    sh("kubectl --namespace=production apply -f deploy/production/")
  }
}
```

和往常一样,提交代码并在 Jenkins 中运行构建。如果顺利的话,读者就已将服务发布到生产环境了!我们更进一步来添加一些代码以发布一个金丝雀实例。但在添加新阶段之前,我们先把代码改进一下，不要重复使用相同的代码。可以将与发布相关的代码提取到单独的 deploy.groovy 文件中，如代码清单 10.11 所示。

代码清单 10.11　deploy.groovy

可用于任意命名空间和
部署对象

```
def toKubernetes(tagToDeploy, namespace, deploymentName) {
    sh("sed -i.bak 's#BUILD_TAG#${tagToDeploy}#' ./deploy/${namespace}/*.yml")

    container('kubectl') {
        kubectl("apply -f deploy/${namespace}/")
    }
}

def kubectl(namespace, command) {
    sh("kubectl --namespace=${namespace} ${command}")          在 Kubernetes 上
}                                                              执行各种操作

def rollback(deploymentName) {
    kubectl("rollout undo deployment/${deploymentName}")
}

return this;
```

然后可以将该文件加载到 Jenkinsfile 中，如代码清单 10.12 所示。

代码清单 10.12　在 Jenkinsfile 中使用 deploy.groovy 文件

```
def deploy = load('deploy.groovy')

stage('Deploy to staging') {
    deploy.toKubernetes(tagToDeploy, 'staging', 'market-data')
}

stage('Approve release?') {
    input "Release ${tagToDeploy} to production?"
}

stage('Deploy to production') {
    deploy.toKubernetes(tagToDeploy, 'production', 'market-data')
}
```

代码清晰多了。这并不是复用流水线代码的唯一方式——我们会在 10.3 节讨论一种更好的方案。

接下来，创建一个金丝雀部署文件。如果读者已经阅读过第 9 章，那么应该记得我们之前使用了特别标记过的部署对象来标识这个实例。在 deploy/canary 目录，创建一个和生产环境部署相似的部署 YAML 文件，但有 3 点不同：第一，在 pod 声明的参数中添加了 track:canary 标签；第二，将副本数量改为 1；第三，将部署对象的名称改为 market-data-canary。

添加完该文件后，在部署文件中添加新的阶段，如代码清单 10.13 所示，该阶段应在向生产环境发布之前。

代码清单 10.13 金丝雀发布阶段（Jenkinsfile）

```
stage('Deploy canary') {
  deploy.toKubernetes(tagToDeploy, 'canary', 'market-data-canary')

  try {
    input message: "Continue releasing ${tagToDeploy} to production?"  ← 请求人工输入以确认是否继续
  } catch (Exception e) {
    deploy.rollback('market-data-canary')  ← 如果被中止，则回滚
  }                                           金丝雀实例
}
```

在本例中，我们采取人工审批的方式来决定是否从金丝雀阶段进入生产阶段。在现实世界中，这可能是一个自动化决策，比如，开发者可以编写一段代码在金丝雀部署完成后对一些关键的度量指标（如错误率）持续监控一段时间。

提交上述代码后，读者就能够运行整个流水线了。图 10.8 列出了将代码发布到生产环境的完整过程。

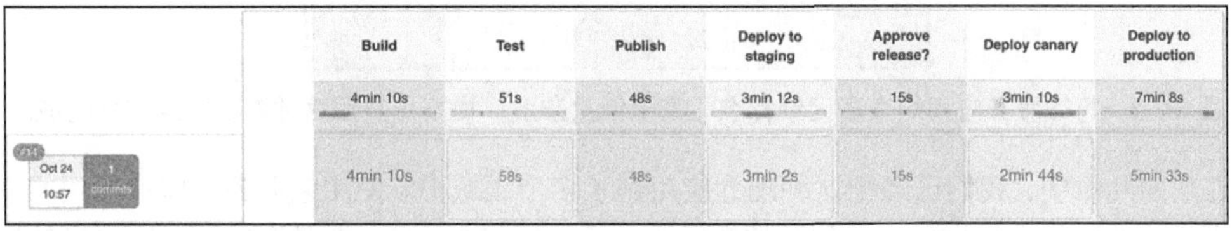

	Build	Test	Publish	Deploy to staging	Approve release?	Deploy canary	Deploy to production
	4min 10s	51s	48s	3min 12s	15s	3min 10s	7min 8s
Oct 24 10:57	4min 10s	58s	48s	3min 2s	15s	2min 44s	5min 33s

图 10.8 成功的部署流水线包括从提交到生产发布的全部环节

我们休息一下，认真思考一下学到的内容。我们使用 Jenkins 搭建了一套结构化的部署流水线，从代码提交到生产环境的交付过程实现了自动化；创建了几个不同的阶段来验证代码质量并在这个过程中向工程师团队提供了适当的反馈；了解了微服务开发过程中预发布环境的重要性以及维护预发布环境面临的挑战。

这些技术为安全快速地将代码交付到生产环境提供了一致和可靠的基础。这有助于确保微服务应用整体的稳定性和健壮性。但是，如果每个微服务都复制和粘贴相同的部署代码，或者每个新服务重新"造轮子"，那就太不理想了。在后续章节中，我们将讨论一些方法，以确保部署方案能复用到不同的服务上。

10.3 构建可复用的流水线步骤

微服务使得各个服务相互独立并可以采用不同的技术方案，但这些优势也是有代价的。

（1）开发者在各个团队之间流动的难度增大，因为各个团队的技术栈可能差异巨大。

（2）对于工程师来说，分析和了解不同服务的功能和执行情况变得越来越困难和复杂。

（3）开发者需要花费更多的时间投入到同一问题的不同实现（比如部署、日志和监控）上。

（4）人们可能会孤立地做出一些技术决策，存在局部最优而非全局最优的风险。

为了平衡这些风险并同时保持技术的自由度和灵活性，我们应该逐步将服务运行所需的平台和工具标准化。这样做能够确保，即便更换了技术栈，那些通用的抽象概念还是能够与不同服务保持尽可能紧密的联系。图 10.9 列出了这种方案。

> 📢 **注意**　我们在第 3 章介绍过微服务架构的平台层。

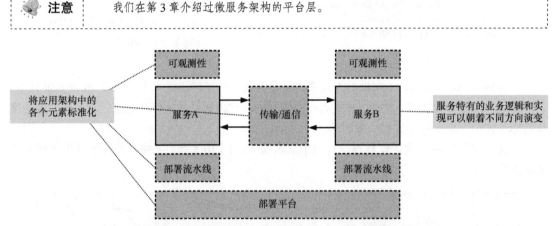

图 10.9　将微服务应用的众多元素标准化来降低复杂度，提高可复用性并降低持续运营的成本

在前面几章中，我们已经把这种理念应用到了多个领域中。使用微服务底座将通用的、和业务逻辑无关的功能进行抽象，比如监控和服务发现；使用 Docker 容器作为标准化的服务部署工件；使用容器调度器 Kubernetes 作为通用的部署平台。

读者同样可以将这种方法应用于部署流水线。

过程式构建流水线和声明式构建流水线

目前所编写的流水线脚本有 3 个缺点：**特定的**——这些脚本都是绑定到单个代码库的，其他代码库并不能共用这些脚本；**过程式**——这些脚本显式描述了所期望的构建执行过程；**没有内部抽象**——这些脚本假设用户对 Jenkins 非常了解，比如如何启动节点、执行命令和使用命令行工具。

理想情况下，一个服务部署流水线应该是声明式的。工程师描述他们所期望执行的内容（测试服务、发布服务等），而框架负责决定如何执行这些步骤。这种方法同时会抽离出对这些步骤的执行过程的修改：如果读者想调整某个步骤的工作，则可以仅更改底层框架实现。将这些实现决策从服务中抽象出来，可以提高整个微服务应用的一致性。

将代码清单 10.14 所示的脚本与本章前面所编写的 Jenkinsfile 进行比较。

代码清单 10.14　声明式构建流水线示例

```
service {
  name('market-data')

  stages {
    build()
    test(command: 'python setup.py test', results: 'results.xml')
    publish()
    deploy()
  }
}
```

这个脚本定义了一些通用的配置信息（服务名称）以及一系列步骤（构建、测试、发布、部署），但是对服务开发者而言，它隐藏了执行这些步骤的复杂度。这样任何一名工程师都可以很快地遵循最佳实践来快速且高效地将新服务发布到生产环境。

在 Jenkins 流水线中，读者可以使用共享库来实现声明式流水线。由于篇幅限制，本章并不会对此展开深入介绍，但是本书的 Github 代码库包含了一个流水线库的例子。此外，Jenkins 文档也提供了使用共享库的详细参考资料。

 注意　　在其他构建工具（如 Travis CI 或 Drone CI）中，读者可以使用 YAML 文件来声明构建配置信息。这种方式是很棒的，尤其是如果读者的需求相对简单。反之，使用动态语言构建的 DSL 能够提供更高的灵活性和扩展性。

10.4　降低部署影响以及实现功能发布的技术

在前面几章，我们使用的术语**部署**（deployment）和**发布**（release）是可以相互替换的。但是在微服务应用中，将部署这一技术活动与发布决策区分开来是很重要的。部署是更新生产环境中运行的软件版本，而发布是指向用户或者消费服务发布新的功能。

开发者可以使用暗发布以及功能标记这两项技术来补充持续交付流水线。这些技术能够让开发者在不影响客户的情况下部署新的服务，并提供灵活的回滚机制。

10.4.1　暗发布

暗发布（dark launch）是指在将服务提供给消费者之前将其部署到生产环境的实践。我们经常这样做，并尝试在构建新服务的前几天内进行部署，不管它是否功能齐全。这样可在早期阶段就能执行探索性测试，这有助于理解服务的运行过程，并使内部人员可以访问新的服务。

除此之外，暗发布到生产环境也能够让开发者可以在真实的生产环境中测试服务。我们假设 SimpleBank 想要以服务形式提供一个新的金融预测算法。通过将生产流量并行传送到现有服务上，就可以很容易地对新的算法进行性能测试并了解它在现实世界中是如何执行的，而不用仅局限在工件测试场景中（图 10.10）。

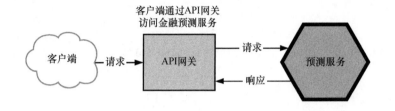

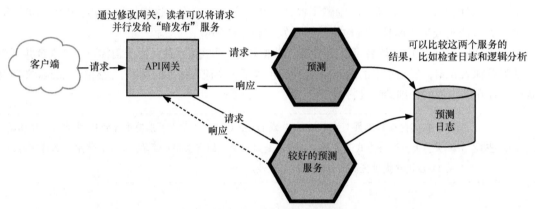

图 10.10　暗发布可以在不向用户暴露功能的情况下，使用真实的
生产环境流量验证新服务的功能和行为

　　是手动验证这一结果还是自动验证，取决于这个功能的特点以及要完全遍历可能场景所需要的请求规模和分配情况。暗发布方案对于测试重构工作是否会导致某些敏感功能出现退化也是非常有用的[①]。

10.4.2　功能标记

　　功能标记控制用户是否可以使用这些功能。与暗发布不同，我们可以在服务生命周期的任意时刻（如功能发布时）使用这些标记。功能标记（或者开关）将某个功能封装到条件逻辑中，只对某些用户启用。许多企业都会使用它们来控制回滚，比如，先只对内部员工发布某个功能，或者根据时间逐步增加能够访问该功能的用户量。

---

① Ruby 的 Scientist gem 包最初旨在帮助 Github 验证用户权限重构是否会导致授权问题，比如用户拥有对错误存储库的访问权限。

有一些类库（如 Flipper 或 Togglz）能够实现功能标记的功能。这些类库通常使用持久化的后端存储（如 Redis）来维护应用的功能标记的状态。在较大型微服务应用中，有些功能牵涉多个服务的交互，读者可能发现需要有单独的功能存储来同步这些功能回滚，而不是让每个服务独立管理这些功能是否回滚。图 10.11 展示了这两种不同的方法。

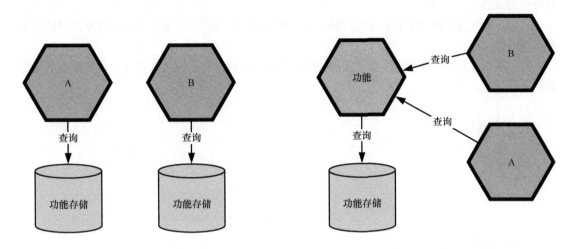

方案1：每个服务各自拥有和维护 单独的功能存储

方案2：功能服务拥有所有的功能配置， 其他服务调用该服务

图 10.11　可以集中地存储功能标记（由一个服务所有），也可以由各个服务独自维护

在小型微服务系统中，每个服务管理各自功能可能更容易一些。随着系统越来越庞大，如果遇到需要对多个微服务更改功能设置的情况，那么将功能配置集中到单个服务中能够降低协调开销。

通过控制哪些用户能够看到改动的内容，功能标记有助于将变更对系统产生的潜在影响降到最低，因为工程师可以部分控制代码的执行和功能展示。如果有错误出现，功能标记通常比一般的回滚恢复得更快。对于微服务而言，它们能够让新功能发布更加安全，而又不会对服务使用者造成负面影响。

10.5　小结

（1）微服务部署过程应该满足两大目标：节奏安全和一致性。

（2）部署新服务所花费的时间通常是微服务应用中的一大阻碍。

（3）对微服务而言，持续交付是理想的部署实践方式，它通过快速交付小版本的经过验证的变更集来降低风险。

（4）良好的持续交付流水线能够确保部署过程的可见性、部署结果的正确性，并能够向工程师团队反馈丰富的信息。

（5）Jenkins 是非常流行的自动化构建工具，它使用脚本语言将不同的工具联系到一起并组合成交付流水线。

（6）预发布环境是非常有价值的，但是当面对大量的独立变更时，维护好预发布环境也面临着巨大的挑战。

（7）读者可以在各个服务上复用声明式流水线步骤；积极推动标准化能够提高不同团队间部署过程的可预测性。

（8）为了对发布和回滚提供细粒度的控制，读者应该将部署这一技术活动与功能发布的业务活动分开管理。

第四部分

可观测性和所有权

在服务部署完成后，开发者需要了解这些服务的实际运行情况。在本部分，读者将利用度量指标、链路追踪和日志信息构建一套监控系统，以更加丰富全面地监测微服务应用。之后，我们会探究这种架构设计方式对于开发者协作的影响并讨论一些好的关于微服务应用开发的日常实践，以此结束我们的微服务之旅。

第11章 构建监控系统

本章主要内容

■ 了解从运行的应用中应收集哪些信号

■ 构建一套收集度量指标的监控系统

■ 学习如何使用收集的信号来设置告警

■ 观察每个服务的表现以及这些服务作为系统的交互调用

现在，开发者已经搭建了一套运行微服务的基础设施并部署了很多组件，这些组件组合起来为用户提供各种功能。在本章以及后面的内容中，我们会思考如何让开发者确保能够对这些组件的交互情况以及基础设施的执行情况了如指掌。当出现不符合预期的情况时，要尽可能早地知道，这是至关重要的。在本章，我们会关注如何搭建一套监控系统，这样开发者就可以收集相关的度量指标，观察系统的运行情况和配置相关的告警，进而才可以抢先采取行动保证系统的平稳运行。

当做不到抢先一步时，开发者至少要有能力快速明确地指出需要关注的领域，这样开发者才能处理这些问题。需要指出的是，开发者应该采用尽可能多的手段来监控和度量系统，也许我们收集的数据今天还用不到，但是可能有一天这些数据就会变成非常有用的信息。

11.1 稳固的监控技术栈

稳固的监控技术栈可以让开发者开始收集来自基础设施和微服务的度量指标，并使用这些度量指标加深对系统运行的理解。这个技术栈应该提供一套收集、存储、展示和分析数据的方法。

即便读者现在还没有这种监控基础设施，也应该开始发送服务的度量指标。如果已经存储了这些度量指标，那就可以在未来的任何时间访问、展示和解读它们。可观测性是一件持久性的工作，监控是其中的关键部分。监控能够让开发者了解系统是否在正常运行，而可观测性能够让开发者知道系统没有正常运行的原因。

在本章中，我们会把重点放在监控、度量指标和告警上。在第 12 章，我们会讲解日志和链路追踪，它们共同构成了可观测性。

监控并不仅是让开发者对问题进行提前准备和响应，还可以使用监控系统收集的度量指标来预测系统未来的表现或者为业务分析提供数据。

在搭建监控系统时，有许多开源和商业化的解决方案可供选择。这依赖于团队规模以及所掌握的资源，在某些情况下，开发者可能会发现商业化的解决方案更加简单或易于使用。不过，在本章，我们会使用一些开源工具来搭建一套自己的监控系统。整个系统由一个度量指标收集器以及一套用于展示和告警的组件组成。日志和链路追踪也是实现系统可观测性必不可少的组成部分。图 11.1 概括地展示所有组件，为了能够了解系统的执行情况和实现可观测性的目标，这些组件都是必需的。

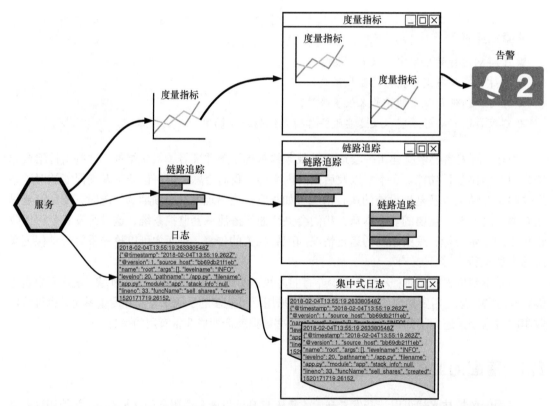

图 11.1　监控技术栈的组成部分——度量指标、链路追踪和日志——分别聚合到各自的面板中

在图 11.1 中，我们列出了一套监控系统技术栈的各个组成部分：度量指标、日志和链路追踪。

每个组件都会把多个服务中的数据聚合到一起并展示到自己的面板中。这样，开发者就可以搭建自动化告警系统，查看所收集的数据来调查问题或者加深对系统功能的了解。度量指标使得监控成为可能，而日志和链路追踪使可观测性成为可能。

11.1.1　良好的分层监控

在第 3 章中，我们讨论了架构层次：客户端、边界层、服务层和平台层。也应该把这 4 层都监控起来，因为开发者不可能在完全隔离的情况下确定一个特定组件的执行情况。网络问题最有可能影响服务的运行。如果开发者只在服务层面上收集度量指标，那么所能知道的也就只能是这个服务现在没有请求可处理。除此之外，对于问题出现的原因一无所知。而如果开发者同时还收集了基础设施层的度量指标，就可以了解到那些极有可能影响其他众多组件的问题。

在图 11.2 中，读者可以看到多个服务共同协作以实现了客户端发布股票买卖订单的功能。这里涉及的服务非常多；有些服务之间的通信通过 RPC 或者 HTTP 是同步的；而有些通信则是异步的——利用事件队列。为了能够了解这些服务是如何执行的，开发者需要能够收集许多来源的数据，以进行系统监控和问题诊断或者在问题发生之前阻止其发生。

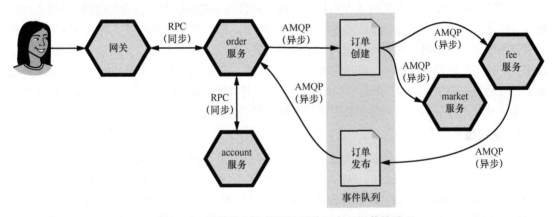

图 11.2　订单发布功能所涉及的服务及通信协议

监控单个服务几乎是没有什么用处的，因为虽然服务提供了隔离性，但服务并不是和外部世界相互隔离而独自存在的。各个服务之间通常是相互依赖的，并且这些服务还依赖于底层基础设施（比如，网络、数据库、缓存和事件队列）。尽管开发者可以通过监控服务获取到大量有价值的信息，但是开发者需要的信息远不止这些。开发者需要了解所有架构层上当前的执行情况。

监控系统应该让开发者知道哪部分系统出现了问题或者服务质量出现下降以及相应的原因。这样他们就能够快速发现问题征兆，并使用已有的监控系统来确定原因。

参考图 11.2，需要指出的是，观察点不同，问题征兆和原因也有很大差异。如果 market 服务在和股票交易服务通信时出现问题，开发者可以通过衡量服务调用的响应时间或者 HTTP 状态码来进行诊断。在这种情况下，开发者基本上可以确定订单提交功能运行不正常。

如果是服务与事件队列之间的连接出现问题了呢？服务将不能发布消息，那么下游服务也就不能消费消息了。在这种情况下，没有服务出现故障，因为没有服务在执行和处于工作状态。如果我们有合适的监控，它可以发送告警消息通知开发者吞吐量有异常减少的情况。开发者可以对监控系统进行设置，当指定队列中消息数小于某个特定阈值时，系统会自动发送通知。

不过，消息短缺并不是表明系统有问题的唯一标志。如果指定队列中的消息积压得越来越多呢？这种消息积压表明队列中消费这些消息的服务可能没有正常工作，或者在满足不断增长的需求时出现了一些问题。监控能够帮助开发者发现问题乃至预测负载的增加，进而采取相应的措施来维持服务质量。

11.1.2　黄金标志

在从面向用户的系统中收集度量指标时，开发者应该关注四大黄金标志：时延、错误量、通信量和饱和度。

1. 时延

时延这一标志衡量的是从请求发给指定的服务到该服务完成请求所花费的时间。开发者可以从这一标志中得出很多信息。如果服务的时延不断增加，那么开发者就可以推断出该服务的服务质量在不断下降。不过，在将此标志与"错误量"这一标志关联起来时，开发者需要格外小心。设想一下，正在处理一个请求，同时应用响应得特别快，但返回的是一个出错的信息。在这种情况下，时延是一个很小的值，但返回的结果并不是所期望的内容。将出错请求的时延值排除在这个公式之外是很重要的，因为这些数据可能会对人们产生误导。

2. 错误量

错误量这一标志计算的是那些执行不成功且没有生成正确结果的请求数量。错误量可以是显式的，也可以是隐式的——比如，HTTP 500 错误量和有内容不正确的 HTTP 200 错误量。后一种错误量并不容易被监控到，因为开发者不能简单地依赖 HTTP 状态码，所以只能通过查找其他组件中的错误内容来判断是否出错。开发者一般通过端到端测试或者契约式测试来发现这种错误。

3. 通信量

通信量这一标志衡量的是对系统的需求量。所监测的系统类型不同，度量的内容（如每秒的请求量、网络 I/O 等）也会差异很大。

4. 饱和度

饱和度这一标志衡量的是在指定时间点服务的承载能力。它主要应用于那些受限的资源（如 CPU、内存和网络）。

11.1.3　度量指标的类型

在收集度量指标时，对于要监控的指定资源，开发者需要确定最适合的类型。

1．计数器

计数器是一个累积型度量指标，用来表示一直会增加的数值。使用计数器的指标示例有：请求量、错误量、每种 HTTP 状态码所收到的数量以及传输的字节数。

如果度量指标的数据还会减少，那么开发者不应该使用计数器。对于这种情况，开发者应该使用计量器（gauge）。

2．计量器

计量器是一种可以展示为任意单一数值的度量指标，数值可以增大或者减小。使用计量器的指标示例有数据库的连接数、内存使用量、CPU 使用量、平均负载量和异常运行的服务数。

3．直方图

开发者可以用直方图（histogram）对观测结果进行采样，并根据类型、时间等指标将其划分到不同的配置分类桶中。使用直方图的度量指标示例有请求时延、I/O 时延和每个响应结果的字节数。

11.1.4　实践建议

如前所述，开发者应该确保采用尽可能多的手段来收集尽可能多的与服务和基础设施相关的数据。这样，一旦设计出了关联和展示这些数据的新方案，开发者就可以在随后的阶段中直接使用这些已经收集的数据。我们不能回到过去收集以前的数据，但是可以先把数据收集起来，这样，在需要的时候就可以直接使用了。

记住，应该采取渐进的方式着手展现这些数据，将这些数据展示到仪表盘中，配置告警功能，要避免一下子提供太多的信息反而导致难以理解。没有必要将每个服务的每个度量指标都展示到仪表盘中。开发者可以为每个服务创建多个展示详细信息的仪表盘，但是要保留最上层的仪表盘来展示最重要的信息。这个仪表盘应该能够方便开发者一眼判断出服务是否运行正常。它展示的应是服务的整体情况，其他更深入的信息应该出现更具体的仪表盘中。

在展现这些度量指标时，开发者应该聚焦于最重要的部分，如响应时间、错误量和通信量。它们是可观测性的基石。开发者还应当为每个指标设定合适的百分位：99 分位、95 分位、75 分位，等等。对于某个指定的服务，如果 95% 的请求的耗时都低于 x 秒可能，那么已经足够好了；然而对于另一个服务，可能需要 99% 的请求耗时都低于该时间。对于要采用哪种百分位，这并没有一定之规，通常依赖于业务需求。

在尽可能的情况下，开发者应该使用标签来为度量指标提供上下文信息。关联度量指标的标签示例有环境［生产环境（production）、预发布环境（staging）、QA（测试环境）］和用户 ID。

通过为度量指标打标签，开发者可以将这些度量指标分组并可能从中获得更深层次的信息。比如，使用用户 ID 标记响应时间，那么开发者就可以按用户将这些数据分组，并判断是所有用户都遇到了响应时间变大的问题还是只有一部分特定用户存在这个问题。

在为度量指标命名时，要确保开发者始终遵循某些定义明确的标准。为所有服务维护一套命名规则是很重要的。一种可行的度量指标命名方案就是使用服务名称、方法和开发者期望收集的度量指标类型。示例如下：

（1）orders_service.sell_shares.count

（2）orders_service.sell_shares.success

（3）fees_service.charge_fee.failure

（4）account_transactions_service. request_reservation.max

（5）gateway.sell_shares.avg

（6）market_service.place_order.95percentile

11.2　利用 Prometheus 和 Grafana 监控 SimpleBank

开发者需要将从服务和基础设施上收集的度量指标发送到能够聚合和展示这些数据的系统上。这个系统会利用所收集的度量指标来提供告警功能。为了达到这一目的，读者可以使用 Prometheus 来收集度量指标并使用 Grafana 来展示这些数据。

（1）Prometheus 是一个开源的系统监控和告警工具箱，最初由 SoundCloud 公司开发，现在是一个不依赖于任何公司的独立开源项目。

（2）Grafana 是一款能够在 Graphite、InfluxDB 和 Prometheus 等各种度量指标数据源之上构建可视化仪表盘的工具。

读者可以使用 Docker 完成所有的配置。在第 7 章，我们已经通过 StatsD 为服务添加了发送度量指标的功能。我们可以保持这些服务不变，然后添加一些配置信息来将度量指标从 StatsD 格式转换成 Prometheus 所使用的格式。同时还要添加一个 RabbitMQ 容器，这个容器已经配置完成可以将度量指标数据发送给 Prometheus。图 11.3 展示了搭建一套监控系统所需增加的组件。

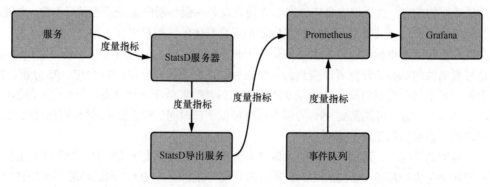

图 11.3　搭建监控系统所需要的容器：StatsD 服务器、StatsD 导出服务、Prometheus 和 Grafana

我们会同时使用 Prometheus 和 StatsD 两种度量指标来展示如何让两种不同的度量指标收集协议共存。StatsD 是基于数据推送的工具，而 Prometheus 是基于数据拉取的工具，使用 StatsD

的系统会将数据推送到采集服务上，而 Prometheus 会从源系统中拉取数据。

11.2.1　配置度量指标收集基础设施

可以先将图 11.2 所示的服务添加到 Docker Compose 文件中，然后，就可以将重点放在 StatsD 导出服务和 Prometheus 的配置上。最后一步就是在 Grafana 上创建仪表盘，之后开始监控各个服务和事件队列。所有代码都可以在本书的配套资源中找到。

1.　向 Docker Compose 文件添加组件

这个 Docker Compose 文件（如代码清单 11.1 所示）能够让读者启动订单提交功能所需要的所有服务和基础设施。为简单起见，我们省略了与服务相关的配置，只列出了与基础设施和监控系统相关的容器。

代码清单 11.1　docker-compose.yml 文件

```
(...)

rabbitmq: ◄────────────────────          使用 RabbitMQ 作为事件队列。此处所使用的
    container_name: simplebank-rabbitmq       镜像支持发送 Prometheus 格式的度量指标，所
    image: deadtrickster/rabbitmq_prometheus  以读者可以直接连接它
    ports:
      - "5673:5672"
      - "15673:15672"

  redis:
    container_name: simplebank-redis
    image: redis
    ports:
      - "6380:6379"       获取发送到 StatsD 服务器上的度量指标数据，
                          并 将 其 转 换 成 Prometheus 格 式 ， 这 样
statsd_exporter: ◄──     Prometheus 可以获取这些转换后的数据
    image: prom/statsd-exporter
    command: "-statsd.mapping-config=/tmp/statsd_mapping.conf" ◄──
    ports:
      - "9102:9102"              使用自定义命令来启动 statsd_exporter，它会
      - "9125:9125/udp"          加载一个映射配置文件
    volumes:
      - "./metrics/statsd_mapping.conf:/tmp/statsd_mapping.conf"

prometheus: ◄──────────  设置官方的 Prometheus 镜像
    image: prom/prometheus
    command: "--config.file=/tmp/prometheus.yml
--web.listen-address '0.0.0.0:9090'" ◄──
    ports:                       启动 Prometheus，绑定到 0.0.0.0:9000 上，
      - "9090:9090"              并读取一个自定义的配置文件，该文件的
    volumes:                     详细配置后面会介绍
      - "./metrics/prometheus.yml:/tmp/prometheus.yml"
```

```
statsd: ◁──────────────────────────────
  image: dockerana/statsd
  ports:
    - "8125:8125/udp"
    - "8126:8126"
  volumes:
    - "./metrics/statsd_config.js:/src/statsd/config.js" ◁──
```

设置 StatsD 服务器来收集各个
服务发送的度量指标数据

使用自定义的配置文件来将收到的度量指标数据重新发送到 statsd-exporter
容器，同 Prometheus 以及 statsd-exporter 容器一样，这些配置文件位于 metrics
文件夹内。这个文件夹会作为数据卷挂载到容器中，这样容器就可以在运行
时阶段获取这些配置文件了

```
grafana:
  image: grafana/grafana
  ports:
    - "3900:3000"
```

启动 Grafana，为收集的度
量指标提供展示界面

2. StatsD 导出服务配置

我们之前提到过，提交订单功能所涉及的服务是以 StatsD 格式来发送度量指标的。在表 11.1
中，我们列出了全部服务以及它们发送的度量指标。这些服务发送的都是计时的度量指标。

表 11.1   订单提交功能所涉及服务发送的计时度量指标

服　　　务	度　量　指　标
account transaction 服务	request_reservation
fee 服务	charge_fee
gateway 服务	health, sell_shares
market 服务	request_reservation, place_order_stock_exchange
order 服务	sell_shares, request_reservation, place_order

映射配置文件可让开发者对 StatsD 收集的每个度量指标进行配置和打标签。代码清单 11.2
列出了为 statsd-exporter 容器所创建的映射配置文件。

代码清单 11.2   将 StatsD 度量指标映射为 Prometheus 格式的配置文件

区分具有相同名称的度量指标（例如，order 服务
和 market 服务中都使用 request_reservation 作为
度量指标的名称）

```
    simplebank-demo.account-transactions.request_reservation ◁──
    name="request_reservation" ◁──────
    app="account-transactions"
    job="simplebank-demo" ◁──────

    simplebank-demo.fees.charge_fee ◁────────────
    name="charge_fee"
    app="fees"
```

account transaction
服务映射

用于确定 statsd_export
容器中的收集器

在 Prometheus 中设置度量指
标的名称

fee 服务映射

```
job="simplebank-demo"                                          网关映射

simplebank-demo.gateway.health   ◄─────────────────────┐
name="health"                                          │
app="gateway"                                          │
job="simplebank-demo"                                  │
                                                       │
simplebank-demo.gateway.sell_shares                    │
name="sell_shares"                                     │
app="gateway"                                          │
job="simplebank-demo" ◄────────────────────────────────┘

simplebank-demo.market.request_reservation ◄──────────────┐  market 服务映射
name="request_reservation"                                │
app="market"                                              │
job="simplebank-demo"                                     │
                                                          │
simplebank-demo.market.place_order_stock_exchange         │
name="place_order_stock_exchange"                         │
app="market"                                              │
job="simplebank-demo" ◄────────────────────────────────────┘

simplebank-demo.orders.sell_shares ◄──────────────────┐  order 服务映射
name="sell_shares"                                     │
app="orders"                                           │
job="simplebank-demo"                                  │
                                                       │
simplebank-demo.orders.request_reservation             │
name="request_reservation"                             │
app="orders"                                           │
job="simplebank-demo"                                  │
                                                       │
simplebank-demo.orders.place_order                     │
name="place_order"                                     │
app="orders"                                           │
job="simplebank-demo" ◄─────────────────────────────────┘
```

　　如果读者不将上述度量指标映射为 Prometheus 格式，那么这些度量指标还是会被收集起来的，只不过没有这种方式方便。如图 11.4 所示，大家可以看到从 statsd_exporter 服务中获取映射后的度量指标与未经映射的度量指标之间的区别。

　　正如从图 11.4 中观察到的那样，market 服务和 order 服务发送的 `create_event` 指标没有经过映射，在到达 Prometheus 后，Prometheus 将它们收集为：

（1）`simplebank_demo_market_create_event_timer`

（2）`simplebank_demo_orders_create_event_timer`

　　对于 market 服务、order 服务和 account transaction 服务发送的 `request_reservation_timer` 度量指标，系统中只有一个条目，其中的指标是相同的，不同之处在于内部的元数据。

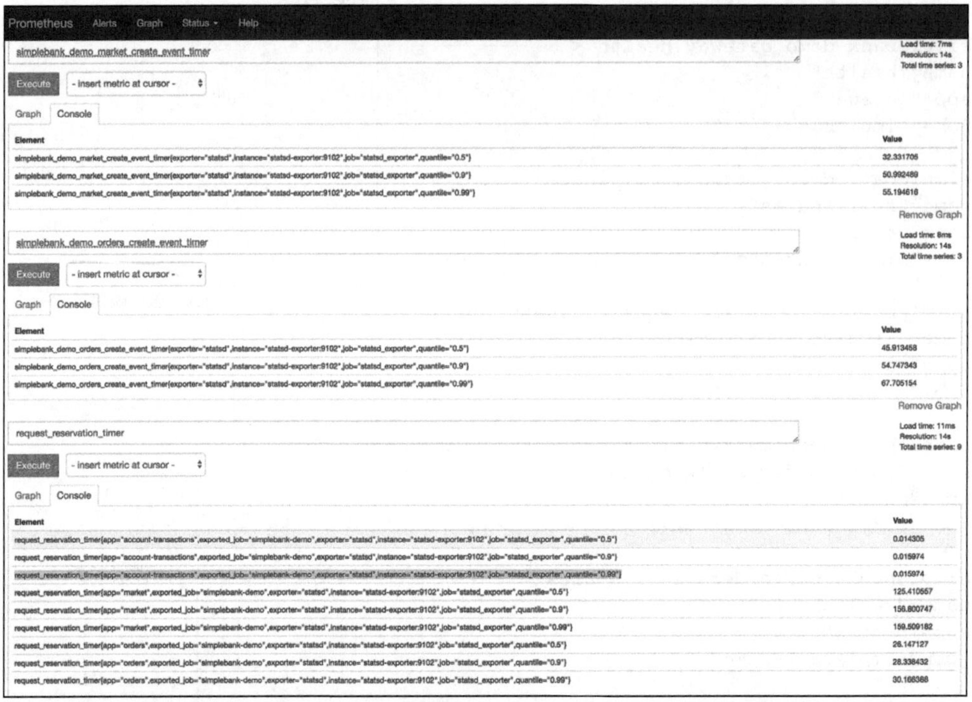

图 11.4　SimpleBank 度量指标在 Prometheus 上的截图——前两个度量指标并没有经过
statsd_mapping.conf 文件的映射，最后一个是映射后的度量指标

> 经 statsd_exporter 配置文件映射过的度量指标——
> app 标签值是生成 request_reservation_timer 指标的
> 应用名

```
request_reservation_timer{app="*",exported_job="simplebank-demo",e
    xporter="statsd",instance="statsd-exporter:9102",job="statsd_
    exporter",quantile="0.5"} ←

request_reservation_timer{app="*",exported_job="simplebank-demo",e
    xporter="statsd",instance="statsd-exporter:9102",job="statsd_
    exporter",quantile="0.9"}
request_reservation_timer{app="*",exported_job="simplebank-demo",e
    xporter="statsd",instance="statsd-exporter:9102",job="statsd_
    exporter",quantile="0.99"}

simplebank_demo_market_create_event_timer{exporter="statsd",instance="statsdexporter:
    9102",job="statsd_exporter",quantile="0.5"} ←
```

> 未经 statsd_exporter 配置文件
> 映射的度量指标——没有 app
> 和 exported_job 标签

3. 配置 Prometheus

我们已经配置了 StatsD 导出服务，现在可以开始配置 Prometheus 系统以从 StatsD 导出服务和 RabbitMQ 上获取数据了，如代码清单 11.3 所示。这两个数据源能够将获取的度量指标数据作为目标（target）。

代码清单 11.3 Prometheus 配置文件

```
global:
  scrape_interval: 5s            设置 Prometheus 抓取所配置的
  evaluation_interval: 10s       目标度量指标的时间间隔
  external_labels:
      monitor: 'simplebank-demo'


alerting:
  alertmanagers:
  - static_configs:
    - targets:
                                 scrape_configs 配置项用
                                 来配置要抓取的目标
scrape_configs:
  - job_name: 'statsd_exporter'      作为抓取配置的任务标签
    static_configs:
      - targets: ['statsd-exporter:9102']
        labels:
          exporter: 'statsd'
    metrics_path: '/metrics'
                                          目标主机和度量指标途径拼接到一起可
                                          以确定收集度量指标所用的 URL。在本
  - job_name: 'rabbitmq'                  例中，若默认使用 http 方式，整个 URL
    static_configs:                       就是"http://rabbitmq:15672/api/metrics"
      - targets: ['rabbitmq:15672']
        labels:
          exporter: 'rabbitmq'
    metrics_path: '/api/metrics'
```

4. 设置 Grafana

为了在 Grafana 系统中接收度量指标，需要设置数据源。首先，我们可以使用 Docker Compose 文件来启动应用和基础设施服务。通过代码清单 11.4 所示的配置，我们就可以通过 3900 端口访问 Grafana。

代码清单 11.4 docker-compose.yml 文件中的 Grafana 配置

```
(...)
grafana:                          使用官方 Grafana Docker
  image: grafana/grafana          镜像以及默认设置
  ports:
    - "3900:3000"
                          Grafana 默认使用 3000 端口。通过 compose 文件启动的应
                          用和服务能够使用默认端口进行通信。为了能够在宿主机
                          上访问该服务，我们将 Grafana 端口映射到 3900 端口
```

为了使用 Docker Compose 来启动所有的应用和基础设施服务，读者需要进入包含该 compose 文件的文件夹，然后执行 up 命令。

结束所有运行的 SimpleBank
容器

```
chapter-11$ docker stop $(docker ps | grep simplebank |
  awk '{print $1}')
chapter-11$ docker rm $(docker ps -a | grep simplebank |     删除所有 SimpleBank 容器
  awk '{print $1}')                                           以免出现命名冲突
chapter-11$ docker-compose up --build --remove-orphans

                                                  启动用 docker-compose.yml 文件定
Starting simplebank-redis ...                     义的容器。--build 参数在启动容器
Starting chapter11_statsd-exporter_1 ...          前构建镜像，--remove-orphans 参数
Starting chapter11_statsd_1 ...                   删除所有该 compose 文件没有定义
Starting simplebank-rabbitmq ...                  的容器
Starting chapter11_prometheus_1 ...
Starting simplebank-rabbitmq ... done
Starting simplebank-gateway ...
Starting simplebank-fees ...
Starting simplebank-orders ...
Starting simplebank-market ...
Starting simplebank-account-transactions ... done
Attaching to chapter11_prometheus_1, simplebank-redis, chapter11_statsd_1,
    simplebank-rabbitmq, chapter11_statsd-exporter_1, simplebank-gateway,
    simplebank-fees, simplebank-orders, simplebank-market, simplebank-
    account-transactions
(…)
```

　　docker-compose up 命令的输出结果能够有助于读者了解服务和应用的部署进展。读者可以使用分配给 Docker 的 URL 或者 IP 地址来访问应用。添加 docker-compose.yml 文件配置的 3900 端口后，就可以访问 Grafana 的登录界面了，如图 11.5 所示。读者可以使用默认账号登录 Grafana，用户名和密码都是 **admin**。

图 11.5　Grafana 登录界面

登录成功后，可以看到 Add Data Source 这个选项。图 11.6 展示了 Edit data source 界面。为了在 Grafana 中配置一个 Prometheus 数据源，我们需要将 Type 设置为 Prometheus，然后插入运行中的 Prometheus 服务实例的 URL，在本例中是 Docker Compose 文件配置的 http://prometheus:9090。

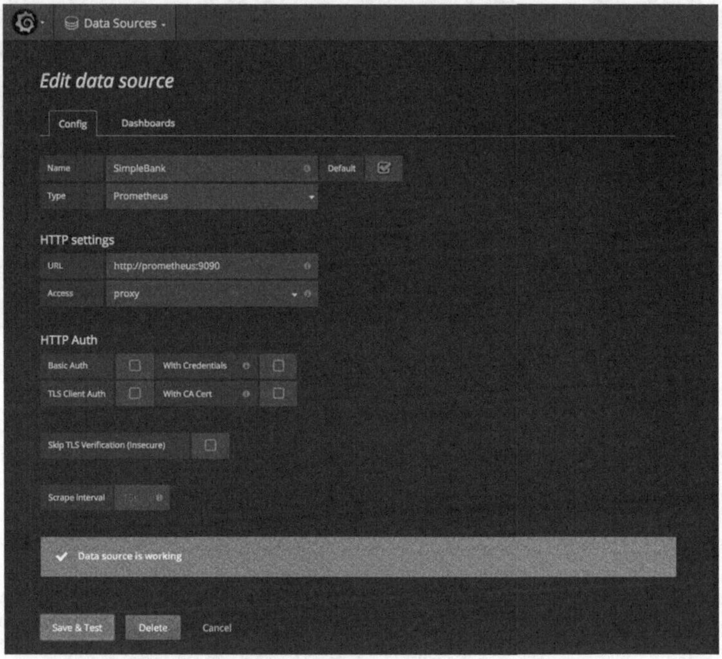

图 11.6　在 Grafana 中配置 Prometheus 数据源

单击 Save & Test 按钮，我们会立刻收到数据源状态的反馈信息。如果 Prometheus 运行正常，我们就可以开始使用 Grafana 来为收集的度量指标搭建仪表盘了。在后面的几节，我们将使用 Grafana 来展示 SimpleBank 中的订单提交功能所涉及的各个服务的度量指标以及事件队列 RabbitMQ 这一关键基础设施部件的各项监控指标。

11.2.2　收集基础设施度量指标——RabbitMQ

为了配置一套监控 RabbitMQ 的仪表盘，我们需要用到 json 格式的配置文件。这是一种简便的共享仪表盘的方式。在源代码库中，读者可以找到一个 grafana 文件夹。在该文件夹中，RabbitMQ Metrics.json 文件记录了仪表盘的布局以及所要收集的度量指标的配置信息。导入该文件后立刻便拥有了一套监控的 RabbitMQ 仪表盘。

图 11.7 展出了在 Grafana 中仪表盘导入功能的访问路径。单击 Grafana 标识，会弹出一个菜单，将鼠标移到 Dashboards 选项，就可以看到 Import 选项了。

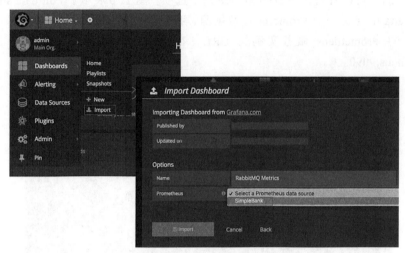

图 11.7　通过 json 文件导入仪表盘

　　单击 Import 选项，界面会弹出一个对话框。我们可以将 json 代码复制到该文本输入框内，也可以上传文件。在使用导入的仪表盘之前，我们需要配置一个数据源以供仪表盘使用。在本例中，我们可以使用前面配置好的 SimpleBank 数据源。

　　这就是开启和应用 RabbitMQ 仪表盘所需要做的全部工作，仪表盘如图 11.8 所示。

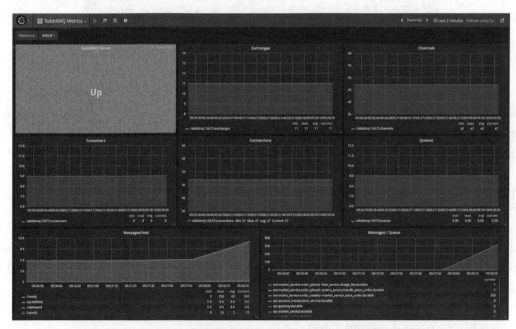

图 11.8　Prometheus 收集并在 Grafana 中展示的 RabbitMQ 度量指标

这个 RabbitMQ 仪表盘可以使开发者对系统有一个整体了解，页面展示了一个监控服务器运行状态的监视器，上面会显示 up 或者 down，此外页面上还以图表形式展示了每台主机上的交换（exchange）数、通道（channel）数、消费者（consumer）数量、连接数（connection）、队列数（queue）、每台主机的消息量以及每个队列的消息量。开发者可以将鼠标悬停在图表上方来显示某个时间点的度量指标的详细数据。单击图表标题会显示一个菜单以供读者对图表执行编辑、查看、复制和删除这些操作。

11.2.3　监控下单功能

现在，我们的服务以及 Prometheus 和 Grafana 这些监控基础设施已经启动并正常运行了，是时候开始收集表 11.1 描述的那些度量指标了。加载一个以 json 格式导出的仪表盘文件，该文件可以在源代码目录的 grafana 文件夹内找到（Place Order.json）。读者可以遵循 11.2.2 节中导入 RabbitMQ 仪表盘所示相同的步骤。

图 11.9 中的仪表盘展示了订单发布功能所涉及的各个服务收集的度量指标。单击每个面板的标题，可以查看、编辑、复制、分享和删除这些面板。

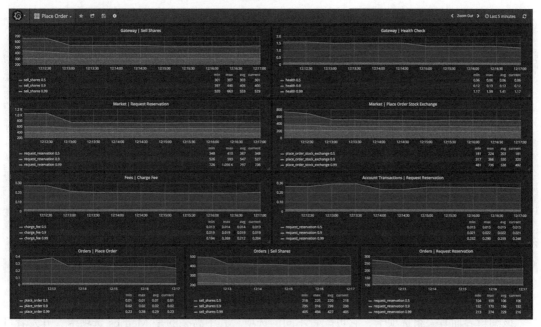

图 11.9　通过 Grafana 的/dashboard/db/place-order 端点访问订单提交仪表盘

这些已加载的仪表盘会收集计时度量指标，并为每个度量指标展示 0.5、0.9 和 0.99 百分位的数据。在界面的右上角，可以看到一个手动刷新的按钮以及度量指标的展示周期。读者可以单击 Last 5 Minutes 标签为所示度量指标重新选择新的周期，如图 11.10 所示。开发者可以从列出的 Quick Ranges 选项中选择一个时间范围或者自己设置一个时间范围，这样，就可以展示任何时间段内的度量指标了。

图 11.10　为要展示的度量指标选择时间范围

我们可以关注 Market|Place Order Stock Exchange 面板来详细了解如何配置一个具体的度量指标。为此，单击面板标题，然后选择 Edit 选项。图 11.11 展示了 Market | Place Order Stock Exchange 面板的编辑界面。

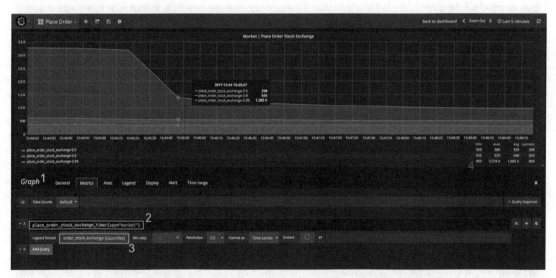

图 11.11　Market | Place Order Stock Exchange 面板的编辑界面

该编辑界面有一组选项卡，它可配置不同的选项。其中高亮的是 Metrics 选项卡，开发者可以在其中添加和编辑要展示的度量指标。在本例中，我们只收集了一个名为 place_order_stock_exchange_timer 的度量指标，该指标记录的是 market 服务将订单提交到股票交易市场所使用的时间。度量指标默认展示的内容包括 App 名称、导出的任务名称和百分位（quantile）这些元数据。为了修改图例的展示方式，开发者可以设置一个图例格式（legend format）。在本例中，我们设置了名称,并插入{{quantile}}占位符以在图表图例和垂直的红色线条旁的悬浮窗口中展示百分位信息。(在收集的度量指标上移动鼠标时,红色线条会起到游标的作用。)在仪表盘中,还展示出了每个百分位的最小值、最大值、平均值和当前值。

我们前面所搭建的仪表盘都还是非常简单的,但是这些仪表盘有助于读者对系统的运行情况有整体的认识。读者现在能够收集系统中各个服务执行各种操作的耗时相关的度量指标了。

11.2.4 告警设置

由于读者已经在收集和存储度量指标了,因此也就可以设置告警了,在指定度量指标的数值背离了所谓的正常值时发送告警信息。这可以是指定请求的处理时间增大,也可以是错误率升高,还可以是某个计数器异常增加,等等。

在本例中,读者可以考虑 market 服务,并为其配置一个告警以确定何时需要对服务扩容。在通过网关服务提交出售订单后,会发生许多事情。这会触发许多事件消息,我们也清楚系统的瓶颈在于 market 服务处理订单发布事件的速度。好在读者可以在 market place order 队列中的消息量超过某个阈值时,设置一个告警用来发送一条消息。我们可以配置多种通知方式:电子邮件、slack、pagerduty、pingdom、webhook 等。

读者可以在告警系统中设置 webhook 通知,这样,每次消息队列中的消息数超过 100 时,就会将告警消息通知给 webhook。现在,由于我们的告警服务仅是用于功能演示的,因此只能接收告警服务中的消息。但要修改也是很容易的,我们可以触发一个操作来增加指定服务的实例数量,从而增加队列中消息的处理能力。

这个告警服务是一个简单的 App,是开发者在启动其他各个 App 和服务时一并启动的。它会一直监听接收 POST 消息,所以开发者可以提前在 Grafana 中配置告警。图 11.12 展示了 market place order 事件队列的活动状况并指明了相应的告警时间、告警触发时间以及告警状况消除的时间。在配置告警时,Grafana 会通过一个浮层来指明警告的阈值以及触发告警和告警被解除的时间点。

在当前配置下,告警服务会在队列的消息量超过 100 时发送一条 webhook 告警消息。告警消息的样式如下:

```
alerts.alert.d26ab4ca-1642-445f-a04c-41adf84145fd:
{
  "evalMatches": [
    {
      "value":158.33333333333334,      ← 告警时度量指标的
                                           数值
      "metric":"evt-orders_service-order_created--market_service.place_order",  ←┐
      "tags":{                                           触发告警的度量指标的名称 │
        "__name__":"rabbitmq_queue_messages",
        "exporter":"rabbitmq",
        "instance":"rabbitmq:15672",
        "job":"rabbitmq",
```

```
      "queue":"evt-orders_service-order_created--market_service.place_order",
      "vhost":"/"
    }
  }
],
"message":"Messages accumulating in the queue",
"ruleId":1,
"ruleName":"High number of messages in a queue",
"ruleUrl":"http://localhost:3000/dashboard/db/rabbitmq-metrics?fullscreen\
u0026edit\u0026tab=alert\u0026panelId=2\u0026orgId=1",
"state":"alerting",
"title":"[Alerting] High number of messages in a queue"
}
```

发生告警时队列的信息

告警对应的告警规则信息

表明消息类型——在本例中，"alerting" 的含义是告警被触发了，队列中的消息量超过了正常运行的阈值

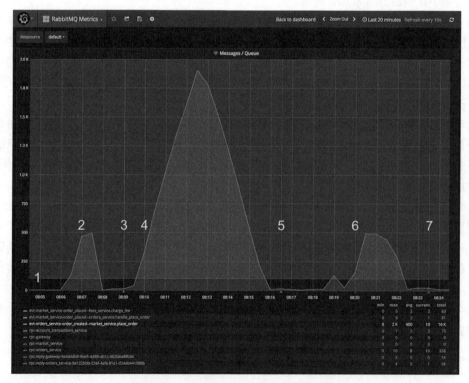

图 11.12　消息队列的状态以及告警浮层

　　同样，在队列中的消息量降到设置的告警阈值以下时，告警服务也会发送一条消息来通知这一状况：

```
alerts.alert.209f0d07-b36a-43f4-b97c-2663daa40410:
{
  "evalMatches":[],
  "message":"Messages accumulating in the queue",
```

```
    "ruleId":1,
    "ruleName":"High number of messages in a queue",  ◄──────┐ 标识告警对应的规则
    "ruleUrl":"http://localhost:3000/dashboard/db/rabbitmq-metrics?fullscreen\
u0026edit\u0026tab=alert\u0026panelId=2\u0026orgId=1",
    "state":"ok", ◄────────────────────────────── "ok" 状态表示队列的消息量已经恢复到
    "title":"[OK] High number of messages in a queue"     阈值以下，不再满足之前告警的条件
}
```

　　下面我们看一下如何为队列中的消息量设置告警。同样可以使用 Grafana 来设置告警，因为它提供了这个功能，并且这些告警会展示在与之相关的面板上。我们既可以接收告警通知，又可以查看面板上之前的告警记录。

　　首先要添加一个通知渠道以传播告警事件。图 11.13 展示了创建新的通知渠道的步骤。

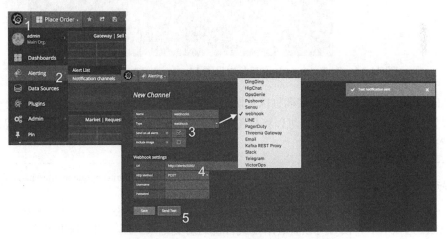

图 11.13　在 Grafana 中设置新的通知渠道

　　为了在 Grafana 上配置新的通知渠道，可以采用下面的步骤。

　　（1）单击屏幕左上角的 Grafana 图标。

　　（2）在 Alerting 菜单中，选择 Notification Channels。

　　（3）输入渠道的名称并选择类型为 webhook，然后选中 Send on All Alerts 选项。

　　（4）输入接收告警服务的 URL。在本例中，读者可以使用告警服务的 URL，并监听 POST 请求。

　　（5）单击 Send Test 按钮验证该功能是否运行正常。如果正常，单击 Save 按钮保存这些修改信息。

　　现在，我们已经配置好了一个告警渠道，接下来就可以在面板上创建告警了。我们可以在之前创建的 RabbitMQ 仪表盘下的消息队列面板上配置告警。单击 Messages/Queue 面板的标题会弹出一个菜单，然后选择 Edit。这样就可以在 Alert 选项卡下创建告警了。图 11.14 展示了新告警的设置过程。

图 11.14　在 RabbitMQ 仪表盘中设置 Messages/Queue 图表的告警

在 Alert Config 部分，添加告警名称以及期望条件的检查频率——在本例中，我们设置为 30s，接下来设置告警条件（condition）。可以将告警设置为在最近 1min 内一旦从队列 A 中搜集的值超过 100 就通知开发者。

 提示　　单击 Metrics 标签，就可以看到下面的队列 A，它是 rabbitmq_queue_messages 度量指标。也可以单击 Test Rule 按钮来测试所设置的规则。

在 Alert 选项卡下，读者可以查看所配置告警的历史记录。图 11.15 列出了队列中消息量度量指标的历史告警记录。

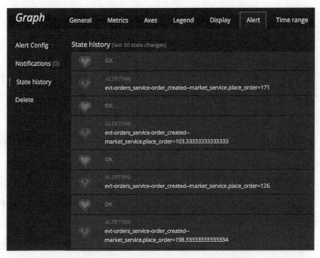

图 11.15　展示指定告警的历史状态

　　现在大功告成了。我们已经配置了一套收集度量指标数据的监控基础设施，这些数据包括各个服务发送的数据以及这些服务进行异步通信时所使用的核心组件（消息队列的数据）。读者现在也了解了如何创建告警以便在系统满足某些条件时发送通知。下面我们进一步深入研究一下告警功能及其用法。

11.3　生成合理的可执行的告警

　　拥有一套合适的监控基础设施意味着开发者可以衡量系统的性能并保留这些测量数据的历史记录。同时，这还意味着开发者可以为测量数据确定阈值并在其超过阈值后自动发送通知。

　　不过，有一件事是需要开发者记住的，那就是系统很容易达到信息过多告警泛滥的状态。最终，信息过载所造成的危害要远大于它的好处（如果情况进一步恶化，人们会开始忽略重复出现的告警）。我们需要确保所发出的告警是可执行的，是会被处理掉的，并且这些告警要发给组织中正确的人员。

　　虽然服务可以消费某些告警和自动执行某些操作，比如当队列中的消息出现积压时，对服务进行自动扩容，但人也需要消费一些告警和采取某些行动。我们要确保这些告警到达正确的人群中并且包含足够多的信息，这样诊断问题原因时就会尽可能地简单。

　　开发者还需要对告警进行优先级排序，因为服务或基础设施中的任何问题都有可能触发多个告警。无论是谁在处理这些告警，他都需要立即知道每个告警的紧急程度。通常，我们应该将服务的告警直接发送到负责这些服务的团队中。我们应该将应用映射到组织结构中，因为这有助于确定告警的目标人群。

11.3.1　系统出错时哪些人需要知悉

　　在日常操作中，告警应该面向团队的开发者和维护者。这反映了"谁开发，谁运行"这一支配着微服务工程团队的理念。作为创建和部署服务的团队，想让每个人对于部署的每个服务都一清二楚，即便不是不可能的，那也是非常困难的事情。对服务最了解的人是对服务产生的告警进行说明和采取行动的最合适人选。

　　组织机构中可能也有一些专门的或者轮流值班待命的团队来接收和监控告警，然后在必要的情况下逐步升级转给具体的团队。在配置告警和通知时要牢记的是，其他人员可能会消费这些告警，所以应该让这些告警尽可能地简洁而又信息全面。还有一点很重要，那就是每个服务都要有关于一些常见问题和诊断方法的文档，这样值班团队在收到告警以后就能判断他们是否可以修复这个问题或者是否需要将告警升级。

　　开发者同样应该根据紧急程度来将告警进行分类。并不是所有的问题都需要立刻被关注，但是有一些问题是影响大局的，开发者需要在了解这些告警后第一时间将其修复。

　　严重问题应该触发通知并确保有人能正常接收到，不管是开发相应服务的开发团队中的工程师还是值班的工程师。中度危险的问题应该生成告警并采用适当的渠道将通知发送出去，这样，监控这些告警的人员就可以收到这些通知了。我们可以将这种类型的告警当作一个生成任务队列的系统来对待，开发者需要尽快把任务从队列中取出来并处理掉，但不需要立刻操作，不需要中断现有的工作或者在半夜将某些人员喊醒进行处理。低优先级的告警可以只生成一条记录，这些告警并不严格要求有人员来处理，因为服务可以接收到这些告警并采取某些必要的行动（比如，在响应时间增大后，对服务进行自动扩容）。

11.3.2　症状，而非原因

触发告警的应该是症状，而非原因，比如用户会遇到的错误。如果用户不能再访问某个服务，那么这种能力的丧失应该生成一条告警。不应该试图为每个不在**正常**阈值之下的参数触发告警，在只有部分信息的情况下，开发者并不能够了解发生了什么事情或者问题是什么。在图 11.2 中，我们列出了股票市场中订单发布的流程图。网关作为该功能的消费访问入口和 4 个服务共同协作。一个或多个服务可能出现执行错误或过载的情况。由于组件间的通信主要是异步的，因此很难确定为什么会发生指定的错误。

假设，开发者为了到达网关的请求数以及订单发布所发出的通知数配置一个告警。随着时间的推移，将这两个指标关联起来并确定两者之间的比值将非常容易。开发者也就有了一个症状：提交订单的数量大于完成的数量。开发者可以以此着手然后尝试了解哪个组件（也可能是多个组件）出现了问题，是事件队列或者某个基础设施的问题，还是系统负载太高不能及时处理导致的？这些症状是展开调查的起点，从那里开始开发者跟随线索，直至找到一个或多个原因。

 提示　　尽可能减少告警通知的数量并保持这些通知的可操作性来避免出现告警疲劳。系统正常行为的每次偏差都生成一条告警通知很快就会导致人们不再关心这些告警或者认为这些告警并不重要。这样会导致一些重要告警被忽视。

11.4　监测整个应用

关联度量指标是一个宝贵的工具，可以用来了解和推测系统中每个服务状态之外的更多内容。监控同样能够帮助开发者理解和思考系统在不同情况下的表现，而且这有助于开发者利用所收集的数据来预测和调整自己的承载能力。收集每个服务的度量指标的好处是，开发者可以不断地将这些不同服务的度量指标关联起来并对整个应用的功能和表现有一个全局的了解。如图11.16 所示，大家可以看到不同服务度量指标之间的可能关联。

我们来看一下所推荐的关联关系。

（1）A：**创建一个新的可视化组件，比较网关和 order 服务所接受的请求量的比位**。这样，开发者就可以在处理用户发起的请求时了解是否存在问题。开发者也可以使用这个新的关联指标来设置一个告警，并要求在比值低于 99% 时触发告警。

（2）B：**将发给网关的用户请求数与队列中的 order-created 消息数关联起来**。考虑到开发者知道 order 服务负责发布这些消息，所以和 A 相似，开发者可以了解到系统是否运行正常以及客户的请求有没有被处理掉。

（3）C：**将订单提交的消息数与 order 服务收到的请求数关联起来**。这样，开发者就可以推断 fee 服务是否正常运行。

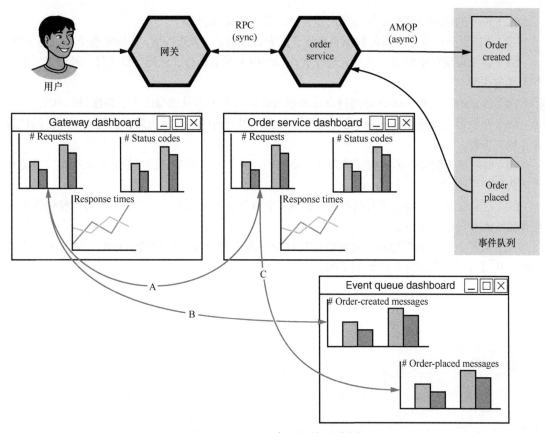

图 11.16　不同服务之间的关联指标

将不同的度量指标合并到一个新的仪表盘中，然后对这些指标设置合理的告警，这样开发者就可以对整个应用有了更深入的了解。然后，开发者可以决定细化到哪个层次，是高层视图还是详细视图。

现在，我们已经完成了监控和告警的介绍。读者已经可以配置一套监控系统以了解问题是**如何发生的**。现在已经可以了解服务的状态，监测服务发出的度量指标，并判断这些服务是否在预期的参数范围内运行。这只是应用可观测性工作的中一部分。这是一个很好的起点，但需要做的还有很多！

　　为了能够完全了解系统的运行情况，开发者还需要进一步研究日志和链路追踪，这样能够既了解系统当前的运行情况，还可以了解之前的运行情况。在第 12 章中，我们会重点讨论日志和链路追踪，作为可观测性过程中对监控的补充，这样有助于开发者了解事件发生的原因。

11.5　小结

　　（1）可靠的微服务监控系统包括度量指标、链路追踪和日志。

　　（2）从微服务中收集丰富的数据有助于开发者发现故障、调查问题，并理解整个应用的表现。

　　（3）在收集度量指标时，开发者应该重点关注四大黄金标志：时延、错误量、通信量（吞吐率）和饱和度。

　　（4）Prometheus 和 StatsD 是两种常见的和具体语言无关的从微服务中收集度量指标的工具。

　　（5）开发者可以使用 Grafana 将度量指标数据以图表的形式展示出来，创建人类可读的仪表盘和触发告警。

　　（6）如果基于度量指标的告警体现的是系统不正常的症状而非原因的话，那么这些告警更具有持久性和可维护性。

　　（7）定义良好的告警应该有明确的优先级，能够逐层升级到对应的人员，具有可操作性并且包含简洁而有价值的信息。

　　（8）从多个服务中收集和聚合的数据能够让开发者将完全不同的度量指标关联起来并进行比较，从而对系统有进一步全面的了解。

第 12 章　使用日志和链路追踪了解系统行为

本章主要内容

- 采用一致的结构化方式以机器可读的格式存储日志
- 搭建一套日志基础设施
- 使用链路追踪和关联 ID 来了解系统行为

　　在前面章节中，我们重点讨论了如何从服务中发送度量指标以及使用这些指标创建仪表盘和告警。度量指标和告警只是微服务架构中所需要实现的可观测性的一部分。在本章中，我们会聚焦于日志收集以及确保能够追踪服务之间的交互。这样，开发者不仅能够对系统的行为有整体的了解，还能够让时光倒流以便对每个请求进行回溯跟踪和分析。在调试故障和查找系统瓶颈时，这是非常重要的。日志为开发者提供了一种书面记录，记录了每个进入系统的请求的历史信息，而链路追踪则为开发者提供了为每个请求建立一条时间线的方式，这样开发者就能够了解该请求在不同服务上所花费的时间了。

　　在结束本章内容之前，我们将创建出一套基本的日志基础设施并搭建链路追踪的能力。我们将能够监控应用的操作并拥有一些审计和调查的工具，以备对某些特定请求进行审核和调查。此外，我们还能够通过查看链路追踪数据发现系统的性能问题。

12.1　了解服务间的行为

　　在基于微服务的架构中，提供给用户的功能会涉及多个不同的服务。在一个不具备中心化的入口统一访问数据时，我们很难了解每个请求的执行情况。这些服务临时性地分布在不同的服务器节点上，并且为了满足运行的需要会被反复地部署和扩容。我们回顾一下出售股票订单的用例，如果只需要在一台机器上运行单个应用的话，那么我们已经实现了（图 12.1）。

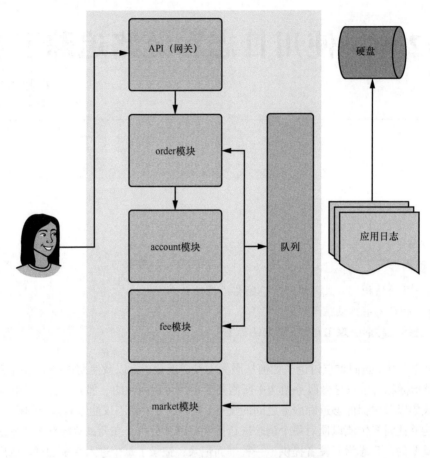

图 12.1 单个应用所实现的出售订单用例

在图 12.1 中，我们将这些相互协作实现在客户端出售股票的服务表示为应用中的模块。如果开发者要检查系统中某个特定请求的生命周期，则可以登录到机器然后检查存储在硬盘上的日志数据。但是为了保证冗余度和可用性，开发者很可能在多台机器上运行应用，这时，事情就不再是登录到一台机器上那么简单了。一旦确定了所关注的请求，开发者就必须确定执行该请求的是哪台机器，然后检查这台机器。浏览这台机器的日志将加深开发者对该请求的理解。

这并不意味在单台机器上维护日志就是一件容易的事情——服务器同样可能崩溃而不可用。我们的目的并不是讨论如何降低日志数据（或其他任何数据）安全存储的复杂度，而是想说明为所有保存的数据提供单一入口能够简化和方便执行查询操作。

我们比较一下微服务应用中同样的场景。图 12.2 展示了在多服务情形下出售股票订单的用例，每个服务都有多个副本，它们之间独立运行。

可以看到，有 5 个独立运行的服务，每个服务有 3 个正在运行的实例。这意味着这些 pod 都运行在不同物理机上。请求到达系统后很可能会在不同物理机上的多个 pod 之间流转，开发者想要通过访问日志来追踪请求并不是一件容易的事。即便能做得到，谁又能保证在需要访问这些数据时，这些 pod 都还在运行中呢？

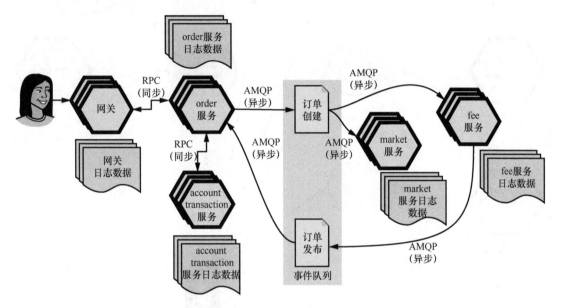

图 12.2　SimpleBank 公司出售股票订单的用例，多个服务独立运行，各自拥有日志数据

图 12.3 展示了从分布式系统中收集数据时所面临的挑战。即便有一些持久化方案能够保证运行中的 pod 被替换掉以后日志数据也会保留下来，但在整个系统中找到一条请求也并不是一件容易的事情。开发者需要一种更好的方式来记录系统的运行情况。为了能够全面了解系统的运行方式，开发者需要做的是：确保持久化保存日志数据，这样，在服务重启和扩容时日志数据继续存在；确保将不同服务以及不同服务实例中的所有日志数据聚合到一个集中的地方；确保所存储的数据可用、易于检索并支持进一步处理。

我们的目标是在本章结束时拥有一套基础设施，这套基础设施将收集和聚合所有服务的日志数据以供开发者进行检索，这样，开发者就可以随时了解系统的运行情况了。开发者也能够使用这些数据来进行审查、调试，或者通过进一步处理这些数据来对系统有一些新的理解。比如，开发者可以收集日志中保存的 IP 数据然后生成可视化图表来展示用户所在的主要地理区域，这也是一种增加可用信息的数据处理方式。

为了有效地存储日志数据并保持数据可搜索，开发者首先需要使整个工程团队在所使用的日志格式上达成一致。一致的日志格式有助于保证开发者能够高效地存储和处理数据。

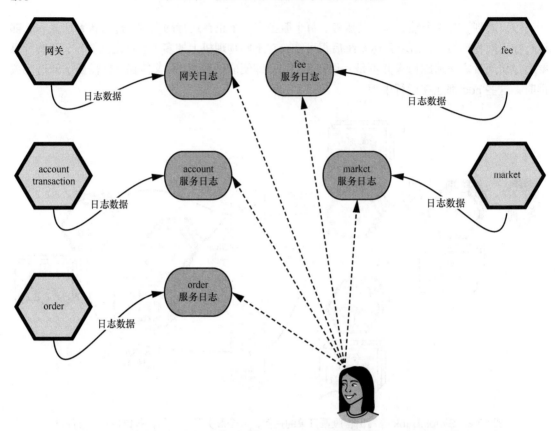

图 12.3　访问每个服务在不同运行实例中的日志数据是一件非常有挑战性的工作

12.2　生成一致的、结构化的、人类可读的日志

　　为了实现可观测性，开发者必须从不同的数据源来收集数据，这些数据不仅来自运行中的服务，还来自基础设施。为数据定义一套通用的格式能够方便开发者分析数据和降低开发者使用现有工具检索这些数据所花费的代价。开发者可以收集和使用的数据有应用日志、数据库日志、网络日志以及从底层操作系统中收集的性能数据。

　　因为开发者无法控制一些组件的格式，所以必须要处理这种特殊情况并通过某种方式将它们的格式进行转换。现在，我们先关注能控制的那部分，即自己的那些服务。确保整个工程团队遵循一种格式和一种规范，从长远来看这是值得的，因为这能够简化数据收集过程并提高效率。我们先确定一下开发者应该保存哪些数据，然后研究一下如何存储这些数据。

12.2.1　日志中的有用信息

　　为了让日志数据实用和高效有助于开发者了解系统的运行状况，开发者需要确保日志中包含的某些信息能够传达出某些内容。我们看一下开发者应该在每条日志中包含哪些内容。

1. 时间戳

为了能够将数据关联起来并适当排序，开发者需确保将时间戳附加到日志记录上。时间戳应该尽可能地精确和详细，比如使用的由 4 位数字表示的年份和最精确的时间单位。每个服务都应该提供自己的时间戳，最好以毫秒为单位。时间戳还应该包含时区，建议开发者尽可能使用 GMT/UTC 来收集数据。

有了这些详细信息，开发者在关联来自不同时区的不同服务上的数据时可以避免出现问题。按事件发生的时间对数据进行排序会容易很多，并且在分析数据时需要的上下文信息也更少。正确地获取时间戳是确保开发者能够了解事件发生先后顺序的第一步。

2. 标识符

不管在什么时候，开发者都应该在要记录的数据中尽可能多地使用唯一的标识符。当开发者交叉引用来自多个数据源的数据时，请求 ID、用户 ID 和其他唯一标识符是非常重要的。有了这些标识符，开发者就能够非常高效地将不同数据源的数据分组。

在大部分情况下，这些 ID 已经存在于系统中了，因为开发者需要使用这些 ID 标识资源。这些 ID 很有可能已经在不同的服务之间传播了，所以开发者应该充分利用这些 ID。唯一标识符和时间戳结合起来使用是一种非常强大的手段，可以帮助开发者了解系统中的事件流。

3. 来源

确定给定日志记录的来源能够简化必要情况下的调试难度，开发者可以使用的典型数据来源包括主机名、类名或模块名、函数名和文件名。

在调用某个指定函数的执行时间增大时，从这个来源中收集的信息能够让开发者推断出应用出现的性能问题，因为开发者可以推断出执行时间，即使这不是实时的。尽管它无法代替度量指标的收集，但是也能够有效地帮助开发者发现系统瓶颈和潜在的性能问题。

4. 日志等级或类别

每个日志条目都应该包含一个类别。这个类别可以是要记录的数据类型也可以是日志等级。一般来说，通常使用的日志等级有 ERROR、DEBUG、INFO 和 WARN。

开发者可以按照这些类别对数据进行分组。有一些工具可以使用 ERROR 级别的消息解析日志文件检索，然后将这些消息发送给错误报告系统。这是开发者利用日志等级或者类别信息自动实现错误报告流程而不需要显式指令的最佳示例。

12.2.2　结构化和可读性

开发者想要以人类可读的格式来生成日志记录，但是这些日志同时又需要使机器易于解析。人类可读的意思是要避免出现用二进制编码的数据或者大部分人并不能理解的编码类型，比如在日志中存储图片的二进制内容。开发者应该在日志中使用图片的 ID、文件大小以及用其他相关数据来代替。

开发者同时还应该避免多行日志（一条日志记录占用多行），因为这会导致日志聚合工具在解析日志时将日志拆分成多个片段。这种日志很容易丢失某些与特定日志记录相关的信息，比如 ID、时间戳或者来源。

在本章的示例中，我们会使用 JSON 格式来编码日志记录。这样做一方面能够为开发者提供人类和机器都可读的数据，另一方面还能够自动添加在前面小节中提到的数据。

在第 7 章讨论微服务基底时，我们引入了一个提供日志格式化功能的 Python 库 `logstash-formatter`。Logstash 库有多种语言实现，可以认为这已经是一种广泛使用的格式，不管开发者使用哪种语言来编写服务代码，该格式都是易于使用的。

> **Logstash**
>
> Logstash 是一个负责收集、处理和转发来自不同来源的事件和日志消息的工具。它提供了很多插件以配置所要收集的数据。
>
> 我们对 Logstash 的格式约定很感兴趣，我们将在 SimpleBank 服务中使用 Logstash 的 V1 版本的格式规范。

接下来，我们观察一下使用 Logstash 的 Python 库所收集的一条日志记录。这条消息使用的是 Logstash 的 V1 版本格式，应用在启动时自动生成了这条消息，并不需要其他专门代码来进行记录。

```
{
    "source_host" : "e7003378928a",          ←── 来源信息：运行应用
    "pathname" : "usrlocallibpython3.6site-packagesnamekorunners.py",   的主机
  "relativeCreated" : 386.46125793457031,
    "levelno" : 20,                           处理该操作所花费的
    "msecs" : 118.99447441101074,  ←────────  时间
    "process" : 1,
    "args" : [ "orders_service" ],
    "name" : "nameko.runners",                文件名、函数名、模块名
    "filename" : "runners.py",                以及发送日志的代码行号
    "funcName" : "start",
    "module" : "runners",
    "lineno" : 64,                            时间戳，Z 表示
    "@timestamp" : "2018-02-02T18:42:09.119Z",  ←──  UTC 时区
    "@version" : 1,
    "message" : "starting services: orders_service",  ←──  表示服务正在
    "levelname" : "INFO",  ←──                         启动的消息
    "stack_info" : null,                日志等级或者
    "thread" : 140612517945416,         类别，在本例中
    "processName" : "MainProcess",      是 INFO 级别
    "threadName" : "MainThread",
    "msg" : "starting services: %s",
    "created" : 1520275329.1189945
}
```
日志格式化所采用的版本（logstash-formatter v1）

如大家所见到的那样，Logstash 库插入了一些相关信息，这些信息能够减轻开发者的负担。在代码清单 12.1 中，读者会了解到如何在代码中显式调用日志方法以生成日志记录。

代码清单 12.1　显式记录日志后，采用 Logstash V1 版本规范格式化的日志消息

```
# Python code for generating a log entry
self.logger.info ({"message": "Placing sell order","uuid": res})  ◁──────────
                                                                  日志等级、message 字段和 uuid 字段

{
    "@timestamp": "2018-02-02T18:43:08.221Z",
    "@version": 1,
    "source_host": "b0c90723c58f",
    "name": "root",
    "args": [],
    "levelname": "INFO",  ◁──────────
    "levelno": 20,             日志等级是在调用 logger 模块时确定
    "pathname": "./app.py",    的，在本例中对应的是 INFO 等级
    "filename": "app.py",
    "module": "app",
    "stack_info": null,
    "lineno": 33,
    "funcName": "sell_shares",
    "created": 1520333830.3000789,
    "msecs": 300.0788688659668,
    "relativeCreated": 15495.944738388062,
    "thread": 140456577504064,
    "threadName": "GreenThread-2",
    "processName": "MainProcess",
    "process": 1,
    "message": "Placing sell order",  ◁──────────  消息字段
    "uuid": "a95d17ac-f2b5-4f2c-8e8e-2a3f07c68cf2"  ◁──────────  uuid 字段会标识这条日
}                                                                志，并可能与其他服务中
                                                                的另一条日志产生关联
```

在显式调用 logger 模块时，开发者只需要声明所期望的等级以及所要记录的消息，这个消息以键值对的形式包含了消息文本和一个 uuid。日志记录中的所有其他信息都是由 Logstash 自动收集和添加的，不需要人为显式声明。

12.3　为 SimpleBank 配置日志基础设施

至此，我们设置了所要收集和展示的信息的格式，接下来可以进一步创建一套基本的日志基础设施了。在本节中，我们将搭建一套基础设施，以从各个正在运行的服务中收集和聚合日志。这套基础设施还会提供查询和关联功能。我们的目标是提供一个能够访问所有日志数据的集中式入口，就像度量指标那样。如图 12.4 所示，我们列出了搭建完日志基础设施后所要实现的功能。

度量指标仪表盘

集中式日志

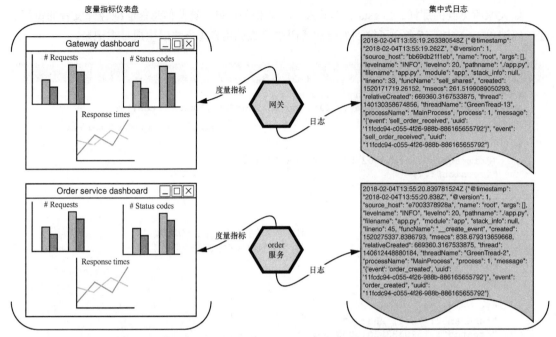

图 12.4 利用集中式的度量指标和日志可以方便服务数据的访问

就像第 11 章为度量指标所执行的操作那样，在配置完日志聚合功能后，所有服务就开始同时向中心化系统发送度量指标和日志信息了，这能够提高系统的可观测性。开发者能够观察到运行系统的数据，并在需要对特定的请求进行检查和调试时深入挖掘和收集出更多的信息。我们将搭建一套通常被称作 ELK（Elasticsearch、Logstash 和 Kibana）的解决方案，其中会使用到一个名为 Fluentd 的数据收集器。

12.3.1　基于 ELK 和 Fluentd 的解决方案

我们将使用 Elasticsearch、Logstash 和 Kibana 构建所提出的日志基础设施。此外，我们还将使用 Fluentd 把日志从应用推送到集中式的日志解决方案中。在深入介绍这些技术的更多细节之前，我们先看一下图 12.5，整体了解一下想要实现的功能。

如图 12.5 所示，我们可以了解到如何收集网关服务中各个实例的日志，并将它们转发到集中式的日志系统。我们展示的是同一个服务的多个实例，但这一方案同样适用于任何其他运行中的服务。服务将把所有日志信息重定向到 STDOUT（标准输出），运行 Fluentd 守护进程的代理将负责把这些日志推送到 Elasticsearch。

在部署新服务时遵循这种方式，这样我们就可以确保日志数据会被收集并建立索引来方便检索。但是在开始之前，我们先花几分钟时间介绍一下将使用到的各项技术。

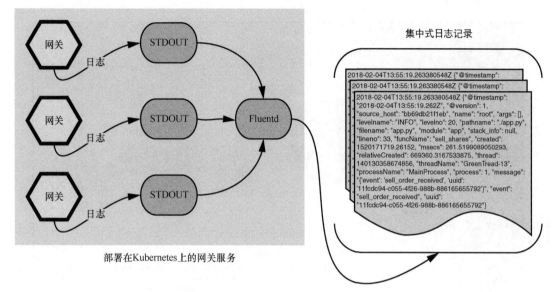

图 12.5 收集来自不同服务实例的日志并转发到一个集中位置

1. Elasticsearch

Elasticsearch 是一个集中存储数据的查询和分析引擎。它会对数据（在本示例场景中对应的是日志数据）建立索引，供开发者对所存储的数据执行高效的检索和聚合操作。

2. Logstash

Logstash 是一个服务器端的处理流水线，支持从多个来源获取数据，并在将数据发送到 Elasticsearch 之前对其进行转换。在本例中，我们将利用客户端类库使用 Logstash 的格式化和数据收集功能。在本章前面的示例中，大家已经观察到它具有提供一致化数据的能力，读者可以将这些数据发送给 Elasticsearch。在本章中，我们不会使用 Logstash 来发送数据，而是使用 Fluentd 来代替它。

3. Kibana

Kibana 是一款用于可视化展示 Elasticsearch 数据的界面工具。开发者可以使用该工具查询数据并探索数据之间的关联关系。在本例中，它将操作日志数据。我们可以使用 Kibana 并根据所收集的数据生成可视化图表，因此它不仅是一个搜索工具。图 12.6 显示了一个由 Kibana 提供的仪表盘示例。

4. Fluentd

Fluentd 是一个开源的数据收集器，读者可以使用它将数据从服务推送到 Elasticsearch。应结合 Logstash 的数据格式化和收集功能，并使用 Fluentd 推送数据。它的一大优点是，如果在 Docker Compose 文件中声明了该工具，那么可以将它用作 Dockerfile 的日志提供程序。

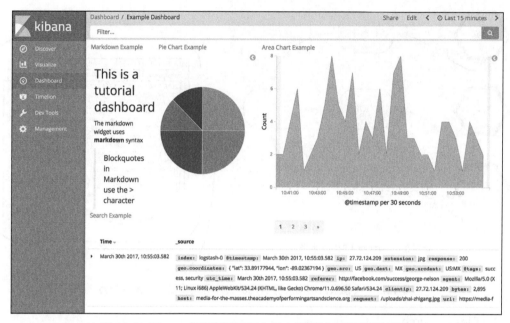

图 12.6　Kibana 仪表盘展示了由日志数据创建的可视化图表

12.3.2　配置日志解决方案

读者将通过 Docker Compose 文件配置一套解决方案，就像在第 11 章创建度量指标集合和告警基础设施服务时所执行的操作那样。在其中，会找到 docker-compose.yml 文件，我们会在该文件中定义一些新的依赖项。代码清单 12.2 列出了 compose 文件新添加的组件。

代码清单 12.2　向 Docker Compose 文件添加 Elasticsearch、Kibana 和 Fluentd 容器

```
version: '2.1'
services:

  gateway:
    container_name: simplebank-gateway
    restart: always
    build: ./gateway
    ports:
      - 5001:5000
    volumes:
      - ./gateway:/usr/src/app
    links:
      - "rabbitmq:simplebank-rabbitmq"
      - "fluentd"
    logging:    ◁
      driver: "fluentd"
      options:
```

为每个服务添加一个 logging 指令以强制 Docker 将每个运行服务的容器的输出信息推送到 Fluentd，而接下来 Fluentd 会确保将收到的数据推送到 Elasticsearch

```
        fluentd-address: localhost:24224
        tag: simplebank.gateway
```

(...)

```
  kibana:
    image: kibana
```
对于 Kibana，使用 Docker Hub
的默认镜像和默认设置

```
    links:
      - "elasticsearch"
```
将 Kibanan 链接到 Elasticsearch 容器，
因为它会消费 Elasticsearch 中的数据

```
    ports:
      - "5601:5601"

  elasticsearch:
    image: elasticsearch
```
与 Kibana 一样，Elasticsearch 使用默认镜像

```
    expose:
    - 9200
    ports:
      - "9200:9200"

  fluentd:
    build: ./fluentd
```
通过定制的 Docker
镜像构建 Fluentd

```
    volumes:
      - ./fluentd/conf:/fluentd/etc
```
将 Fluentd 的配置信息注入所创建的容器，
这样读者可以调整默认配置

```
    links:
      - "elasticsearch"
```
将 Fluentd 容器与 Elasticsearch 容器链接起来，
因为 Fluentd 会将数据推送到 Elasticsearch

```
    ports:
      - "24224:24224"
      - "24224:24224/udp"
```
(...)

　　将上述内容添加至 Docker Compose 文件后，基本上就一切准备就绪了，可以将服务和日志基础设施一起启动起来了。但是，我们还要介绍一下前面提及的调整，以根据需求对 Fluentd 进行配置。构建 Fluentd 所使用的 Dockerfile 文件如代码清单 12.3 所示。

代码清单 12.3　Fluentd Dockerfile（Fluentd/Dockerfile）

```
FROM fluent/fluentd:v0.12-debian
RUN ["gem", "install", "fluent-plugin-elasticsearch",
"--no-rdoc", "--no-ri", "--version", "1.9.2"]
```
拉取 Fluentd 基础镜像

为 Fluentd 安装
Elasticsearch 插件

　　现在需要做的就是为 Fluentd 创建一个配置文件，配置文件的内容如代码清单 12.4 所示。

代码清单 12.4　Fluentd 配置（fluentd/conf/fluent.conf）

配置数据的位置：TCP 和 UDP 的 24224 端
口，这与代码清单 12.2 中的 Docker Compose
文件所声明的配置一致

```
 <source>
    @type forward
```
接收输入的插件，监听 TCP 套接字和 UDP 套接字以用
于心跳检测，这是监控 Fluentd 健康状况的一种方式

```
    port 24224
    bind 0.0.0.0
  </source>
  <match *.**>
    @type copy
    <store>
      @type elasticsearch
      host elasticsearch
      port 9200
      logstash_format true
      logstash_prefix fluentd
      logstash_dateformat %Y%m%d
      include_tag_key true
      type_name access_log
      tag_key @log_name
      flush_interval 1s
    </store>
    <store>
      @type stdout
    </store>
  </match>
```

展示 Fluentd 的工作——在本代码段，配置了两个 store：一个用于处理 json 数据，另一个用于处理所有其他的 stdout 数据

Match 代码段所使用的输出插件：copy 用于将事件复制到多个源；elasticsearch 用于将数据记录到 Elasticsearch 中；而 stdout 用于输出所有进入 Fluentd 的数据

在 Fluentd 配置文件中，match 代码段包含了所有需要的配置信息，以及所使用的格式，这些配置信息连接 elasticsearch port 和 host。我们使用的是 Logstash 格式，开发者可能还记得。

完成所有必需的配置后，我们现在准备好使用这个新的 Docker Compose 文件来启动服务了。在此之前，检查一下服务并修改一下代码来支持向集中式日志基础设施发送数据。为了能够使用 Logstash 日志，需要在下面的章节中对服务进行一些配置，还要设置日志等级。

12.3.3　配置应收集哪些日志

在我们的服务中，因为开发者可以通过环境变量来控制日志等级，所以可以在开发环境与生产环境中使用不同的等级。使用不同的日志等级能够让生产环境中的日志更加详细，以防止需要调查某些问题。

我们看一下网关服务的日志配置以及代码来了解一下如何发送日志消息。日志配置如代码清单 12.5 所示。

代码清单 12.5　网关服务的配置文件（gateway/config.yml）

```
AMQP_URI: amqp://${RABBIT_USER:guest}:${RABBIT_PASSWORD:guest}@${RABBIT_HOST:
localhost}:${RABBIT_PORT:5672}/
WEB_SERVER_ADDRESS: '0.0.0.0:5000'
RPC_EXCHANGE: 'simplebank-rpc'
LOGGING:
    version: 1
```

日志配置区域

```
handlers:
    console:
        class: logging.StreamHandler  ◄──────  为控制台日志定义一个 handler 类，所使
root:                                           用的 handler 在代码清单 12.6 中已列出
    level: ${LOG_LEVEL:INFO}  ◄─────────────
    handlers: [console]  ◄─────────           从环境变量（LOG_LEVEL）中读取日志等级，并
                       │                      设置默认值为 INFO，以防止没有定义环境变量
        只注册了一个 "console"
        handler 类，因为不需要读
        取日志文件
```

这个配置文件在应用启动时支持设置的日志等级。在 Docker Compose 文件中，我们为除网关之外的所有服务设置了 LOG_LEVEL 环境变量为 INFO，网关服务的日志等级是 DEBUG。我们看一下网关服务中设置日志的代码，如代码清单 12.6 所示。

代码清单 12.6 网关服务启用日志（gateway/app.py）

```
import datetime
import json          导入 Python 的日志
import logging  ◄──  模块
import uuid

from logstash_formatter import LogstashFormatterV1  ◄──
from nameko.rpc import RpcProxy, rpc                     导入 Logstash Formatter，这样就
from nameko.web.handlers import http                     可以发送 Logstash 格式的日志了
from statsd import StatsClient
from werkzeug.wrappers import Request, Response

class Gateway:

    name = "gateway"
    orders = RpcProxy("orders_service")
    statsd = StatsClient('statsd', 8125,
                         prefix='simplebank-demo.gateway')

    logger = logging.getLogger()
    handler = logging.StreamHandler()     初始化和设置
    formatter = LogstashFormatterV1()     logger 对象

    handler.setFormatter(formatter)
    logger.addHandler(handler)

    @http('POST', '/shares/sell')
    @statsd.timer('sell_shares')
    def sell_shares(self, request):
        req_id = uuid.uuid4()              以 DEBUG 级别记录的消息，这条消息只有在应用的日志
        res = u"{}".format(req_id)         等级设置为 DEBUG 时才会被发送出去。如果应用的日志等
                                           级被设置为 INFO，则这条消息是不会被发送出去的
        self.logger.debug(
            "this is a debug message from gateway", xtra={"uuid": res})  ◄──
```

```
    self.logger.info("placing sell order", extra={"uuid": res}) ◄─────────┐

    self.__sell_shares(res)                                    发送 INFO 级别的
                                                               日志消息
    return Response(json.dumps(
        {"ok": "sell order {} placed".format(req_id)}),mimetype='application/json')

@rpc
def __sell_shares(self, uuid):
    self.logger.info("contacting orders service", extra={"uuid": uuid}) ◄─┘

    res = u"{}".format(uuid)
    return self.orders.sell_shares(res)

@http('GET', '/health')
@statsd.timer('health')
def health(self, _request):
    return json.dumps({'ok': datetime.datetime.utcnow().__str__()})
```

在代码清单 12.2 中，读者了解了如何用 Fluentd 驱动器实现 Docker 的日志记录功能。这意味着已经可以使用 Fluentd 将服务生成的日志数据发送到 Elasticsearch 中，进而使用 Kibana 调查这些日志数据了。为了在根目录的控制台中启动所有服务、度量指标和日志基础设施，请执行以下命令：

```
docker-compose up --build --remove-orphans
```

万事俱备之后，读者需要完成最后一步，也就是使用保存在 Elasticsearch 中的日志配置 Kibana，这些日志是通过 Fluentd 收集的。为此，需访问 Kibana 的网页仪表盘（ http://localhost:5601 ）。首次访问时，读者会被重定向到管理页面，在那里需要配置一个索引格式。此外，还需要告诉 Kibana 从哪里查找数据。读者是否还记得在 Fluentd 配置文件中，我们将 Logstash 前缀选项设置为 fluentd。这就是需要填写到索引输入框的内容。图 12.7 展示了 Kibana 仪表盘管理界面以及需要输入的内容。

索引模式中，在文本框内输入 fluentd-* 后，单击 Create 按钮，这样就可以浏览各个服务所创建的所有日志了。Elasticsearch 会将所有数据转存一个集中的地方，这样读者就能够非常方便地访问这些日志了。

为了生成一些日志数据，需要创建一个发给网关服务的出售请求。因此，读者需要向网关发起一个 POST 请求。如下所示的代码是通过 curl 工具发送的请求，这里任何能够生成 POST 请求的工具都是可以的。

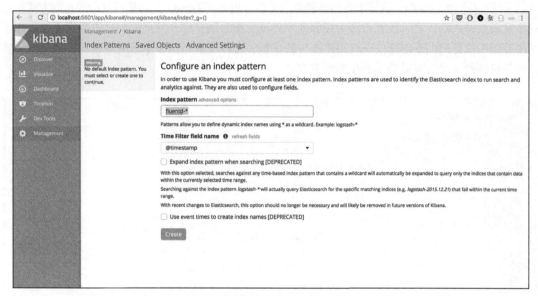

图 12.7 Kibana 管理界面中需要指明索引格式以从 Elasticsearch 中获取数据

```
chapter-12$ curl -X POST http://localhost:5001/shares/sell \
  -H 'cache-control: no-cache' \
  -H 'content-type: application/json'   ◁─────────── 调用网关服务的 curl 命令

chapter-12$ {"ok": "sell order e11f4713-8bd8-4882-b645-55f96d220e44 placed"}  ◁──┐
```
服务返回的响应——收到的 uuid 可以标识出售订单，读者
可以使用它作为 Kibana 的检索项。（所展示的 uuid 是随机
生成的，请使用开发者收到的结果）

现在已经收集到日志数据了，我们可以使用 Kibana 来查找一下。单击 Kibana 网页仪表盘左侧的 Discover 区域，会进入一个可以执行检索的页面。在查找输入框中，输入收到的作为出售订单响应的 uuid 请求。在本例中，我们使用 e11f4713-8bd8-4882-b645-55f96d220e44 作为查询参数。在下一节，我们将展示如何使用 Kibana 跟踪出售订单请求在各个服务中的执行过程。

12.3.4 大海捞针

在本章的代码示例中，有 5 个独立服务相互协作来为 SimpleBank 的用户提供出售股票的功能。所有的服务都记录了它们的操作并使用请求 uuid 作为唯一标识符，该标识符将和正在处理的与出售订单相关的日志聚合到一起。我们可以使用 Kibana 来研究这些日志并跟踪请求的执行过程。在图 12.8 中，读者使用网关服务返回的订单 ID 执行查询。

当使用请求 ID 作为查询参数时，Kibana 会过滤日志数据，读者会查询到 11 条记录，这些日

志记录使得我们可以跟踪一次请求在不同服务上的执行过程。Kibana 支持使用复杂的查询方式来进一步发现更深入的内容。读者有能力按服务来过滤、按时间排序，甚至使用日志数据（如日志记录中展示的执行时间）创建仪表盘跟踪服务的性能。这种用法超出了本章的范围，但是请大胆尝试各种可能性来对收集的数据产生新的发现。

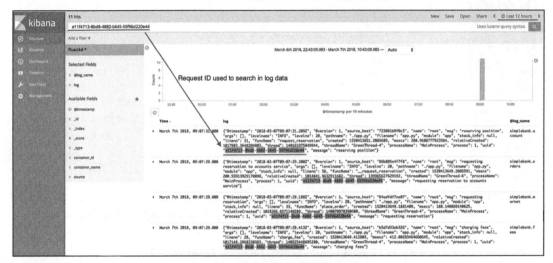

图 12.8　使用请求 ID 检索日志数据

现在我们将截图放大一点，重点关注查询结果中所展示的一些日志条目。图 12.9 提供了更多的详细信息。

图 12.9　Kibana 查询页面中日志消息的详图

在图 12.9 中，有 market 服务和 gateway 服务的消息。对于后者，假定所选的日志级别为 DEBUG，那么我们将同时查找到 INFO 级别和 DEBUG 级别的消息。如前所述，在 Python 代码中使用 logstash-formatter 库，可以没有代价地直接得到很多有用的信息。我们可以根据模块、函数、行号、进程和线程查找与执行时间和执行范围有关的数据。如果将来需要诊断某些问题，则所有这些信息都是有用的。

12.3.5　记录合适的信息

现在我们已经能够收集日志并将其保存下来了，但需要注意通过日志发送了哪些信息。所发送的诸如密码、信用卡号、ID 卡号以及其他包含潜在敏感个人数据的内容会被保存下来，任何能够使用日志基础设施的人都可以访问这些内容。在本例中，日志基础设施是由我们自己管理和控制的，但如果使用的是第三方服务，就需要格外注意这些细节了。只删除一部分已发送的数据并非易事。在大部分情况下，如果开发者想要删除某些特定的内容，则意味着指定时间段内的所有日志数据都要被删除。

目前，数据隐私是一个热门话题，随着欧盟通用数据保护条例（GDPR）的生效，在考虑记录哪些数据以及如何记录这些数据时，开发者需要格外小心。我们不会在这里深入探讨所需的步骤，但是 Fluentd 和 Elasticsearch 都支持数据过滤，这样在接收数据并和 Elasticsearch 建立索引时就可以将数据中的敏感字段屏蔽、加密或删除。一般的规则是尽可能少地记录信息，避免在日志中记录任何个人数据，并且在任何改动发布到生产环境之前，要特别注意检查记录了什么内容。一旦服务将日志发送出去，就很难删除它了，并且这样做会产生新的成本。

也就是说，我们可以使用并且应该使用日志来传递有用的信息以便了解系统行为。ID 信息可以将不同系统的动作关联起来，而简短的日志消息可以表示系统所执行的操作，这些信息都可以帮助读者跟踪所发生的事情。

12.4　服务间的跟踪交互

在搭建日志基础设施和修改代码以发送日志消息时，我们已经注意到有一个 ID 字段能让大家在整个系统内跟踪请求的执行路径。有了这个设置，就可以将日志记录分组放到同一个上下文中。我们甚至可以使用日志数据来创建可视化图表，以供大家了解处理该请求时每个模块所耗费的时间。除此之外，我们可以使用这些数据发现系统瓶颈以优化代码并提高性能。但日志并不是唯一可以使用的工具，还可以采用另一种不依赖日志数据的方法来完成此任务。

我们可以通过重现微服务的请求过程进行改进。在本节中，我们将搭建一套分布式链路追踪系统以可视化形式展示各个服务间的执行流程，同时展示每步操作所耗费的时间。这是非常有价值的，不仅有助于了解请求在各个服务间的流动顺序，还有助于发现可能的系统瓶颈。为此，我们将使用 Jaeger 和一套与 OpenTracing API 相兼容的类库。

> **OpenTracing API**
>
> OpenTracing API 是一个与供应商无关的分布式链路追踪开放标准。许多分布式跟踪系统（如 Dapper、Zipkin、HTrace、X-Trace）都提供了链路追踪功能，但使用的是互不兼容的 API。选择其中一个系统通常

意味着可能要与使用不同编程语言的系统紧密耦合到一起，从而形成一个解决方案。OpenTracing 的目的是为链路追踪的信息收集提供一组约定的、标准化的 API。类库可用于不同的语言和框架。

12.4.1　请求关联：trace 和 span

trace 是由单个或多个 **span** 组成的有向无环图（DAG），这些 span 的边称为 **reference**。trace 用于聚合和关联整个系统的执行流。为此，需要传播一些信息。一个 trace 记录整个流程。

我们看一下图 12.10 和图 12.11。在这两张图中，我们分别从服务依赖的角度以及时间的角度展示了一个由多个 span 组成的 trace。

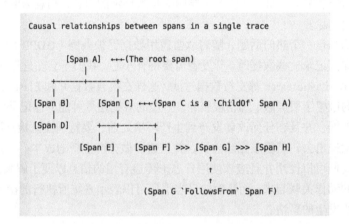

图 12.10　从依赖角度看，1 个 trace 是由 8 个不同的 span 组成的

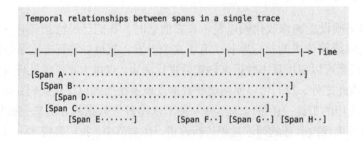

图 12.11　trace 中 8 个 span 的时间关系

在图 12.10 中，读者可以注意到不同 span 之间的依赖关系。这些 span 可以由同一个应用触发，也可以由不同的应用触发。唯一的要求是在触发新的 span 时，要传递父 span 的 ID，这样新的 span 就拥有了对父 span 的引用。

在图 12.11 中，读者从时间角度了解了这些 span。通过使用 span 中包含的时间信息，可以将其组织到一条时间线中。开发者不仅可以看到每个 span 相对于其他 span 的发生时间，还可以看到每个 span 封装操作执行完成所需要的时间。

　　每个 span 包含如下信息：操作名称、起始时间戳和完成时间戳、零个或者多个 span 标签（键值对）、零个或多个 span 日志（带时间戳的键值对）、span 上下文（context）以及引用零个或多个 span 的参考（通过 span 上下文）。

　　span 上下文包含了引用另一个 span 所需要的信息，这个 span 可以是自己服务的也可以是另一个服务的。

　　现在开始搭建一套服务间的链路追踪系统。我们将使用到一套分布式链路追踪系统 Jaeger 以及一个与 OpenTracking 兼容的 Python 类库。

12.4.2　在服务内配置链路追踪

　　为了能够展示链路追踪信息并将不同服务间的请求关联起来，我们需要为链路追踪搭建一套收集器和一个界面，同时还需要引入一些类库并将其配置到服务中。为了展示分布式链路追踪功能，我们将使用 SimpleBank 的 profile 服务和 setting 服务作为服务示例。图 12.12 概括地展示了所追踪的服务交互的内容。

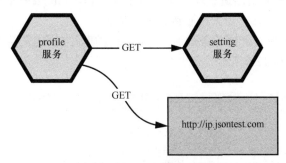

图 12.12　profile 服务的交互

　　profile 服务会调用一个外部服务 jsontest.com 以检索 IP 信息，并且会从 setting 服务中获取用户设置的信息。我们将搭建一套链路追踪系统（Jaeger）并修改一些必要的代码来展示 trace 与 span，并将这些 span 关联起来。将这些 span 关联起来能够帮助我们详细了解在 profile 服务的一次调用中每个操作的耗时及其相对整体执行时间的占比。我们将通过向 docker-compose.yml 文件（见代码清单 12.7）增添一个 Docker 镜像的方式搭建 Jaeger 系统，该系统包含分布式链路追踪系统收集器和用户界面。

Jaeger

　　受 Dapper 和 OpenZipkin 启发，Jaeger 是一个由 Uber 技术公司开源发布的分布式链路追踪系统。读者可以将其用于基于微服务的分布式系统中进行监控和故障排查。

代码清单 12.7　将 Jaeger 添加到 docker-compose.yml 文件中

```
(...)
jaeger:
    container_name: jaeger
    image: jaegertracing/all-in-one:latest  ←————  可以使用包含所有必需组件的 Jaeger 镜像，因
    ports:                                         为它更加易于安装和配置。这个 all-in-one 镜像
                                                   使用内存来存储 span 数据
        - 5775:5775/udp  ←————  传输 span 数据的端口
        - 6831:6831/udp
        - 6832:6832/udp
        - 5778:5778
        - 16686:16686  ←————  访问 Jaeger 界面的端口
        - 14268:14268
        - 9411:9411  ←————  另一款分布式链路追踪系统 Zipkin 所使用的端口——
    environment:             OpenTracing 的一个优点就是开发者可以在不修改所
        COLLECTOR_ZIPKIN_HTTP_PORT: "9411"  ←——  有实现的情况下使用另一套系统，否则会被绑定在特
                                                  定的系统上
```

借助添加到 docker-compose 文件中的 Docker 镜像，在启动完所有 SimpleBank 基础设施后，我们也就拥有了一套分布式链路追踪系统。现在我们需要确定 SimpleBank 的 profile 服务和 setting 服务都能够创建 trace 和 span 并将其传输到 Jaeger 服务。

我们向 setting 服务和 profile 服务添加一些必要的类库并初始化链路追踪器。添加的链路追踪类库代码，如代码清单 12.8 所示。

代码清单 12.8　通过 requirements.txt 文件向服务添加链路追踪类库

```
Flask==0.12.0
requests==2.18.4
jaeger-client==3.7.1  ←————  Jaeger 客户端类库将服务与
                             链路追踪系统连接起来
opentracing>=1.2,<2  ←————  Python 的 OpenTracing 平台类库
opentracing_instrumentation>=2.2,<3  ←————  用于简化带有不同框架和
                                            应用集成的注解工具集合
```

添加完这些类库后，我们就能够在这两个服务中创建 trace 和 span 了。为了简化这个过程，我们可以创建一个模块来为链路追踪器的初始化提供一个便捷的设置函数，如代码清单 12.9 所示。

代码清单 12.9　链路追踪器的初始化　lib/tracing.py

```
import logging
from jaeger_client import Config  ←————  导入 Jaeger 客户端以在应用与追
                                        踪收集系统之间建立通信

def init_tracer(service):  ←————  接收服务名作为参数
    logging.getLogger('').handlers = []
    logging.basicConfig(format='%(message)s', level=logging.DEBUG)
```

```
config = Config(
    config={
        'sampler': {
            'type': 'const',
            'param': 1,
        },
        'local_agent': {
            'reporting_host': "jaeger",
            'reporting_port': 5775,
        },
        'logging': True,
        'reporter_batch_size': 1,
    },
    service_name=service,
)
return config.initialize_tracer()
```

设置发送 trace 和 span 信息的主机和端口——在 Docker Compose 文件中，我们将运行的 Jaeger 服务命名为 "jaeger"，并通过 UDP 的 5775 端口接收度量指标。这是很有必要的，因为这个收集器代理服务于所有服务

除了在 Jeager 中收集度量指标，读者也会向日志发送链路追踪事件

将服务名设置为初始化函数所收到的参数

SimpleBank 的 profile 服务和 settings 服务都会使用代码清单 12.9 列出的链路追踪器初始化函数。这样它们就与 Jaeger 服务器建立了连接。如图 12.12 所示，因为 profile 服务会同时与一个外部服务以及内部的 settings 服务进行交互，所以读者将跟踪 profile 服务与这两个协作方的交互过程。在与 SimpleBank 的 settings 服务交互时，需要将最初的 trace 的上下文信息传递过去，这样才能将请求的整个周期以可视化形式展示出来。

代码清单 12.10 展示了 profile 服务的代码，它会为外部的 http 服务以及 settings 服务分别配置一个 span。对于前者，会创建一个新的 span；而对于后者，要将当前 span 作为报头传递下去，这样 settings 服务才可以利用这个信息来创建子 span。

代码清单 12.10　profile 服务代码

导入代码清单 12.9 中定义的初始化
函数，配置与 Jeager 服务的连接

```
from urlparse import urljoin

import opentracing
import requests
from flask import Flask, jsonify, request
from opentracing.ext import tags
from opentracing.propagation import Format
from opentracing_instrumentation.request_context import get_current_span
from opentracing_instrumentation.request_context import span_in_context

from lib.tracing import init_tracer

app = Flask(__name__)
tracer = init_tracer('simplebank-profile')
```

导入 OpenTracing 类库来支持配置 span 和标签

将服务名作为参数传递来调用链路追踪器初始化方法，这会创建一个可用的 tracer 对象

```
@app.route('/profile/<uuid:uuid>')
def profile(uuid):
    with tracer.start_span('settings') as span:     ◁
        span.set_tag('uuid', uuid)
        with span_in_context(span):
            ip = get_ip(uuid)
            settings = get_user_settings(uuid)
            return jsonify({'ip': ip, 'settings': settings})

def get_ip(uuid):
    with tracer.start_span('get_ip', child_of=
get_current_span()) as span:     ◁
        span.set_tag('uuid', uuid)
        with span_in_context(span):     ◁
            jsontest_url = "http://ip.jsontest.com/"
            r = requests.get(jsontest_url)
            return r.json()

def get_user_settings(uuid):
    settings_url = urljoin("http://settings:5000/settings/", "{}".format(uuid))

    span = get_current_span()
    span.set_tag(tags.HTTP_METHOD, 'GET')
    span.set_tag(tags.HTTP_URL, settings_url)
    span.set_tag(tags.SPAN_KIND, tags.SPAN_KIND_RPC_CLIENT)
    span.set_tag('uuid', uuid)
    headers = {}
    tracer.inject(span, Format.HTTP_HEADERS, headers)     ◁

    r = requests.get(settings_url, headers=headers)
    return r.json()

if __name__ == "__main__":
    app.run(host='0.0.0.0', port=5000)
```

设置和链路追踪器相关联的初始 span ——所创建的 span 是调用外部服务和 settings 服务的两个 span 的父 span

创建一个新的 span 以调用外部服务，它是上面初始化后的父 span 的子 span

将新创建的 span 下面的代码执行包裹起来

为 span 设置标签

调用 SimpleBank 的 settings 服务之前注入 span 上下文——span 上下文信息是通过报头传递的，下游服务会使用它根据对应的上下文信息初始化自己的 span

SimpleBank 的 profile 服务初始化了一个 trace，这个 trace 会将不同的 span 组合起来。它分别为对 http://ip.jsontest.com/ 调用以及对 SimpleBank 的 settings 服务调用创建 span。对于前者，由于读者不拥有该服务，因此执行这个调用时会将其封装在一个 span 内。但是对于后者，由于读者能够控制它，因此可以传递 span 信息以创建子 span。这样就可以在 Jaeger 内将相关的调用分组到一起。

我们来看一下如何在 SimpleBank 的 settings 服务中使用注入的 span，如代码清单 12.11 所示。

代码清单 12.11　在 settings 服务中使用父 span

```
import time
from random import randint

import requests
```

```
from flask import Flask, jsonify, request
from opentracing.ext import tags
from opentracing.propagation import Format
from opentracing_instrumentation.request_context import get_current_span
from opentracing_instrumentation.request_context import span_in_context

from lib.tracing import init_tracer

app = Flask(__name__)
tracer = init_tracer('simplebank-settings')          初始化链
                                                     路追踪器

@app.route('/settings/<uuid:uuid>')
def settings(uuid):                                  提取请求报头中的
    span_ctx = tracer.extract(Format.HTTP_HEADERS,   span 上下文信息
request.headers)
    span_tags = {tags.SPAN_KIND: tags.SPAN_KIND_RPC
_SERVER, 'uuid': uuid}                               为新的 span 设置一个标签
    with tracer.start_span('settings', child_of=span 启动一个新的 span 作为子 span，该
_ctx, tags=span_tags):                               子 span 通过请求报头传递给当前服务
        time.sleep(randint(0, 2))                    的 span
        return jsonify({'settings': {'name': 'demo user', 'uuid': uuid}})

if __name__ == "__main__":
    app.run(host='0.0.0.0', port=5000)
```

在从 settings 服务接收到的请求中提取出 span 上下文后，我们可以将其作为新创建的 span 的父 span。我们可以将新创建的子 span 独立地进行可视化显示。但是我们也能够利用 Jaeger，它能将该 span 作为 SimpleBank settings 服务上下文中独立的 span 来展示，也可作为 profile 服务上下文中的子 span 来展示。

12.5　链路追踪可视化

完成所有设置之后，为了开始收集链路追踪信息，我们所需要做的就是向 SimpleBank profile 服务的端点发出一个请求。我们可以使用命令行或浏览器方式。为了通过命令行访问追踪记录，我们可以使用 curl 发出如下请求：

```
$ curl http://localhost:5007/profile/26bc34c2-5959-4679-9d4d-491be0f3c0c0
{
  "ip": {
    "ip": "178.166.53.17"
  },
  "settings": {
    "settings": {
      "name": "demo user",
      "uuid": "26bc34c2-5959-4679-9d4d-491be0f3c0c0"
    }
  }
}
```

下面简要回顾一下当请求到达 profile 端点时发生了什么。

（1）profile 服务创造了一个 span A。

（2）profile 服务与外部服务交互以获取 IP，并将其包装在一个新的 span B 中。

（3）profile 服务在新建的 span C 中与内部的 SimpleBank settings 服务交互以获取用户信息，并将父 span 的上下文传递给下游服务。

（4）两个服务将 span 信息传递至 Jaeger 服务。

为了将追踪可视化，我们需要访问运行在 16686 端口的 Jaeger 界面。图 12.13 展示了 Jaeger 界面以及拥有追踪数据的服务列表。

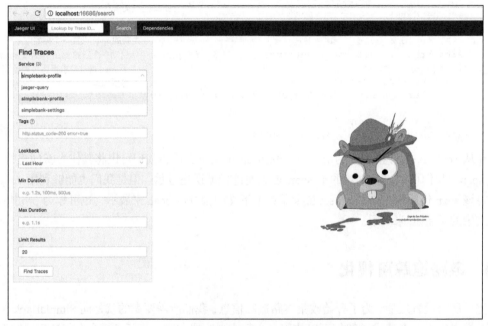

图 12.13   Jaeger 查询页面展示了有追踪记录的服务

在 Service 部分，我们可以看到有 3 个服务拥有追踪数据：2 个 SimpleBank 服务还有 1 个被称为 jaeger-query 的服务。最后一个是收集 Jaeger 内部追踪数据的，对我们并没有用。我们要关注的是另外两个服务：simplebank-profile 和 simplebank-settings。回顾一下，profile 服务为执行外部服务调用和 settings 服务调用而分别创建了 span。在网页上选择 simplebank-profile 服务，单击底部的 Find Traces 按钮。图 12.14 展示了 profile 服务的链路追踪。

该页面列出了 6 个链路追踪，每个追踪都有跨 2 个服务的 3 个 span。这意味着，我们能够收集 2 个内部服务之间的协作信息以及获取执行的计时信息。图 12.15 展示了某个链路追踪的详细信息。

图 12.14 simplebank-profile 服务的追踪信息

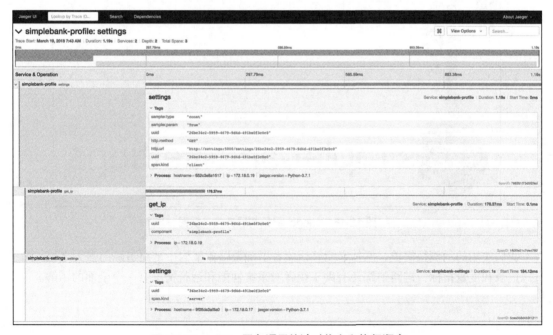

图 12.15 profile 服务调用的计时信息和执行顺序

在图 12.15 中，我们可以看到一条时间线，这条时间线是由 profile 服务调用中不同的执行阶段组成的。我们应了解了整体的执行时间，以及每个子操作的发生时间和耗时。span 中包含了操作信息、创建 span 的组件以及它们的执行时间和相对位置，这个相对位置既包括时间线中的位置，也包括和父 span 的依赖关系。

为了了解分布式系统的运行情况，这些信息是非常宝贵的。现在，我们可以将不同服务之间的请求流以可视化的方式展示出来，并了解每个操作执行完成所需要的时间。这种简单的设置一方面能够让我们理解微服务架构中的执行流程，另一方面又能够发现可以改进的潜在瓶颈。

我们还可以使用 Jaeger 来了解系统中不同组件之间的关系。顶部导航菜单栏有一个 Dependencies 链接。单击该链接，然后在出现的页面中选择 DAG（Direct Acyclic Graph）选项卡，就可以访问图 12.16 所示的界面了。

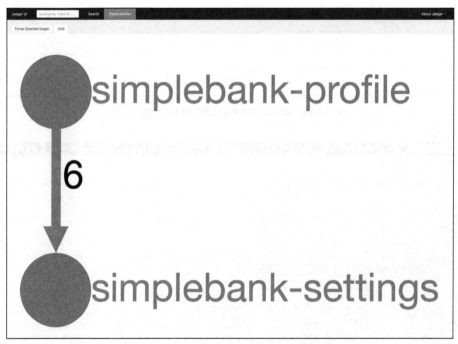

图 12.16　Jaeger 界面的服务依赖视图

我们使用的示例很简单，但是它能够让读者了解微服务架构中链路追踪的强大之处。除了日志记录和度量指标，链路追踪还有助于读者对系统性能和运行情况有一个全面的了解。

12.6 小结

（1）读者可以使用 Elasticsearch、Kibana 和 Fluentd 一起搭建一套日志基础设施，并使用 Jaeger 搭建一套分布式链路追踪系统。

（2）日志基础设施可以生成、转发和存储索引的日志数据以方便检索和关联不同请求。

（3）分布式链路追踪能够让开发者跟踪不同微服务之间的请求的执行过程。

（4）除了度量指标集合，链路追踪能够让开发者更好地了解系统的运行方式，发现潜在问题并随时对系统进行审查。

第 13 章　微服务团队建设

本章主要内容

- 微服务架构如何影响工程文化和组织
- 建设高效微服务团队的策略和技巧
- 微服务开发的常见陷阱
- 大型微服务应用中的团队管理和最佳实践

纵观本书，我们关注的一直都是微服务中技术方面的内容：如何设计、部署和运行服务。但是仅仅考察微服务的技术属性是错误的。软件是由人来开发的，构建出优秀的软件不仅需要实现方案的决策，还需要有效的沟通、协调和协作。

微服务架构对于完成任务非常有用。一方面，它使读者可以借助微服务快速构建新的服务和能力，并且与现有的功能保持相互独立；另一方面，它又增加了日常工作（比如运维、安全和值班待命支持）的范围和复杂度。微服务可以显著地改变一个组织的技术战略，需要工程师具有强烈的主人翁精神和责任感。建设这种团队文化，同时尽可能减少摩擦和加快速度，这对于成功实现微服务是至关重要的。

在本章中，我们开始讨论软件工程中团队组建方面的内容以及一些提高团队效率的原则，还会研究一些不同的工程团队结构模型以及如何将其应用于微服务开发。最后，我们会探讨一些微服务团队中关于团队管理和工程文化方面的推荐做法。在本章中，我们还将谈到并解释如何避免微服务开发中出现的一些常见陷阱。

虽然读者当前的工作可能并不是开发经理、团队领导者或者主管，但我们认为了解这些相互作用，以及个人和组织所做的决策对微服务开发的节奏和质量的影响是非常重要的。

13.1　建设高效团队

将工程师划分到不同的独立团队是组织发展壮大后很自然的结果。这对于帮助组织高效扩张是非常必要的，因为限制团队规模有如下益处。

（1）确保沟通渠道保持可控（图 13.1 展示了沟通关系的增长）。这有助于增强团队的活力和协作，同时缓解冲突。对于团队的"合适规模"存在许多探索，比如 Jeff Bezos 的两块披萨规则或 Michael Lopp 的 7 +/−3 公式。

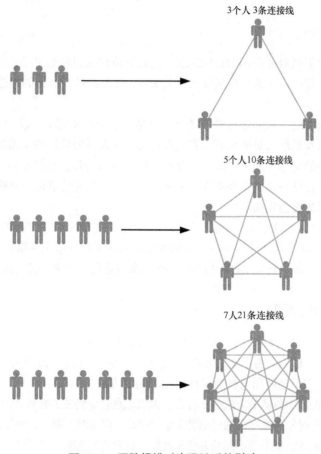

图 13.1　团队规模对沟通关系的影响

（2）清楚地描述了团队的责任和义务，同时提高了独立性和灵活性。

小型的独立团队一般会比大型团队行动更加迅速，而且能够更快地凝聚到一起并迅速获得良好的效果。相应地，多个不同的技术团队也会产生新的问题。

（1）团队之间会出现文化分裂，不同团队遵循和接受的是不同的质量实践或者工程价值观。

（2）团队在和其他团队协作时，需要投入额外的精力优先来协调存在竞争关系的事项。

（3）团队划分会造成专业知识的隔离，不利于了解全局或者整体效率。

（4）团队间会存在重复工作，从而导致效率低下。

微服务会加剧这些分歧。各个团队可能不再在相同的代码库上工作。这些团队工作的优先事项将各有不同，相互竞争，导致他们不太可能对应用有全局的理解。

在一小群人之上建立一个有效的工程组织——以及开发优秀的软件产品——需要在自治和协作这两个冲突点之间进行平衡。一方面，如果团队之间的边界重叠且责任不明确，则可能加剧紧张情势；另一方面，各个独立的团队仍然需要相互协作来交付整个应用。

13.1.1　康威定律

对那些成功搭建了微服务应用的组织来说，想要分清楚原因和结果是很困难的。究竟是合理的组织结构和团队表现决定了细粒度的服务开发方式，还是细粒度服务的构建经验决定了组织结构和团队表现呢？

答案是：两者兼有之。长期运行的系统并不仅是一个个功能请求、设计和构建过程的堆积，同时体现了开发者以及运维人员的偏好、看法和目标。这表明团队结构（团队的工作内容、设定的目标以及他们之间的交互方式）对成功构建和运行微服务应用都会产生巨大的影响。

康威定律展现了团队与系统之间的关联关系。……设计系统的组织受到限制所以设计出来的架构方案等价于组织的沟通结构。

"受到限制"表示这些沟通结构限制和约束了系统的开发效率。这个定律反过来也是成立的：读者可以对团队结构进行调整来设计出所期望的架构。团队结构和微服务架构是共生的：两者可以并且应该相互影响。这是一个非常有效的方法，在本章的通篇内容中，我们都会考虑这一点。

13.1.2　高效团队原则

在宏观层面上，最好将团队视为达到目标和沟通的基本单位，完成相应工作的是团队，人们通过团队在组织内相互联系。为了充分发挥微服务的优势并管理它们的复杂性，团队需要采用新的工作原则和实践，而不是使用与构建单体应用相同的方法。

唯一正确和完美的组织团队的方法并不存在。大家总是会受到员工数量、预算、个性、技能和优先级等方面的限制。有时候大家可以通过招聘来填补空缺，但有时不能。有时候由于应用和业务领域中基本属性的差异，团队需要采用不同的方法和技能。组织的变更能力也可能受到限制。我们发现最好的方法是使用一组共同的原则来指导团队的形成，这些原则就是：所有权、自治和端到端职责。

注意　　　在许多企业中，转向微服务——或者任何真正的大规模架构调整——都是极具挑战性和破坏性的。没有人能够独自取得成功：需要寻找资助、建立信任，并准备好为自己的方案进行大量的辩论！Richard Rodger 的著作《微服务之道》（人民邮电出版社出版）对如何驾驭这些办公室政治进行了非常详细的论述（尽管有些内容显得愤世嫉俗）。

1. 所有权

拥有强烈主人翁意识的团队具有较高的内在动力，并对其所负责的领域承担很大的责任。由于微服务应用通常都有很长的生命周期，因此长期负责某个领域的团队在对该领域的知识和了解越来越深的同时还需要为代码演进提供支持。

在单体应用中，所有权通常是 $n:1$。多个团队拥有同一个服务，即单体应用。这种所有权通常划分成不同的层（如前端和后端）或功能区域（如订单和支付）。在微服务应用中，所有权通常是 $1:n$，这意味着一个团队可能拥有和负责许多服务。图 13.2 描述了这两种所有权模型。

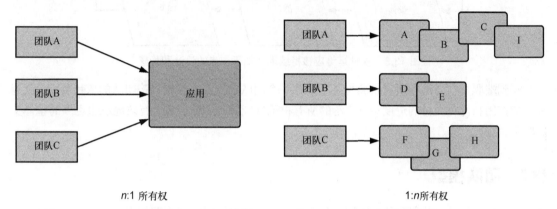

$n:1$ 所有权　　　　　　　　　　　　　　　　　　　　$1:n$ 所有权

图 13.2　单体应用与微服务应用的团队所有权模型

警告　　在 $1:n$ 的所有权模型中，多个团队负责同一个服务，这通常是一种不好的实践方式。这会导致团队之间因为技术选型和功能优先级问题而产生冲突。

随着组织的代码库不断增长以及工程团队中人员组成的持续变动，没有人了解这些代码的风险或者没有人可以在代码崩溃时修复代码的风险就会增加。清晰的所有权能够为团队职责设置自然、合理的界限，同时确保所有权是团队的责任，而不是单个开发者的责任，从而帮助大家避免上述风险。

2. 自治

这 3 个原则体现了微服务本身的一些原则，这并非巧合。能够自主工作的团队——对其他团队的依赖有限——可以减少工作中的摩擦。这种类型的团队内部高度一致，但与其他团队的耦合度较低。

自治对于扩大规模非常重要。对于一个开发经理来说，管理多个团队是一项很耗费心力的（更不要说团队没有自治权的情况下）；相反，开发者可以授权团队进行自我管理。

3. 端到端职责

开发团队应该对产品拥有完整的"设想-构建-运行"循环。通过对所构建内容的控制，团队可以做出理性的、局部的优先级决策；展开实验；并能在很短的时间周期内用真正的代码和用户验证所提出的想法。

大多数软件的运维时间要比构建阶段花费的时间长得多。但是，许多软件工程师将精力集中在构建阶段，最后将代码抛给一个独立的团队来运行。这最终会导致质量较差和交付进度偏慢。软件如何运行，如何在现实世界中观察它的行为，这些都应该反馈给软件以进行改进（图 13.3）。

如果不负责运维工作的话，这些信息常常会丢失。这一原则也是 DevOps 运动的核心。

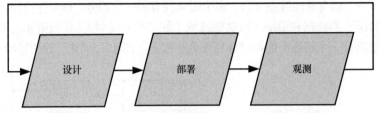

图 13.3　软件运维应该持续地通知下一步的设计和构建

端到端职责与自治和所有权紧密相关。在一个团队的生产路径中，跨团队的依赖越少，就越有可能控制和优化交付的进度；更广泛的所有权范围能够让团队合理、有效地承担更多的整体交付职责。

13.2　团队模型

在本节，我们会考察两种组织团队的方式：按职能组织团队和跨职能组织团队，并会讨论这两种组织方式在微服务开发中的优势和不足。

（1）在按**职能**划分的方式中，我们按照专业来将人员分组，并采用职能化的汇报线方式，最后将这些人员分配到有时间限制的项目中。大多数组织投入资金支持的项目都是为了实现特定的需求，并有时间限制。衡量项目是否成功的依据就是他们有无准时交付并完成需求。

（2）跨职能搭建的团队是由具有不同技能集的人员组成的团队，通常与长期的产品目标或远大的使命保持一致。在需求范围内，可以自由安排项目的优先级，并根据需要构建的功能完成这些任务。衡量团队是否成功的依据通常是其对业务关键性能指标（KPI）和结果的影响。

后一种方案天然适合微服务开发。

13.2.1　按职能分组

传统意义上，许多工程组织都按照水平的职能线来划分：后端工程师、前端工程师、设计师、测试人员、产品（或项目）管理人员和系统管理员/运维工程师。图 13.4 展示了这种类型的组织。在其他情况下，团队或个人可以在多个有时间限制的项目之间流动。

这种方法能够优化专业知识，能够确保专家之间的沟通路径很短，让他们能够有效地分享知识和解决方案，并采用一致的技能；相似的工作和方法能被分到一起，职业发展和技能提升更清晰。

假设我们现在正在构建一个新功能。这种职能划分的方法看起来几乎像一条流水线：分析师团队收集需求—工程师构建后端服务—QA 团队安排测试时间—系统管理员部署服务。可以发现，这种方法的协调负担是很重的——功能交付依赖于多个独立团队之间的信息同步（图 13.5）[1]。这种

---

[1] 看，这个组织引入了项目经理！

方法不符合高效组织团队的 3 条原则，存在以下问题。

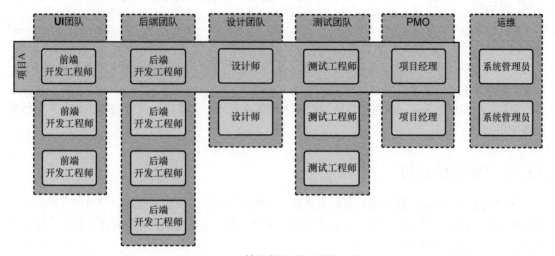

图 13.4　按职能和项目划分团队

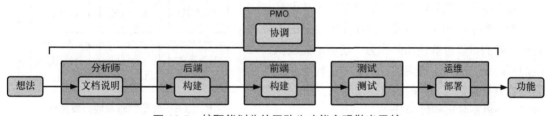

图 13.5　按职能划分的团队为功能实现做出贡献

（1）所有权不清晰。没有哪个团队对业务结果或业务价值有明确的所有权，他们只是价值链中的一颗螺钉。因此，单个服务的所有权是不清楚的：一旦项目完成，谁来维护所构建的这个服务？如何迭代、改进或丢弃这些服务？基于项目的工作分配往往缺乏长远思考，并鼓励工程师只负责代码，而这是我们想要避免的。

（2）缺乏自治。这些团队之间是紧密耦合的，而不是自治的。他们的工作优先级是在其他地方制订的，当工作需要跨多个团队时，团队被阻塞和开发工作被阻碍的可能性就会增加。这将导致交付时间变长、返工、有质量问题和延期。如果不能与他们正在构建的系统架构保持一致，那么团队将无法在不被其他团队阻碍的情况下开发出自己的应用。

（3）没有长期责任感。面向项目的方式不利于对所开发的代码或产品质量承担起长期责任。如果团队只是为了一个有时间限制的项目而聚到一起，那么他们可能会将代码交给另一个部门来运行应用，因此原团队将无法进一步迭代他们最初的想法和实现。组织也将无法从原团队积累的知识中获益。

此外，一个新的团队将高效的工作行为进行规范化也是需要时间的——人们在一起工作的时间越长，团队凝聚力就越强，效率也就越高。一个团队在一起工作的时间越长，保持高绩效的时间就越长。

> **提示** 此外，长期团队也存在风险，那就是团队可能会过于安逸或固守自己的想法。在建立长期关系与引入具有新视角和新技能的人到团队之间实现平衡，这是非常重要的。

（4）竖井风险。这种方式也可能出现竖井风险——团队在目标上出现分歧，不能为对方着想，无法进行有效的协作。在某些项目中，测试与开发，或者开发与运维之间的关系几乎是对立的，希望大家从未在这种团队工作过，但这确实是发生过的。

最终，按职能划分的、面向项目的组织不大可能在不产生大摩擦和大量成本的情况下交付微服务应用。

13.2.2 跨职能分组

通过优化专业知识，按职能划分的方法旨在消除重复劳动以及由技能欠缺导致的效率低下，从而降低总体成本。但这会造成僵局：增加团队摩擦，降低实现组织目标的进度。这并不好，微服务架构旨在**加快**进度和**减少**摩擦。

我们看看另一种选择。开发者可以跨职能工作，而不是按职能分组。跨职能分组的团队由具有不同专长和角色的人员组成，旨在实现特定的业务目标。我们可以将这些团队称为市场驱动型团队：他们可能要完成一个特定的长期任务，构建一个产品或者直接与终端客户的需求连接起来。图 13.6 展示了一个典型的跨职能团队。

图 13.6　典型的跨职能开发团队

> **注意** 在本书中，我们不会详细讨论团队领导关系或汇报关系这些内容。产品负责人、工程负责人、技术负责人、项目经理或这些角色共同合作都可以领导跨职能团队。例如，在 Onfido 公司，关注团队应该做**什么**的产品经理和关注**如何**实现这些的工程主管共同领导我们的团队。

与按职能划分的方法相比，跨职能分组的团队可以更紧密地与团队活动的最终目标保持一致。团队的多技能特点有利于加强所有权。通过承担规范制订、部署和运维的端到端职责，团队可以自主工作来交付功能。团队通过承担对业务成功具有重要影响的任务，能够获得明确的责任。不同专家之间的日常合作消除了竖井，因为团队成员共同拥有最终工作产品的所有权。

将这些团队设计为长期团队（例如，至少 6 个月）也是有益的。一个长期存在的团队能够建立融洽的关系，这种关系能够提高他们的效率，而知识共享能够在开发时提高他们优化和改进系统的能力。他们还负责微服务应用的长期运维，而不是将其交给另一个团队。

跨职能的端到端的团队组织方式有利于微服务开发，表现如下。

（1）团队与业务价值保持一致将体现在所开发的应用中，这些团队所构建的服务将明确实现业务功能。

（2）每个服务拥有清晰的所有权。

（3）服务架构反映团队之间的低耦合和高内聚。

（4）不同团队中的职能专家可以非正式地合作，制订共同的实践和工作方式。

这种方法在现代互联网企业中很常见，并且经常被引用作为它们成功的原因之一。例如，Amazon 的 CTO 在 2006 年描述了他们的架构方案：

> 我们在 Amazon 所使用的细粒度服务方法中，服务代表的不仅是软件结构，同时还代表了组织结构。这些服务拥有强大的所有权模型，再加上团队规模较小，使得创新变得非常容易。在某种意义上，开发者可以把这些服务看作大公司内部的小型初创企业。其中每一个服务都需要强烈关注它们的客户是谁，不管它们是外部的还是内部的。
>
> —— Werner Vogels

有一点可能是最重要的，那就是组织良好的跨职能团队要比多个按职能划分的团队能更快速地交付功能，因为它们的沟通渠道更短，协作都是本地化的，团队成员的目标都是一致的。跨职能方法将速度放在更高优先级，但并不是以牺牲质量为代价的。

13.2.3　设置团队边界

跨职能的团队应该有一个使命，这个使命是鼓舞人心的：它给团队提供了奋斗目标，但也设定了团队职责的边界。确定一个团队的职责范围（或不负责什么）能够促进团队自治和所有权，同时也有助于其他团队保持一致。使命通常是一个业务问题，例如，一个增长团队的目标可能是最大化客户的重复支出，而一个安全团队的目标可能是保护其代码库和数据免受已知和新的威胁。基于此使命，每个团队与业务内的相关合作伙伴相互协作，确定自己路线图的优先级。横向跨越多个业务领域的活动是由产品或技术领导层驱动的。

 注意　这种类型的团队组织也被称为**产品模式**——这并不意味着每个团队都在开发一个自成一体的产品。团队可能负责同一个产品的不同垂直部分或不同水平组件。某些特定组件可能在技术上过于复杂，需要专门的团队来支持[①]。

如果公司提供一系列的小产品（7 +/- 3 规模的团队可以有效运转的产品），那么每个团队可以负责一个产品（图 13.7）。许多公司并非如此，比如那些向市场提供大型、复杂产品的公司需要多个团队共同努力。

对于更大规模的场景，第 4 章中介绍的限界上下文是为组织中不同团队设置松散边界的有效起点。它们还有助于创建与企业内的业务团队紧密联系的团队，例如，仓库产品团队将与仓库运营团队紧密交互[②]。图 13.8 说明了 SimpleBank 中可能存在的团队模型。

---

① 最近 ThoughtWorks 的一篇文章描述了这种产品模式团队：Sriram Narayan, *Products Over Projects*, February 20, 2018。
② 注意如何处理这个问题：组织结构本身可能不是最优的！

图 13.7　单产品单团队模型

图 13.8　SimpleBank 中各个工程团队的服务和功能所有权模型

利用逆康威定律（如果系统反映的是产生该系统的组织结构，那么可以先塑造组织的结构和职责然后实现所期望的系统架构）可以组建团队负责特定边界上下文中的服务。

与服务本身一样，团队之间的正确边界可能并不总是显而易见的。我们要牢记如下两条基本原则。

（1）**观察团队规模**。如果团队人数接近或超过 9 个人，那么这个团队很可能承担了太多的工作，或开始遇到沟通耗时的问题。

（2）**考虑一致性**。团队所执行的活动之间是否内聚和有紧密的联系？如果没有，那么团队中不同的工作小组之间可能存在着自然分裂。

13.2.4　基础设施、平台和产品

尽管，我们强烈主张端到端所有权，但它并不总是可行的。例如，大型公司的底层基础设施（或微服务平台）通常很复杂，需要统一的路线图和投入专门的精力，不是通过分散在各个团队中的 DevOps 专家之间的松散协作就能够实现的。

正如我们在本书前面所概括的那样，构建一个微服务平台——部署流程、底座、工具操作和监控系统——对于可持续和快速地构建一个良好的微服务应用是至关重要的。当刚开始使用微服务时，构建应用的团队通常也负责平台的构建任务（图 13.9）。随着时间的推移，这个平台需要满足多个团队的需求，在此阶段，读者可能会开始建立一个平台团队（图 13.10）。

取决于公司业务和技术选型的需要，读者可以进一步拆分这个平台团队（图 13.11），将核心基础设施关注的内容（如云管理和安全）与特定微服务平台关注的内容（如部署和集群操作）区分开。这在那些不使用云提供商而是自己维护基础设施的公司中尤其常见。

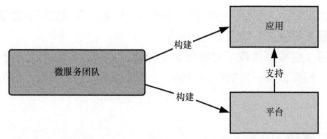

图 13.9　在前期，团队同时负责构建微服务应用和支撑平台

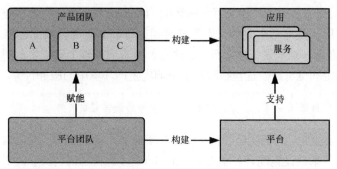

图 13.10　建立平台团队

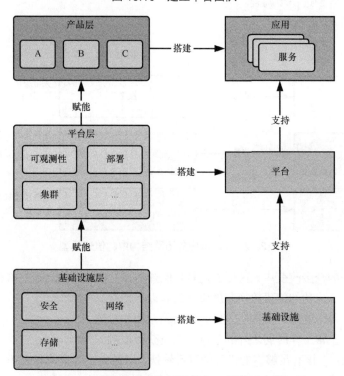

图 13.11　建立基础设施团队作为 3 层模型中的一层

在更大的工程组织中，这些层可能被进一步拆分。例如，不同的平台团队可能分别关注部署工具、可观测性或服务间通信，如图 13.11 所示。

图 13.11 所示的 3 层模型体现了规模化和专业化的经济性。它们之间不是那种团队相互记录工单的服务关系。相反，每一层的产出都是一个"产品"，它支持上一层的团队使其更加高效和多产。

13.2.5　谁负责值班

DevOps 运动对微服务方案产生了巨大的影响。DevOps 精神——打破构建和运行时之间的障碍——对于做好微服务是非常重要的，因为部署和运行多个应用会增加运维工作的成本和复杂性。DevOps 运动鼓励"谁开发，谁运行"的理念，负责服务整个运维生命周期的团队所构建的应用将更好、更稳定和更可靠。这包括随时准备响应生产环境中的服务告警。

> **提示**　第 11 章介绍了一些触发微服务有效告警的最佳实践。

例如，在 3 层模型中，工程团队要对自己所负责服务产生的告警保持随时待命；平台和基础设施团队要对底层的基础设施或者公享服务（比如部署）保持随时待命；两个团队之间存在的升级途径可以支持对告警进一步调查。

值班模型如图 13.12 所示。

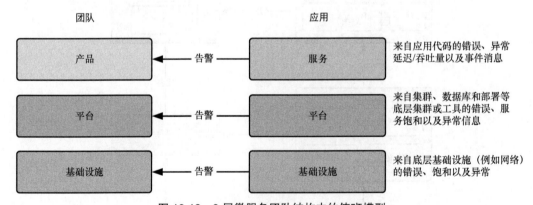

图 13.12　3 层微服务团队结构中的值班模型

在微服务带来的众多改变中，这可能是最难展开的：工程师可能会拒绝值班，即使是为了他们自己的代码。一个成功的值班轮换制度应该具有以下特点。

（1）**包容性**：每个能做的人都应该做，包括副总裁和总监。

（2）**公平性**：正常工作时间之外的值班工作应获得报酬。

（3）**可持续性**：应该有足够多的工程师进行轮换，以避免过度疲劳和破坏工作与生活的平衡或办公室的日常工作。

（4）**反射性**：团队应该不断查看告警和监控页面，确保只有重要的告警出现时才会唤醒别人。

在这个模型中，我们将告警分散到各个团队，因为运行大规模软件是非常复杂的工作。运维工作可能超出任何一个团队中工程师的工作范围或知识范围。许多运维任务——例如，维护 Elasticsearch 集群、部署 Kafka 实例或数据库调优——都需要特定的专业知识，而期望产品工程师都具备这方面的知识是不合理的。运维工作的节奏也与产品交付的节奏有所不同。

> **警告**
>
> 　　在以前，基础设施运维团队曾经负责在生产环境中运行应用：保持应用稳定，并在应用崩溃时唤醒他们自己。这导致了双方的紧张关系：运维团队抱怨开发者将不稳定的应用扔给他们，而开发者则认为运维团队缺乏工程技能。这种将开发和运维割裂开的模型将生产问题的修复责任推给了错误的团队。相反，如果开发者也负责其代码的运行，那么从长远来说，他们能够更好地修复故障并优化代码。

应选择合适的值班模型来平衡工作职责和专业知识，这取决于所构建的应用类型、这些应用的吞吐量以及所选择的底层架构。如果读者有兴趣了解更多信息，请登录相关网站，查看关于 Google、PagerDuty、Airbnb 和其他组织所采用的值班方法的深度报告。

13.2.6　知识共享

尽管自治团队提高了开发速度，但是它们也存在一些缺点：不同的团队可能会用不同的方式多次解决同一个问题；团队成员与其他团队中的同事之间的互动将会减少；团队成员可能会在不考虑全局背景或更广泛的组织需求的情况下做出局部决策。

可以缓解这些问题。我们成功地应用了 Spotify 的分会和协会模式[1]。这些是社区实践：分会根据职能专长（如移动开发）对人员进行分组[2]。协会围绕一个跨职能的主题分享实践，比如性能、安全。

图 13.13 描述了这一模型。相比而言，一些组织采用矩阵管理方式来为职能单元建立正式的身份。这为职能增加了一条管理职责线（QA 主管、设计主管……），代价则是所构建的管理结构更加复杂。

> **提示**
>
> 　　大多数工程师都被教导要遵循 DRY（don't repeat yourself）原则——不要重复。在一个服务内部，这一点仍然很重要——没有必要将相同的代码编写两次！但在多个服务的场景中，这就不那么重要了，因为编写真正可复用的共享代码是一项代价高昂的工作，而且在多个服务上推广和协调这些代码同样如此。如果可以更快地交付功能，那么一定程度的重复是可以接受的。

---

[1] 参见 Crisp 博客上 Henrik Kniberg 于 2012 年 11 月 14 日发表的 *Scaling Agile @ Spotify with Tribes, Squads, Chapters & Guilds*。
[2] 在大型机构中，分会可以在一个工程部门内按职能专业进行分组。（Spotify 将这个工程部门称为部落。）

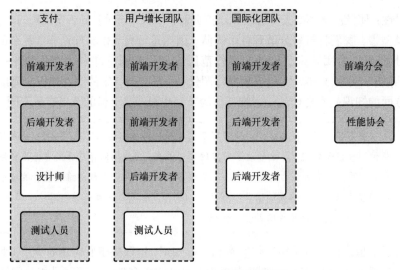

图 13.13　分会、协会和团队模型

　　这两种方法都可以很好地传播知识和加强公共的工作实践。这有助于防止在高度自治的团队中出现分裂，确保团队在技术和文化上保持一致。思想、解决方案和技术的交叉传播还有助于人员在团队之间流动，并降低组织级巴士因子的风险。

　　团队生命周期和团队流动性之间达到平衡也很重要。从长远来看，团队间定期轮换工程师有助于知识和技能的分享，是对分会和协会模型的良好补充。

13.3　微服务团队的实践建议

　　微服务应用的变动规模可能是巨大的。要跟上所有变化可能是很难的！期望所有工程师都能够深入了解所有服务及其交互方式是不合理的，特别是这些服务的拓扑结构可能在没有任何警告的情况下发生了变化。同样，将人员分配到独立的团队可能不利于形成全局视角。这些因素导致了一些有趣的文化影响。

　　（1）工程师会设计出局部最优的解决方案，这有利于工程师及其团队，但对于范围更大的工程组织或公司来说不一定都是合适的。

　　（2）有可能围绕问题展开开发，而不是修复这些问题；或者部署新服务，而不是修正现有服务中的问题。

　　（3）团队实践可能变得非常局限，导致工程师很难在团队之间流动。

　　（4）对于架构师或技术领导来说，在整个应用中提高可观测范围并做出有效的决策是难度非常大的。

　　良好的工程实践可以帮助大家避免这些问题。在本节中，我们将介绍团队在构建和维护服务时应该遵循的一些实践。

13.3.1　微服务变更的驱动力

花几分钟考虑一下开发者可能每天要处理的开发工作的类型。如果开发者是在产品团队中，那么待办事项列表中的内容主要是功能的添加或更改。开发者想推出一个新功能、支持客户的新请求、开拓一个新市场等。因此，开发者可以根据这些新的功能需求构建和修改微服务。值得庆幸的是，微服务的目的就是确保应用在面对变更时具有灵活性。

但是功能需求——来自业务领域的变更——并不是服务变更的唯一驱动因素。每个微服务都会因各种各样的原因需要修改（图 13.14）。

（1）底层框架和依赖项（如 Rails、Spring 或 Django）可能因为性能、安全性或新功能而需要升级。

（2）服务可能不再适合某一目的（如实现可扩展性），可能需要更改或替换。

（3）开发人员发现了服务或服务依赖的缺陷。

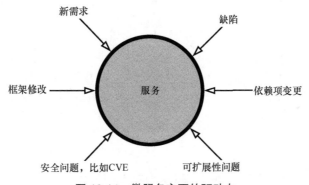

图 13.14　微服务变更的驱动力

13.3.2　架构的角色

微服务应用随着时间会持续演进：团队构建新的服务、拆分现有的服务、现有功能被重构等。微服务中更快的节奏和更加流畅的环境改变了架构师和技术领导的角色。

架构师在指导应用范围和整体结构上起着非常重要的作用，但他们需要在不成为瓶颈的前提下完成相应的工作。在微服务应用中，对主要技术决策采用规定式和集中式的方案并不总是可行的。

（1）微服务方案和我们前面所展示的团队模型应该使本地团队能够在没有层层审批的情况下快速基于上下文做出的决策。

（2）微服务环境的流动性意味着，随着需求的变化、服务的演进和业务本身的不断成熟，目标系统的任何总体技术计划或所期望的模型都将很快过期。

（3）决策的数量会随着服务数量的增加而增加，这会让架构师不堪重负，成为瓶颈。

这并不意味着架构是无用的或者没有必要的。架构师应该具有全局视角，并确保应用的全局需求得到满足，从而指导应用发展。

（1）应用应与组织中更广泛的战略目标保持一致。

（2）一个团队的技术选型不会与其他团队的方案冲突。

（3）团队遵循共同的技术价值观和期望。

（4）跨领域的问题——如可观测性、部署和服务间通信——应满足多个团队的需求。

（5）整个应用在面对变化时是灵活的、可塑的。

架构的最佳起点是设定一些**原则**，原则是团队为了实现更高级别的目标而应该遵循的指导方针（有时是规则）。这些原则会指导团队实践，图 13.15 解释了这一模型。

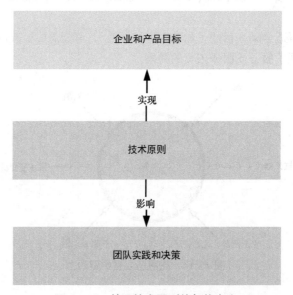

图 13.15   基于技术原则的架构方案

例如，如果开发者的产品目标是将其销售给对隐私和安全问题很敏感的企业，那么可以设置公认的外部标准、数据可移植性和跟踪个人信息等方面的合规原则。如果开发者的目标是进入一个新的市场，那么可能要求在地区需求、针对多个云可用区域的设计方案以及对 i18n 的开箱即用支持方面保证灵活性（图 13.16）。

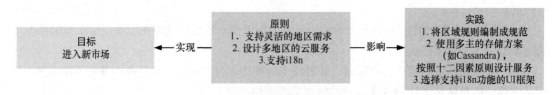

图 13.16   支持新市场开拓的原则和实践

原则是灵活的，它们可以修改而且应该修改来反映业务的优先级和应用的技术演进。例如，早期开发可能优先验证产品市场的匹配度，而更成熟的应用可能需要关注性能和可扩展性。

一些日常实践支持这种架构演进方案，例如，设计评审、内部开源模型和动态文档。我们将在接下来的几节中对此展开讨论。

13.3.3　同质性与技术灵活性

读者将面临一个棘手的决定，也就是使用哪种语言来编写微服务。虽然微服务提供了技术自由，但使用多种语言和框架可能会增加如下风险：由于共享知识有限，因此巴士因子和关键人员的依赖性可能会增加，这使得维护和支持服务的难度加大；用新语言开发的服务可能不符合生产上线标准。

在实践中，读者总是会遇到需要选择不同语言的场景，比如专业特性或性能需求。例如，Java不适合编写系统基础设施，就像 Ruby 不具备 Python 那么深的科学领域类库和机器学习库。在这些场景中，在众多团队成员内分享使用新语言/框架开发的服务的开发工作，以减少巴士因子风险是非常重要的。这其中包括：团队成员轮换、结对编程、撰写文档、指导新工程师。

选择一种主要语言或者一个小的语言集合，可以更好地优化该语言的实践和方法。服务模板、底座以及范例的创建自然会简化所喜欢语言的开发工作，从而让更多的开发者使用该语言来编写服务。以这种方式减少摩擦会形成一个良性循环。即使没有明确地选择一种喜欢的语言，这也会自然发生（尽管这个过程的时间更长）。

 提示　微服务应该是可替换的。必要时，读者应该能够使用更合适的编程语言重写任何服务。

13.3.4　开源模型

将开源原则应用于微服务代码有助于减少争论和缓解技术割裂，同时能够改善知识分享的情况。正如我们前面提到的，微服务组织中的每个团队通常拥有多个服务。但是在生产环境中每个正在运行的服务都必须有一个明确的所有者：一个长期负责该服务的功能、维护和稳定性的团队。

这并不意味着这些人是该服务的唯一参与者，其他团队可能需要对功能进行一些调整来满足他们的要求或者修复代码缺陷。如果所有这些变更都需要同一组人员来完成的话，那么这些人员将受自己工作优先级的支配，这反过来会减慢其他团队的进度。

反之，内部开源模型——在组织内部开源——则平衡了所有权和可见性。对于任何服务而言，源代码在内部应该是可以直接访问的[①]；任何工程师都可以向任何服务提交拉取请求，只要服务的所有者对它们进行评审就可以。

---

① 在某些组织中，一些合理的免责条款可以应用于这一规则，例如代码高度敏感。

这种模型（图 13.17）和大部分开源项目很相似，有一组提交者（committer）提交了大部分的代码并且做出了关键决定，而其他人员可以提交修改等待批准。设想一下，团队 A 中的一名工程师需要修改团队 B 负责的某个服务。他们可能会争论这一需求与团队 A 中其他待办事项的优先级，或者他们也可以拉取代码自行修改，然后向团队 B 提交一个拉取请求以等待评审。

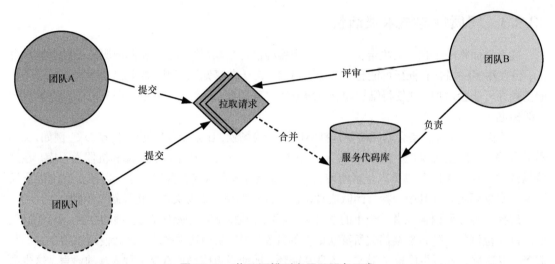

图 13.17　将开源模型应用于服务开发

这种方式有三大好处：减少了团队之间的争论以及关于优先级的商谈；降低了技术孤立感和占有欲，当服务工作被限制在组织内的一小部分人中时，这是很容易产生的；通过帮助工程师理解其他团队的服务和更好地理解内部消费者的需求，可以实现组织内的知识共享。

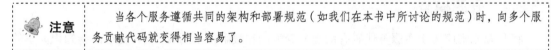

> **注意**　　当各个服务遵循共同的架构和部署规范（如我们在本书中所讨论的规范）时，向多个服务贡献代码就变得相当容易了。

13.3.5　设计评审

每个新的微服务都是一张白纸。每个服务将具有不同的性能特征，可能是用不同语言编写的，可能需要新的基础设施等。一个新功能可以用多种方式编写：作为一个新服务、作为多个服务或添加到现有服务中。这种自由真是太好了，但缺乏监督会导致如下结果。

（1）**不一致**。例如，服务记录请求的方式可能不一致，这妨碍了普通的运维任务，比如故障缺陷的调查。

（2）**次优设计决策**。比如，开发者可能构建多个服务，但一个服务可能更易于维护，性能更好。

有几种方法可以帮助读者解决这个问题。在第 7 章中，我们讨论了使用服务底座和服务范例作为最佳实践的起始点。但这只是部分解决方案。

在我们自己的公司——类似于 Uber 和 Criteo 的做法——我们遵循设计评审流程。对于任何新的服务或重要的新特性，负责这部分工作的工程师都会编写一个设计文档（我们称之为 RFC 或请求评论），并要求评审员进行反馈，这些评审员来自他们自己团队内部和外部团队。表 13.1 列出了标准设计评审文档中的组成部分。

表 13.1　标准设计评审文档的组成部分

部　　分	目　　的
问题与背景	这个功能所要解决的技术问题或者业务问题是什么 我们为什么要这么做
解决方案	打算如何解决这个问题
依赖项与集成	它如何与现有的或者计划开发的服务、功能以及组件进行交互
接口	服务会暴露哪些操作
扩展性和性能	该功能如何进行扩展 大致的运维成本是多少
可靠性	希望可靠性达到什么程度
冗余性	备份、恢复、部署和回滚
监控和仪表	如何了解服务的行为
故障场景	如何消除潜在的故障影响
安全性	威胁模型、数据保护等
上线	如何上线该功能
风险和开放问题	识别了哪些风险 有哪些开发者不知道的内容

这一流程能够在开发周期的早期就发现那些未达到最优的设计决策。尽管编写文档看起来多此一举，但是在考虑服务设计方案时有一个半正式的文档往往会提高整体的开发速度，因为团队在确定实现方向之前会充分考虑各种因素和权衡。

13.3.6　动态文档

正如之前提到的，将微服务架构保存到大脑中是很困难的。微服务应用的规模需要团队投入时间使用文档进行记录。对于每个服务而言，我们建议采用四层法：概述、契约、使用说明和元数据。表 13.2 详细列出了这 4 层。

表 13.2　记录微服务所建议的最小 4 层

类　　型	摘　　要
概述	服务目标、用途和整体架构的概述。服务概述应该是团队成员和服务用户的切入点
契约	服务契约描述了服务所提供的 API。这取决于传输机制，它可以是机器可读的，比如使用 Swagger（HTTP API）或者 Protocol Buffer（gRPC）
使用说明	为支持生产环境所编写的操作手册详细描述了常见的操作和故障场景
元数据	服务技术实现（比如编程语言、主框架版本号、支撑工具的链接、部署 URL）的实际情况

　　该文档应该能够在一个**注册中心**内被发现，这个注册中心就是一个列出所有服务的详细信息的网站。好的微服务文档有如下多种用途。

　　（1）开发者可以发现现有服务的功能，比如这些服务所暴露的契约。这能够提高开发速度并减少浪费或者重复开发的工作。

　　（2）值班人员可以使用操作手册以及服务概述信息来诊断生产环境中的问题，因为不同服务的操作方式差异很大。

　　（3）团队可以使用元数据来跟踪服务基础设施并回答一些问题，比如，"有多少个服务运行在 Ruby 2.2 版本中？"

　　现在已经有许多编写项目文档的工具，比如 MkDocs。读者可以将这些工具与表 13.2 中描述的服务元数据方法结合起来，以构建一个微服务注册中心。

 提示　　众所周知，对于单个应用而言，文档也是很难保持更新的。应该尽可能地从应用状态中自动生成文档。例如，可以使用 Swagger-ui 库从 Swagger YML 文件中生成契约文档。

13.3.7　回答应用的问题

　　作为服务所有者或架构师，通常都希望有一张应用状态的总体视图以回答以下类似问题。

　　（1）每种语言编写了多少个服务？

　　（2）哪些服务存在安全漏洞或在使用过时版本的依赖项？

　　（3）服务 A 的上游和下游协作方是谁？

　　（4）哪些服务对生产至关重要？哪些服务是有波峰波谷问题的？哪些服务是实验型的？哪些服务对于关键的应用路径而言不那么重要？

　　在撰写本书时，市面上很少有工具能够将这些信息组合在一起以便随时可用。这些信息通常分布在不同位置。

　　（1）语言和框架选择信息需要代码分析或存储库标签。

　　（2）依赖关系管理工具（如 Dependabot）扫描过时的库。

　　（3）持续集成作业运行任意的静态分析任务。

　　（4）网络度量指标和代码检测揭示服务之间的关系。

类似的信息可以保存在电子表格或架构图中，遗憾的是，这些图表常常会过时。

最近，John Arthorne 在 Shopify[①]上做了一个报告，建议在每个代码库中添加一个 service.yml 文件，并将其用作服务元数据的来源。这是一个很有前途的想法，但是在撰写本书时，还需要自己动手。

13.4 延伸阅读

技术团队的组建、成长和提升是一个广泛的主题，在本章我们只触及了皮毛。如果读者有兴趣学习更多内容，推荐以下几本书作为入门。

（1）*Elastic Leadership*, by Roy Osherove (ISBN 9781617293085)。

（2）*Managing Humans*, by Michael Lopp (ISBN 9781430243144)。

（3）*Managing the Unmanageable*, by Mickey W. Mantle and Ron Lichty (ISBN 9780321822031)。

（4）*PeopleWare*, by Tom DeMarco and Timothy Lister (ISBN 9780932633439)。

我们在这一章已经讨论了很多问题。选择微服务工程方案对于完成任务和提升工程师的能力有极大帮助，但改变技术基础只是成功的一半。任何系统都是与开发人员紧密联系在一起的，成功的和可持续的开发工作需要团队密切的协作、沟通，以及严格和负责任的工程实践。

最后，交付软件的是人。想要开发出最好的产品，就需要充分利用好团队。

13.5 小结

（1）构建优秀的软件不仅和选择什么方案实现有关，还与有效的沟通、协调和协作有关。

（2）应用架构和团队结构有着共生的关系。可以使用后者来改变前者。

（3）如果想让团队变得高效，就应该将他们组织起来，最大化地实现自治、所有权以及端到端职责。

（4）在微服务交付方面，跨职能团队比传统的职能团队速度更快、更有效率。

（5）较大型的工程组织应该建立一套具有基础设施、平台和产品团队的分层模型。较低层次的团队为较高层次的团队提供服务以保证其能够更有效地工作。

（6）社区实践（比如协会和分会），可以分享职能知识。

（7）微服务应用很难全部装进人的大脑，这给全局决策和值班的工程师带来了挑战。

（8）架构师应该指导和影响应用的演进，而不是支配应用的方向和结果。

（9）内部开源模型能改善跨团队协作，削弱占有欲，降低巴士因子的风险。

（10）设计评审能提高微服务的质量、可访问性和一致性。

（11）微服务文档应该包括概述、操作手册、元数据和服务契约。

---

① 参见约翰·阿尔索恩（John Arthorne）于 2017 年 3 月 13 日在旧金山的 SRECon 大会上发表的 *Tracking Service Infrastructure at Scale*。

附录 A 在 Minikube 上安装 Jenkins

本附录主要内容
- 在 Minikube 上运行 Jenkins
- Helm 的简要介绍

本附录会引导读者在本地 Minikube 集群上运行 Jenkins，这在第 10 章的示例中已有所应用。

A.1 在 Kubernetes 上运行 Jenkins

读者可以在本地的 Kubernetes 集群（在第 9 章搭建的 Minikube 集群）上以另一个服务的形式运行 Jenkins。如果读者是从头做起的话，可以按照 Github 上的安装指令来启动一个 Minikube 集群。安装完成后，在终端运行 `minikube start` 命令启动集群。

Jenkins 应用是由一个主节点以及任意数量的可选代理节点组成的。运行 Jenkins 作业会在代理节点上运行脚本（如 `make`）以执行部署活动。**作业**是在**工作区**（workspace）内运行的，工作区是代码库的本地副本。Jenkins 的架构如图 A.1 所示。

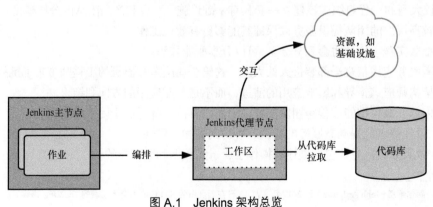

图 A.1 Jenkins 架构总览

读者可以使用 Helm 在 Minikube 集群上安装 "官方" 的 Kubernetes 可用的 Jenkins 配置。

A.2 设置 Helm

读者可以将 Helm 理解为 Kubernetes 的一个包管理器。Helm 的包格式是 **chart**，它定义了一套 Kubernetes 对象模板。社区开发的 chart（如我们将要使用的 Jenkins chart），都是存储在 Github 上的。

Helm 包含两大组成部分（见图 A.2）：用来和 Helm chart 交互的客户端；服务器端应用（又名 Tiller），负责执行 chart 的安装。

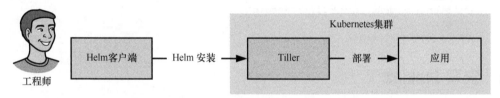

图 A.2　Kubernetes 的包管理器——Helm 的组成部分

Helm 的安装指令见 Github 中的说明。按照说明在本机上运行 Helm 客户端。安装完 Helm 后，需要在 Minikube 上配置 Tiller。在命令行中运行 `helm init` 来配置 Tiller 组件。

A.3 创建命名空间和数据卷

在安装 Jenkins chart 前，需要创建两个东西：一个新的命名空间，用于在集群中逻辑隔离 Jenkins 对象，如代码清单 A.1 所示；一个持久化的数据卷以存储 Jenkins 的配置，即使重新启动后 Minikube 也不会丢失。

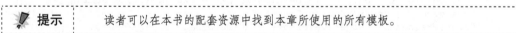

> ✎ **提示**　读者可以在本书的配套资源中找到本章所使用的所有模板。

为了创建命名空间，在 Minikube 集群中应用如下模板，使用 `kubectl apply -f <file_name>` 命令。

代码清单 A.1　jenkins-namespace.yml

```
---
apiVersion: v1
kind: Namespace
metadata:
  name: jenkins
```

采用同样的方式创建持久化数据卷，如代码清单 A.2 所示。

代码清单 A.2   jenkins-volume.yml

```
---
apiVersion: v1
kind: PersistentVolume
metadata:
  name: jenkins-volume
  namespace: jenkins
spec:
  storageClassName: jenkins-volume
  accessModes:
    - ReadWriteOnce
  capacity:
    storage: 10Gi
  persistentVolumeReclaimPolicy: Retain
  hostPath:
    path: /data/jenkins/
```

A.4   安装 Jenkins

读者将使用社区中的 Helm chart 安装 Jenkins。这个 chart 相当复杂，如果读者有兴趣的话，可以访问 Github 来深入了解。

首先，创建一个 values.yml 文件。Helm 会将代码清单 A.3 插入 Jenkins chart 中来为在 Minikube 上运行 Jenkins 设置适当的默认值。

代码清单 A.3   values.yml

```
Master:
  ServicePort: 8080
  ServiceType: NodePort
  NodePort: 32123
  ScriptApproval:
    - "method groovy.json.JsonSlurperClassic parseText java.lang.String"
    - "new groovy.json.JsonSlurperClassic"
    - "staticMethod org.codehaus.groovy.runtime.DefaultGroovyMethods
      leftShift java.util.Map java.util.Map"
    - "staticMethod org.codehaus.groovy.runtime.DefaultGroovyMethods split
      java.lang.String"
  InstallPlugins:
    - kubernetes:1.7.1
    - workflow-aggregator:2.5          运行 Jenkins 流水线作业所
    - workflow-job:2.21                需要的默认插件
    - credentials-binding:1.16
    - git:3.9.1
Agent:
  volumes:
    - type: HostPath
      hostPath: /var/run/docker.sock
      mountPath: /var/run/docker.sock
```

```
Persistence:
  Enabled: true
  StorageClass: jenkins-volume ◁
  Size: 10Gi
```

持久化设置,指向所创建
的持久化数据卷

```
NetworkPolicy:
  Enabled: false
  ApiVersion: extensions/v1beta1

rbac:
  install: true
  serviceAccountName: default
  apiVersion: v1beta1
  roleRef: cluster-admin
```

现在,运行如下 helm 命令安装 Jenkins。

```
helm install
  --name jenkins
  --namespace jenkins
  --values values.yml
stable/jenkins ◁
```

所要安装
的 chart

如果运行成功,控制台会输出所创建的资源列表,如图 A.3 所示。

需要花几分钟的时间来启动 Jenkins。为了访问服务器,读者需要一个密码。读者可以使用下列命令获取密码:

```
printf $(kubectl get secret --namespace jenkins jenkins -o jsonpath="{.data.
    jenkins-admin-password}" | base64 --decode);echo
```

然后,浏览登录页面。

```
minikube --namespace=jenkins service jenkins
```

使用 "admin" 用户名以及所获取的密码登录系统。太妙了——已经搭建完 Jenkins 了!

A.5 配置 RBAC

Minikube 默认使用基于角色的访问控制(Role-Based Access Control,RBAC),所以需要额外的配置来确保 Jenkins 能够在 Kubernetes 集群上执行操作,如图 A.3 所示。

为了在 Jenkins 服务器上正确配置访问权限,请按照图 A.4 所示的样式进行设置。

(1)登录 Jenkins 仪表盘。

(2)导航至 Credentials > System > Global Credentials > Add Credentials。

(3)添加一个 Kubernetes Service Account 凭据,将 ID 字段设置为 jenkins。

(4)保存并导航至 Jenkins > Manage Jenkins > System。

(5)在 Kubernetes 部分,选择第 3 步创建的凭据,并单击 Save 按钮。

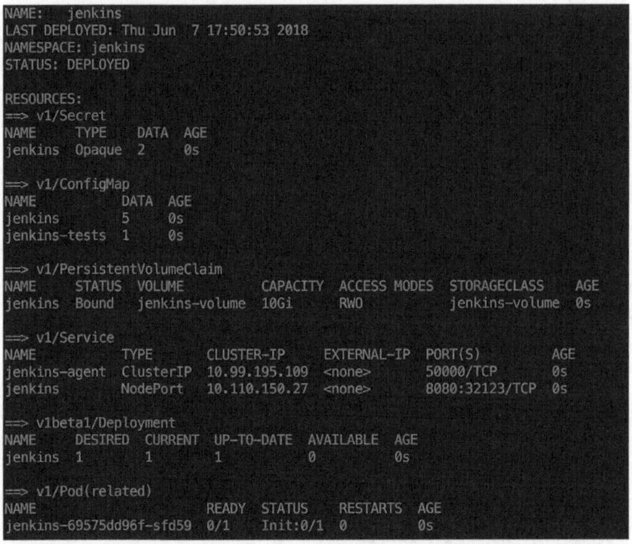
NAME: jenkins
LAST DEPLOYED: Thu Jun 7 17:50:53 2018
NAMESPACE: jenkins
STATUS: DEPLOYED
RESOURCES:
==> v1/Secret
NAME   TYPE   DATA AGE
jenkins Opaque 2   0s
==> v1/ConfigMap
NAME   DATA AGE
jenkins   5   0s
jenkins-tests 1   0s
==> v1/PersistentVolumeClaim
NAME   STATUS VOLUME   CAPACITY ACCESS MODES STORAGECLASS   AGE
jenkins Bound   jenkins-volume 10Gi   RWO   jenkins-volume 0s
==> v1/Service
NAME   TYPE   CLUSTER-IP   EXTERNAL-IP PORT(S)   AGE
jenkins-agent ClusterIP 10.99.195.109 <none>   50000/TCP   0s
jenkins   NodePort   10.110.150.27 <none>   8080:32123/TCP 0s
==> v1beta1/Deployment
NAME   DESIRED CURRENT UP-TO-DATE AVAILABLE AGE
jenkins 1   1   1   0   0s
==> v1/Pod(related)
NAME   READY STATUS   RESTARTS AGE
jenkins-69575dd96f-sfd59 0/1   Init:0/1 0   0s

图 A.3　stable/Jenkins Helm chart 所安装的 Kubernetes 对象

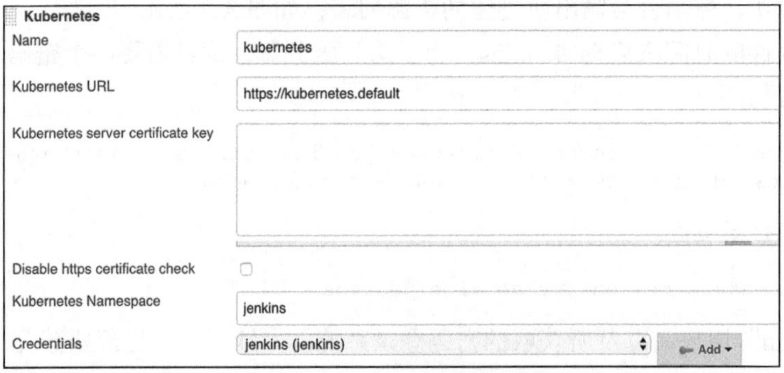
Kubernetes
Name
kubernetes
Kubernetes URL
https://kubernetes.default
Kubernetes server certificate key
Disable https certificate check
Kubernetes Namespace
jenkins
Credentials
jenkins (jenkins)
Add

图 A.4　Kubernetes 云凭据

A.6　测试一切正常

读者可以运行一个简单的构建以确保一切正常。首先登录到 Jenkins 仪表盘并访问左侧的“New Item”。

按照图 A.5 所示的配置创建一个名为“test-job”的流水线作业。单击 OK 按钮进入下一个页面，在 Pipeline Script 字段配置如代码清单 A.4 所示的脚本。

代码清单 A.4　测试流水线脚本

```
podTemplate(label: 'build', containers: [
    containerTemplate(name: 'docker', image: 'docker', command: 'cat',
```

```
    ttyEnabled: true)
],
volumes: [
  hostPathVolume(mountPath: '/var/run/docker.sock', hostPath: '/var/run/
  docker.sock'),
]
) {
  node('build') {
    container('docker') {
      sh 'docker version'
    }
  }
}
```

单击 Save 按钮，然后在下一个页面单击 Build Now 按钮，就会执行这个作业。

 提示   对于第一次构建执行，时间可能会长一些。

读者所添加的脚本会创建新的包含一个 Docker 容器的 pod，会在容器内部执行 `docker version` 命令并将结果输出到控制台。

图 A.5   Jenkins 创建作业的页面

在构建作业执行完成后，浏览本次构建的控制台输出（ http://<insert Jenkins ip here>/job/test/1/ console ）。读者应该看到和图 A.6 相似的结果，图 A.6 展示了作业脚本命令的输出结果。

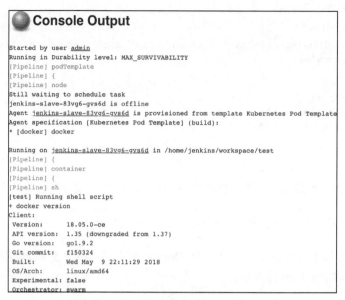

图 A.6　测试构建作业的控制台输出结果

　　如果读者的输出结果和图片类似的话，那么好极了，这表明一切都很正常！如果不正常，则在诊断任何问题时都要先访问 Jenkins 日志。